PHYSIKALISCHE GESELLSCHAFT
IN DER DEUTSCHEN DEMOKRATISCHEN REPUBLIK

HOCHFREQUENZSPEKTROSKOPIE

TAGUNG DER PHYSIKALISCHEN GESELLSCHAFT IN DER DEUTSCHEN DEMOKRATISCHEN REPUBLIK VOM 31. MÄRZ — 2. APRIL 1960 IN LEIPZIG

Herausgegeben von Prof. Dr. A. Lösche
Physikalisches Institut der Karl-Marx-Universität Leipzig
und Prof. Dr. W. Schütz
Physikalisches Institut der Friedrich-Schiller-Universität Jena

Mit 105 Abbildungen im Text, 25 Abbildungen auf 13 Kunstdrucktafeln und 18 Tabellen

AKADEMIE-VERLAG · BERLIN
1961

Herausgegeben im Auftrag der Physikalischen Gesellschaft
in der Deutschen Demokratischen Republik

Erschienen im Akademie-Verlag GmbH, Berlin W 8, Leipzig Straße 3—4
Lizenz-Nr. 202 · 100/706/61
Gesamtherstellung: VEB Druckerei „Thomas Müntzer" Bad Langensalza
Bestellnummer: 5412 Preis: DM 48,—
Printed in Germany
ES 18 B 1

INHALTSVERZEICHNIS

Ein hochauflösendes Spektrometer für magnetische Kernresonanz

von G. Scheler, H.-J. Köhler und M. Pettig, Jena

Eine Beschreibung der ersten Ausbaustufe des im Physikalischen Institut der Universität Jena aufgebauten hochauflösenden Spektrometers wurde bereits veröffentlicht [1]. Es soll deshalb an dieser Stelle lediglich auf konstruktive Einzelheiten des verwendeten Elektromagneten, sowie auf die inzwischen vorgenommenen Verbesserungen und Erweiterungen eingegangen werden, die u. a. zu einer Erhöhung des Auflösungsvermögens führten. Die Gesamtansicht des Spektrometers in seinem gegenwärtigen Stand zeigt Abb. 1.

Abb. 1. Gesamtansicht des Spektrometers.

Magnet

Eine schematische Zeichnung des Magneten ist in Abb. 2 wiedergegeben. Die Abmessungen des Doppeljoches aus Dynamostahlguß sind 1 m × 1 m mit einem Querschnitt 10 cm × 34 cm. In zwei möglichst genau fluchtenden Bohrungen von

200 mm ∅ sind die Polschuhträger axial verschiebbar, so daß sich Luftspaltbreiten zwischen 0 und 100 mm einstellen lassen. In jeder Stellung lassen sich die Polschuhträger mit Hilfe eines Systems von Zug- und Druckschrauben sicher arretieren (s. Schnitt *A*—*A*). Üblicherweise wird mit einer Luftspaltbreite von 25 mm gearbeitet. Die Polschuhe selbst bestehen aus 70 mm starken geschmiedeten und geglühten Hyperm-O Scheiben von 200 mm ∅. Ihre Befestigung erfolgt durch

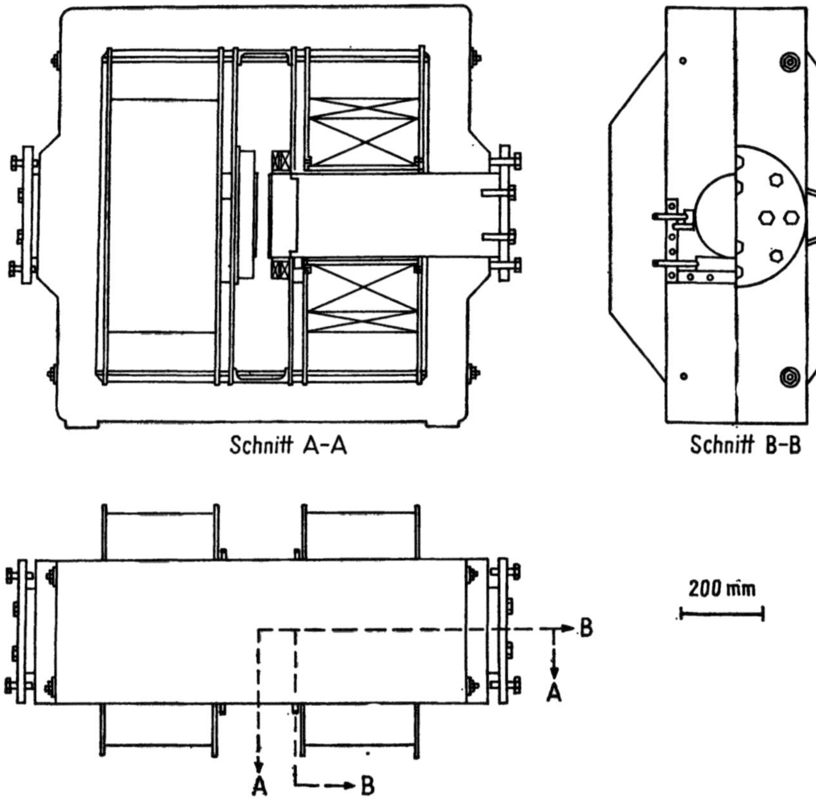

Abb. 2. Schematische Zeichnung des Magneten.

ein Gewinde M 180 × 2, das so beschaffen ist, daß die Anlage der Polschuhe nur an dem geschliffenen Rand der Polschuhträger erfolgt. Im Zentrum bleibt ein Luftspalt von ca. 0,1 mm erhalten. Die Ebenheit der ohne Vorzugsrichtung geschliffenen Polschuhe ist besser als 0,5μ, die Oberflächenrauhigkeit kleiner als 0,5μ. Polschuhträger und Bohrung haben zueinander ein Spiel von etwa 50μ (Passung H 7), welches ausreicht, um mit Hilfe von Justiermechanismen, die zwischen den Stirnseiten der Spulenkörper und je einer weiteren Platte aus Duraluminium angebracht sind, eine Parallelstellung der Polschuhe zu bewirken. Die horizontale Verstellung erfolgt mit je einem Paar Druckschrauben, die vertikale durch verstellbare Keile, die unter die Polschuhträger geschoben werden (siehe Schnitt *B*—*B*).

Die Spulenkörper bestehen aus einem doppelwandigen Messingrohr zur Aufnahme einer Wasserkühlung, für die seitliche Begrenzung sind zwei achteckige Duraluminiumplatten aufgesetzt. Wegen der geringen Leistungsaufnahme (90 W) des Magneten kann allerdings beim praktischen Betrieb auf die Kühlung verzichtet werden. Die geforderte Stabilität und besonders die Art der Parallelstellung der Polschuhe macht es erforderlich, daß die Spulenkörper sehr sicher befestigt sind. Ein axiales Verschieben wird durch im Joch eingestochene Nuten verhindert. Starrheit in horizontaler Richtung wird erreicht, indem in der Jochmitte noch zwei U-Eisen aufgeschraubt wurden. Im montierten Zustand wurden die 6 Aluminiumplatten und die U-Eisen so gebohrt, daß die Platten durch 4 Eisenstäbe von 12 mm Stärke spielfrei festgelegt wurden. Durch diese Anordnung in Verbindung mit drei Abstandsstücken wurde erreicht, daß die homogenste Stelle des Magneten im Laufe eines Tages um weniger als 1 mm auswandert, d. h. es muß während dieses Zeitraumes die homogenste Stelle nur einmal eingestellt werden, um die Spektren mit optimaler Auflösung aufzunehmen.

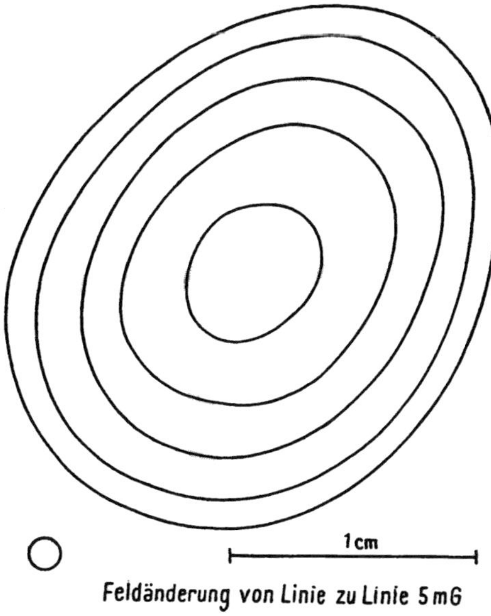

Abb. 3. Linien konstanter Feldstärke im Zentrum des Luftspaltes.

Abb. 3 zeigt ein aufgenommenes Feld-Relief im Zentrum des Luftspalts. Die Messung erfolgte mit einem quarzstabilisierten Autodyn, dessen kugelförmige Probe einen Durchmesser von etwa 1 mm hatte (Kreis links unten in Abb. 3).

Stabilisierungseinrichtungen

Da sich die geforderte Feldstabilität mit einem einzigen Regelkreis schwer erreichen läßt, wurden zwei Kreise aufgebaut: Ein Stromstabilisator und ein Feldstabilisator. Abb. 4 gibt das Schema der Stromversorgung des Magneten mit dem Stromstabilisator wieder. Der Spannungsabfall an dem 0,3 Ohm Normalwiderstand wird mit einem Feußnerkompensator (Typ 0145 RFT Gerätewerk Karl-Marx-Stadt) gegen einen thermisch isoliert aufgestellten 4 Volt-Akkumulator verglichen. Die Größe des Normalwiderstandes ist durch die Forderung bedingt, den Kompensator an das Spannband-Galvanometer (Typ 5 VEB GRW Teltow) des folgenden Verstärkers ($V = 10^7$) anzupassen. Die Ausgangsspannung des Galvanometerverstärkers steuert drei als Verzweigungswiderstand geschaltete Röhren EL 81 so, daß der Strom in der Erregerwicklung konstant bleibt. Die grobe Sollwerteinstellung erfolgt mit dem Kompensator in Stufen von ca. 0,5 G, die Feineinstellung geschieht mit einer 100—200 Ohm Präzisonsdekade parallel zum Normalwiderstand, die in 0,1 Ohm Stufen schaltbar ist und eine Feldänderung in Schritten von 5 mG zuläßt.

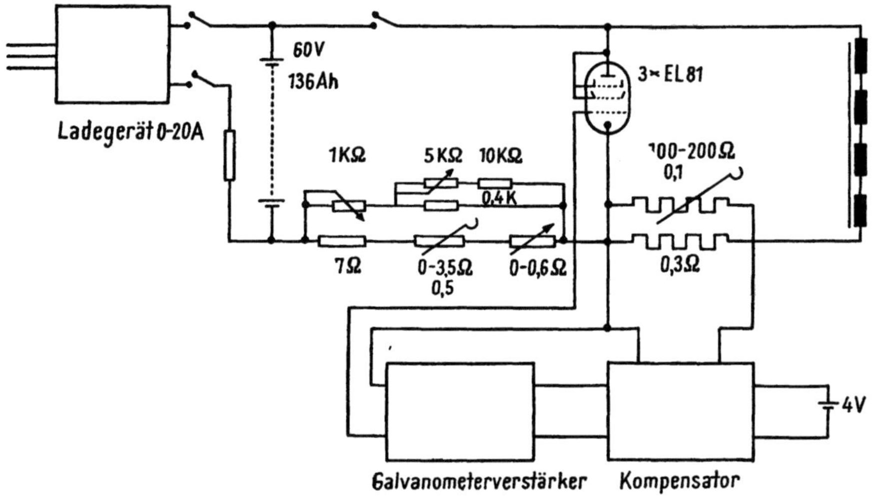

Abb. 4. Stromversorgung und Stromregelung des Magneten.

Zusammen mit der Stabilität des 60 Volt-Akkus von 10^{-5}/sec wird mit dem Stromstabilisator eine Konstanz von ca. 10^{-7}/sec erreicht. Dadurch ist es möglich, Spektren ohne besonders hohe Ansprüche zu registrieren. Die dazu benötigte Feldvariation wird einem modifizierten Dreieckgenerator nach Klein und Hertog [2] entnommen. Für ein Auflösungsvermögen $> 10^7$ muß eine Stabilisation des Magnetfeldes selbst vorgenommen werden, um unter anderem auch die von außen einstreuenden Störungen ausschließen zu können. Wir bauten zu diesem Zweck einen Flußstabilisator, wie er im Prinzip von Primas und Günthard [3] angegeben worden ist. Bei dieser Anordnung wird der Regelkreis von einer Spannung gesteuert, die durch die Feldänderung in einer Spule induziert wird (Abb. 5). Die zu erwartenden Steuerspannungen liegen bei Feldänderungen von 1 μG/sec in der Größenordnung von 10^{-8} V, d. h. sie liegen nur wenig über der Rauschspannung der Spulen. Da für die Regelung die Gleichstromkomponenten und die tiefen Frequenzen bis zur Größe der Linienbreite voll verstärkt werden müssen, folgt, daß an den Eingangsverstärker hinsichtlich Nullpunkts-Stabilität und Größe der Störspannung extreme Anforderungen gestellt werden müssen. Diese Forderungen können in dem Frequenzbereich nur von Galvanometerverstärkern oder Zerhackerverstärkern erfüllt werden. Es kam ein Galvanometerverstärker (Block 1 Abb. 5) zum Einsatz. Der Spalt des Beleuchtungssystems wird über den Spiegel eines Zernike-Galvanometers A 20 unter Zwischenschaltung eines Teilerprismas auf zwei Photozellen abgebildet. Die Zellen sind in einer Brückenschaltung angeordnet, wobei die Brückenspannung an einem 100 MOhm Widerstand abfällt. Als Impedanzwandler dient ein Kathodenverstärker mit einer Elektrometerröhre DC 762 im Eingang. Die Baueinheit Galvanometerverstärker enthält weiterhin Netzwerke zur Korrektur des Amplituden- und Phasengangs des Verstärkers. Die dabei notwendigen Gegenkopplungen sorgen gleichzeitig für die erforderliche Stabilität. Die Verstärkung ist von $0 \cdots 0{,}3$ Hz = const = 10^7 und fällt dann bis 100 Hz auf 0 ab. Die Induktionsspulen wirken als Differentiator, es muß daher für dessen Kompensation im Regelkreis ein integrierendes Element vorhanden sein. Für die Frequenzen $> 0{,}2$ Hz wirkt der Galvanometerverstärker mit seiner Zeitkonstante von 10 sec zusammen mit einem nachgeschalteten Gleichstromverstärker (Block 8) als Integrator.

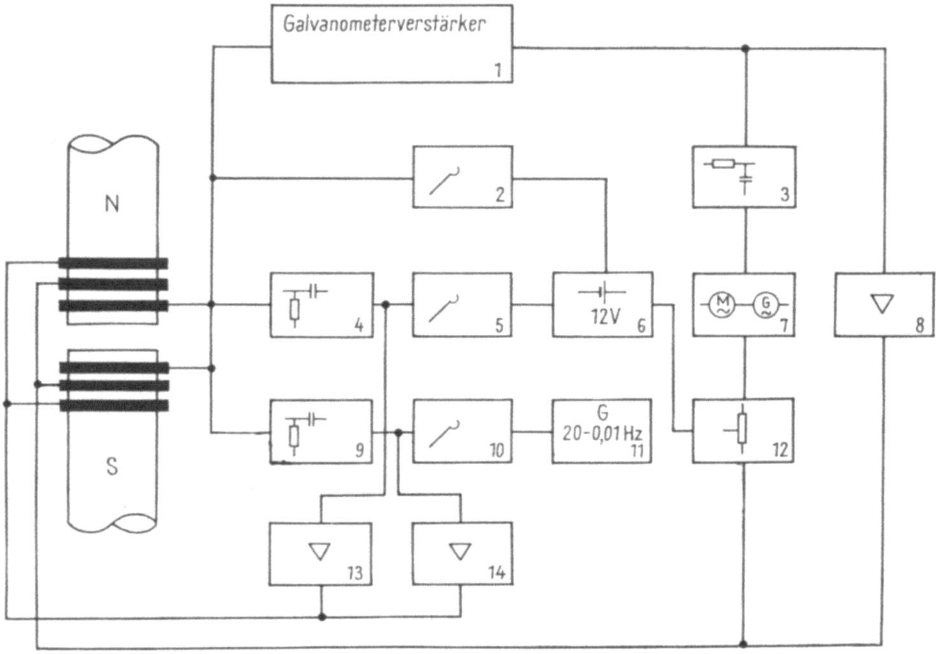

Abb. 5. Blockschaltbild der Flußregelung.

Für die Frequenzen $< 0{,}2$ Hz (z. B. verursacht durch ein systematisches Wegwandern des H_0-Feldes) wird ein mechanischer Integrator eingesetzt. Hierfür wird ein Motor verwendet, dessen Drehzahl streng proportional zu seiner Eingangsspannung ist. Um dies zu erreichen wurde ein Ferraris-Motor (71/110/8 VEB Funkwerk Köpenick) über einen Generator, der auf der gleichen Achse sitzt, gegengekoppelt (Block 7). Über ein Getriebe 1000:1 wird ein 5-kOhm Helipot-Potentiometer (Block 12) betätigt. Der damit erhaltene Korrekturstrom wird zusammen mit dem des schnellen Integrators auf ein Zusatzspulenpaar des Magneten gegeben. Da der Stabilisator jede Feldmodulation herausregeln würde, erfolgt die Modulation und Variation des Feldes indirekt über den Stabilisator. Um eine lineare Feldänderung zu erreichen, wird auf das Galvanometer eine konstante Spannung (Block 6 und 2) gegeben, die durch den Stabilisator integriert wird. Durch einen Schaltmechanismus kann die Polarität der Galvanometer-Zusatzspannung periodisch gesteuert werden (Periodendauer 0,1 ··· 1000 sec). Die Abtastgeschwindigkeiten sind von 10 μG/sec bis 10^4 μ G/sec variabel. Für eine stufenweise Veränderung und für eine Sinusmodulation könnte im Prinzip ähnlich verfahren werden, da aber beide Möglichkeiten zum Aufsuchen der Resonanzstelle verwendet werden, kann der Stabilisator dabei übersteuert werden. Aus diesem Grunde wird auf ein drittes Spulenpaar die Sinusmodulation (Block 11, 10 und 14) bzw. der Stufenstrom (Block 6, 5 und 13) gegeben. Über Differenzierglieder (Block 4 und 9) wird ihre Wirkung auf das Galvanometer kompensiert.

Der Hochfrequenzteil

Für die Beschreibung des HF-Teiles verweisen wir auf [1]. Als Ergänzung sind noch zwei Generatoren für Doppelresonanz-Untersuchungen aufgebaut worden. Mit Hilfe dieser Anordnung war es bereits möglich zu klären, welche Gruppen innerhalb eines Moleküls miteinander in einer indirekten Spin-Spin-Wechselwirkung stehen (s. z. B. [4]). Der erste Generator dient zur Untersuchung der Spin-Spin-Kopplungen von Protonen. Er besteht im wesentlichen aus einem Quarzoszillator hoher Frequenzkonstanz, der direkt auf 30 MHz schwingt und sich in seiner Frequenz um ± 600 Hz ziehen läßt. Der andere Generator ist zur Untersuchung der Spin-Spin-Kopplungen zwischen Wasserstoff, Fluor, Bor und Phosphor eingerichtet. Die benötigten Frequenzen von 28,2 MHz, 12,1 MHz und 9,62 MHz lassen sich durch Umstecken der Quarze und Schwingkreise einstellen.

Ergebnisse

Durch die Verbesserung des Spektrometers, insbesondere die Erhöhung der zeitlichen Stabilität des Magnetfeldes, konnte das Auflösungsvermögen der Apparatur auf $4 \cdots 5 \cdot 10^7$ gesteigert werden. Abb. 6 zeigt die Resonanzlinie der Protonen von Benzol bei einer Frequenz von 30 MHz, die mit einer Frequenz von 10 Hz amplitudenmoduliert war. Aus diesem Spektrum läßt sich eine Halbwertsbreite der Benzollinie von 0,7 Hz entnehmen. Dem entspricht ein Auflösungsvermögen von $4 \cdot 10^7$. Das unter diesen Bedingungen aufgenommene Spektrum der CH_2-Gruppe von saurem Äthylalkohol ist in Abb. 7 wieder gegeben.

Literatur

[1] Köhler, H. J., Pettig, M. u. Scheler, G., Exp. Techn. d. Physik 7, 157 (1959).
[2] Klein, G. u. den Hertog, J. M., Electronic Engineering S. 320 (Juni 1959).
[3] Primas, H. u. Günthard, Hs. H., Rev. Sci. Instr. 28, 510 (1957).
[4] Köhler, H.-J., Pettig, M. u. Scheler, G., S. 13 dieses Bandes.

Physikalisches Institut der Friedrich-Schiller-Universität Jena
(Direktor: Prof. Dr. W. Schütz)

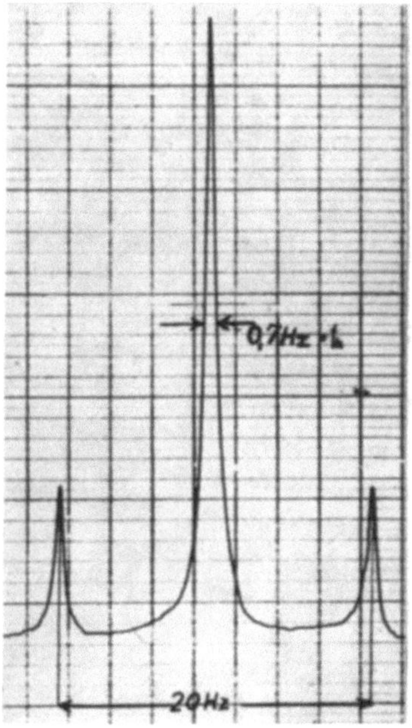

Abb. 6
Protonenresonanzlinie des Benzols mit Seitenbändern (Resonanzfrequenz 30 MHz).

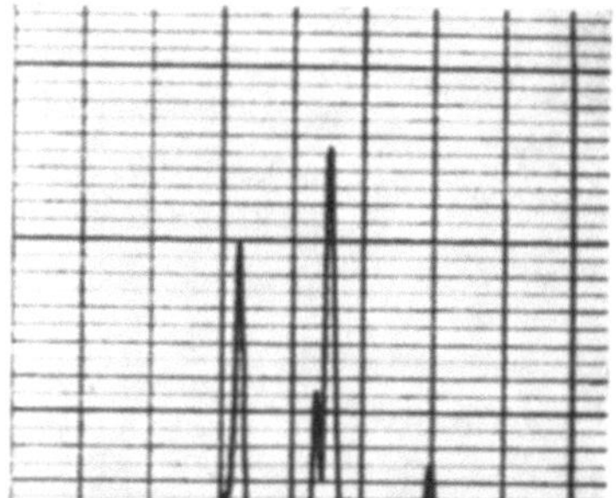

Abb. 7
Protonenresonanzspektrum der CH_2-Gruppe des Äthylalkohols (sauer).

Untersuchungen von Molekülstrukturen mit Hilfe hochauflösender Kernresonanzspektroskopie

von H.-J. Köhler, M. Pettig und G. Scheler, Jena

Im Folgenden wird über einige Untersuchungen berichtet, die mit dem im vorhergehenden Vortrag [1] beschriebenen Kernresonanzspektrometer durchgeführt wurden. Dabei handelt es sich um Untersuchungen zur Klärung der Struktur eines neu dargestellten Zuckeracetates und einiger Äthylenglykole.

I.

Bei dem Zuckeracetat handelt es sich um das von Venner und Zinner [2] vor kurzem synthetisierte β-2-Desoxyribose-Triacetat. Die Substanz wurde uns von den Autoren mit der Bitte zur Verfügung gestellt, zu entscheiden, ob eine Pyra-

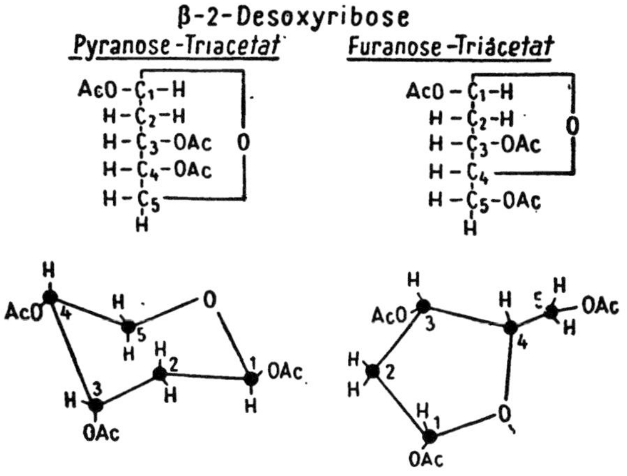

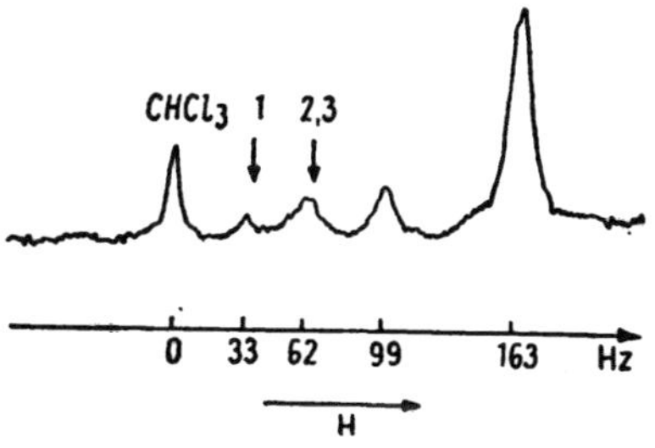

Abb. 1
Protonenresonanzspektrum des Triacetats bei 30 MHz.

nose- oder Furanoseform vorliegt. In Abb. 1 sieht man, daß die Pyranoseform in der räumlichen Darstellung einen Sechserring in der sogenannten Sesselform mit einem Sauerstoffatom im Ring bildet. Die drei Acetatgruppen stehen am C_1 und C_4 in äquatorialer und am C_3 in axialer Stellung. Ac bedeutet $CH_3\text{-}C\lessdot^{O}$. Die restlichen Valenzen sind mit Protonen besetzt. Die Furanoseform bildet in der räumlichen Darstellung einen ebenen Fünferring. Die drei Acetatgruppen sind jetzt am C_1, C_3 und C_5 angelagert. Axial-äquatorial-Isomerie gibt es hier nicht, die Valenzen stehen unter gleichen Winkeln zur Ringebene.

Bei den weiteren Betrachtungen interessiert nur die Stellung der Protonen am Kohlenstoffatom C_1 und C_2. Zur Klärung des Spektrums des Triacetats wurde ausgegangen von den beiden bekannten Formen des entsprechenden Tetraacetates. Gegenüber dem Triacetat ist hier lediglich noch ein Proton am C_2 durch eine OAc-Gruppe ersetzt. Abb. 2 zeigt das Spektrum der Pyranoseform des Tetraacetates.

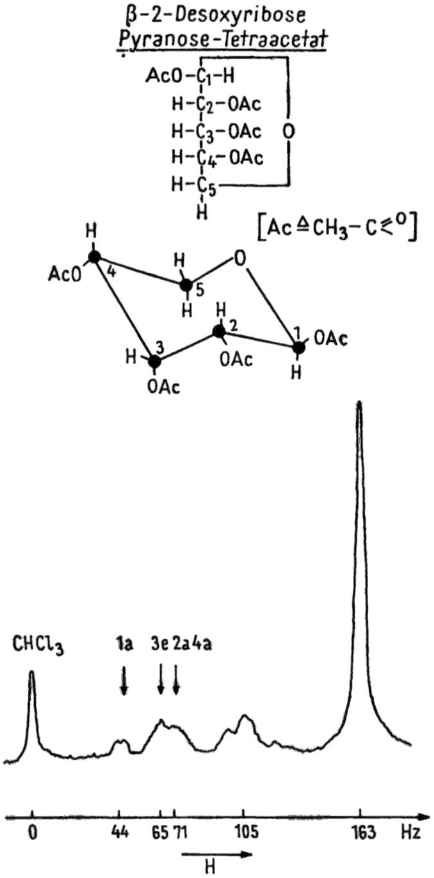

Abb. 2. Protonenresonanzspektrum der Pyranoseform des Tetraacetats bei 30 MHz.

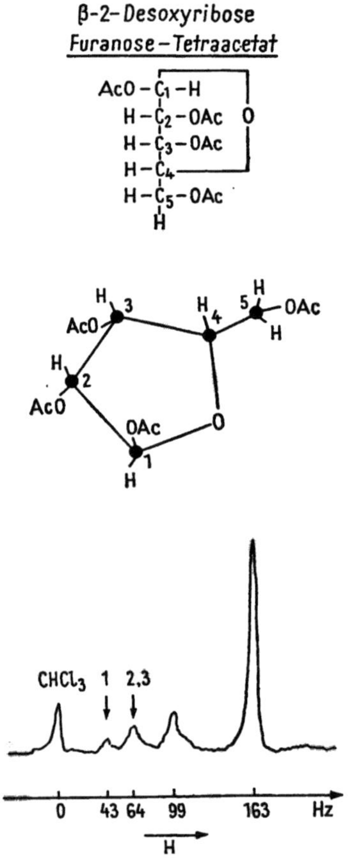

Abb. 3. Protonenresonanzspektrum der Furanoseform des Tetraacetats bei 30 MHz.

Für die Aufnahmen wurden alle Zuckeracetate in $CHCl_3$ gelöst. Ganz links erscheint die $CHCl_3$-Linie, die gleichzeitig als inneres Referenzsignal dient. Die zweite Linie von links wurde von LEMIEUX und Mitarbeitern [3] bei der Untersuchung der gleichen Substanz dem axial stehenden Proton am C_1 zugeordnet. Die nach rechts folgenden Linien werden den Protonen am C_3, C_2, C_4, die nächste Linie den 2 Protonen am C_4 und die Linie ganz rechts den Acetatgruppen zugeordnet. Die Aufspaltung der zweiten Linie rührt von einer indirekten Spin-Spin-Wechselwirkung mit dem axial stehenden Proton am C_2 her. Die Aufspaltung liegt bei unseren Messungen im Mittel bei 4,5 Hz.

Das Spektrum der Furanoseform des Tetraacetates zeigt Abb. 3. Die zweite Linie von links kann wieder dem Proton am C_1 zugeordnet werden. Die nächste Linie dürfte von den Protonen am C_2 und C_3 herrühren. Eine Aufspaltung der zweiten Linie wird hier jedoch im Gegensatz zur Pyranoseform nicht beobachtet. Sie müßte, falls vorhanden, auf Grund der beobachteten Linienbreite kleiner als 3 Hz sein.

Aus einer Reihe von Messungen von LEMIEUX an der Pyranoseform von Zucker-Penta- und Tetraacetaten ist bekannt, daß die Spin-Spin-Kopplungskonstanten bei Axial-axial-Stellung der wechselwirkenden Protonen am C_1 und C_2 zwischen 5 und 8 Hz liegen. Sie sind etwa um den Faktor 2 größer als im Falle einer Axial-äquatorial- oder Äquatorial-äquatorial-Stellung der Protonen. Da bei der Furanoseform eine solche Axial-axial-Stellung nicht vorhanden ist, wird man für die Linie, die vom Proton am C_1 herrührt, nur eine Aufspaltung kleiner als 3 Hz erwarten. In Übereinstimmung damit ist die Tatsache, daß die Spin-Spin-Kopplungskonstanten bei fünfgliedrigen Ringverbindungen bei Protonen, die an benachbarte Kohlenstoffatome gebunden sind, im Mittel nur bei 2 bis 3 Hz liegen. Aus diesem Grunde war bei der Furanoseform keine meßbare Aufspaltung zu erwarten.

Betrachtet man das Spektrum des Triacetates (Abb. 1), so zeigt die zweite Linie von links, die dem Proton am C_1 zugeordnet werden muß, keine Anzeichen einer Aufspaltung. Würde eine Pyranoseform vorliegen, so würden die Protonen an C_1 und C_2 einer sechsgliedrigen Ringverbindung angehören und in Axial-axial-Stellung stehen. Man würde eine deutliche Aufspaltung dieser Linie erwarten. Das Fehlen dieser Aufspaltung läßt mit großer Wahrscheinlichkeit den Schluß zu, daß es sich bei der untersuchten Substanz um eine Furanoseform handelt.

II.

Die weiteren Untersuchungen wurden in Zusammenarbeit mit Herrn Dr. habil. F. FISCHER vom Institut für Organische Chemie und Biochemie der Universität Jena durchgeführt und betreffen Verbindungen des Typs

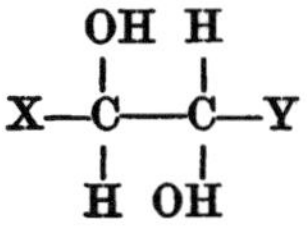

oder in räumlicher Darstellung

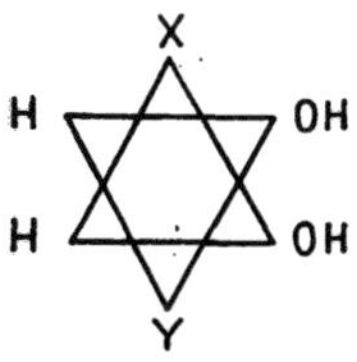

Die auftretenden Linien wurden gedeutet und der Einfluß der Substituenten X und Y auf die CH-Gruppen untersucht.

Die erste Verbindung ist das bei Zimmertemperatur flüssige Dimethyläthylenglykol: X = Y = CH_3. Abb. 4a zeigt das aufgenommene Spektrum. Die Linie ganz links rührt von zugesetztem $CHCl_3$ her, die als inneres Referenzsignal diente. Von links nach rechts sieht man die OH-, CH- und die CH_3-Linie; die kleine Linie neben der CH_3-Gruppe rührt von einer Verunreinigung her. Zwischen der CH- und der CH_3-Gruppe existiert eine Spin-Spin-Wechselwirkung mit einer Kopplungskonstanten J von 6 Hz. Daß diese Aufspaltung eine Spin-Spin-Wechselwirkung ist, wurde mit Hilfe der Doppelresonanzmethode nachgewiesen. Bei Einstrahlung auf die CH-Gruppe mit einem starken Hochfrequenz-Feld ergab sich bei einer Differenz-Frequenz von 72 Hz gegenüber dem schwachen Hochfrequenz-Feld ein Verschmelzen und eine Vergrößerung der CH_3-Linie, wie es das Spektrum in Abb. 4b zeigt. Der Abstand der CH-Linie bezogen auf $CHCl_3$ beträgt 124 Hz.

Die zweite Verbindung ist das 1-Phenyl-2-Methyläthylenglykol; X = C_6H_5, Y = CH_3. Dies ist eine Festsubstanz, die zunächst in $CHCl_3$ gelöst wurde. Das Spektrum zeigt Abb. 5a. Von links nach rechts erscheinen die $CHCl_3$-Linie gemeinsam mit der Benzollinie, die 2 OH- und CH-Linien und die CH_3-Linie mit einer angedeuteten Aufspaltung. Die Vermutung, daß die Benzollinie und die $CHCl_3$-Linie zusammenfällt, wurde bestätigt durch Lösung der Substanz in CH_3CN. Dies Spektrum zeigt Abb. 5b. Alle angegebenen Frequenzen sind auf $CHCl_3$ bezogen. Daß im linken Bild 2 OH- und 2 CH-Linien erscheinen, dürfte eine rein chemische Verschiebung sein, die sich auf Grund der verschiedenen Substituenten ergibt. Bei Anwendung der Doppelresonanzmethode zeigt sich bei Einstrahlung des starken HF-Feldes auf die CH-Gruppe bei einer Differenzfrequenz von 88 Hz ein Verschmelzen und eine Vergrößerung der CH_3-Linie. Aus dieser Differenzfrequenz kann man schließen, daß nur zwischen der der linken Linie zugeordneten CH-Gruppe und der CH_3-Gruppe eine Spin-Spin-Wechselwirkung besteht. Diese Linie muß daher aufgespalten sein und wegen der Verbreiterung auch eine geringe Intensität zeigen. J beträgt etwa 4 Hz.

Bei der Lösung der Substanz in CH_3CN verschmelzen die beiden OH-Linien zu einer Linie. Dies deutet auf die Bildung einer Wasserstoffbrückenbildung zwischen den beiden OH-Gruppen hin, die sich auf Grund der Äquatorial-äquatorial-Stellung der OH-Gruppen leicht ausbilden lann. Diese Bildung dürfte durch die stärkere Polarität des CH_3CN gegenüber dem $CHCl_3$ begünstigt werden. Der Abstand der CH-Linien bezogen auf $CHCl_3$ beträgt 94 bzw. 109 Hz.

Die dritte untersuchte Verbindung ist das Diphenyläthylenglykol; X = Y = C_6H_5 (Hydrobenzoin). Es ist wieder eine Festsubstanz, deren Löslichkeit in $CHCl_3$ und CH_3CN so gering war, daß Dimethylformamid $(CH_3)_2NCHO$ als Lösungsmittel verwendet werden mußte. Abb. 6 zeigt das Spektrum. Die beiden äußeren Linien rühren vom Lösungsmittel her; links die Benzollinie und in der Mitte die CH- und OH-Linie. Die Zuordnung der CH- und OH-Linie geschah durch Untersuchung des β-Methyl-hydrobenzoins bei dem lediglich ein Proton

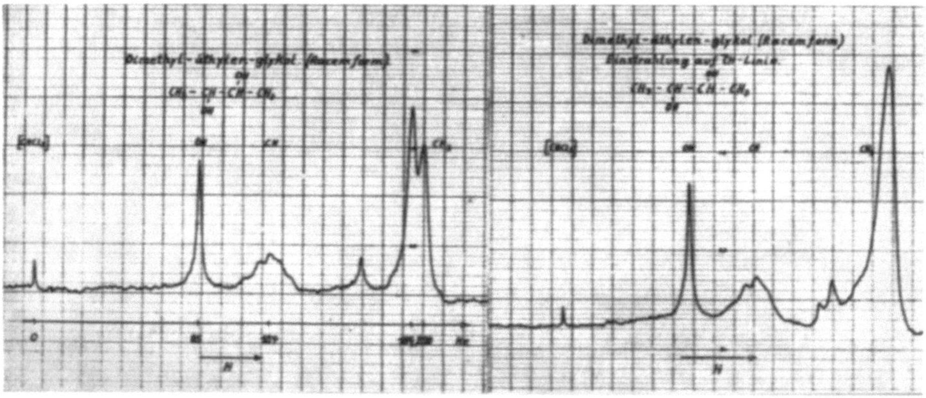

Abb. 4. Protonenresonanzspektrum des Dimethyläthylenglykol bei 30 MHz.
a (links) ohne Doppelresonanz, b (rechts) mit Doppelresonanz.

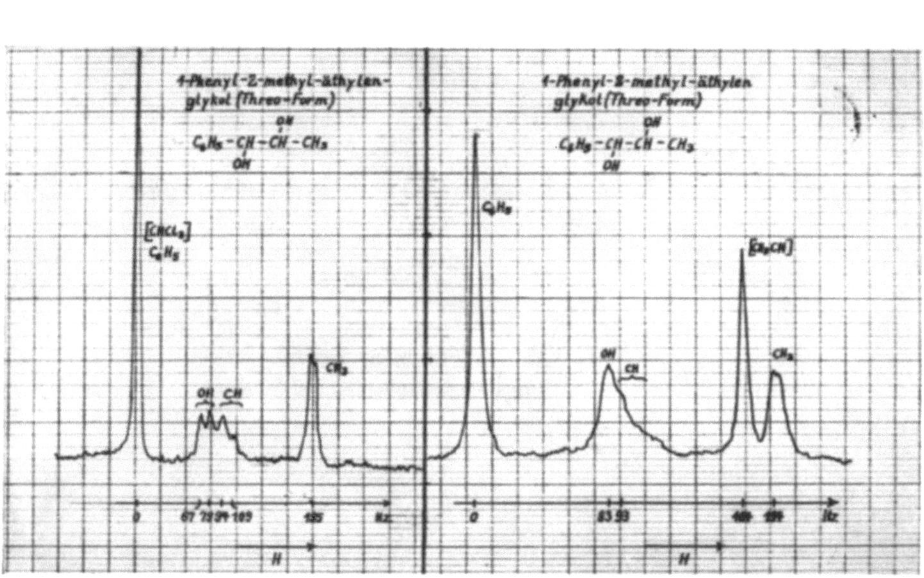

Abb. 5. Protonenresonanzspektrum des 1-Phenyl-2-Methyläthylenglykol bei 30 MHz.
a (links) gelöst in $CHCl_3$, b (rechts) gelöst in CH_3CN.

Tafel 3

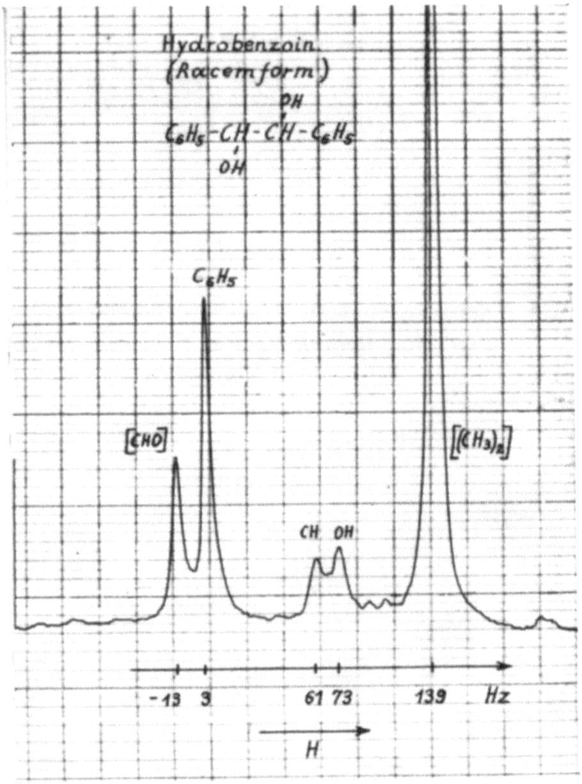

Abb. 6. Protonenresonanzspektrum des Hydrobenzoins bei 30 MHz.

einer CH-Gruppe durch eine CH_3-Gruppe ersetzt ist. Die Lage der Benzollinie hat sich auf das 1-Phenyl-2-methyläthylen-glykol bezogen nur um 3 Hz geändert, während der Abstand der CH-Linie bezogen auf $CHCl_3$ nur noch 61 Hz beträgt.

Die Verschiebung der CH-Linien nach niederen Feldstärken bei zunehmender Zahl der eingebauten Benzolringe dürfte seinen Grund in dem sogenannten Ringstromeffekt haben. Die in dem Benzolring frei beweglichen π-Elektronen zirkulieren unter dem Einfluß des äußeren Feldes H_0 und erzeugen damit außerhalb des Ringes am Ort der benachbarten Protonen ein Feld, das H_0 gleichgerichtet ist. Die abschirmende Wirkung der Elektronen am Kernort wird dadurch teilweise aufgehoben und die Resonanzlinien dieser Protonen erscheinen bei niederen Feldstärken. Weitere Untersuchungen derartiger Verbindungen insbesondere unter dem Gesichtswinkel der Wasserstoffbrücken-Bildung sind im Gange.

Den Herren Prof. Dr. H. ZINNER, Rostock, Dr. H. VENNER, Jena und Herrn Dr. habil. F. FISCHER, Jena, danken wir für die Überlassung bzw. Darstellung der Substanzen und anregende Diskussionen.

Literatur

[1] SCHELER, G., KÖHLER, H.-J. u. PETTIG, M., S. 7 dieses Bandes.
[2] VENNER, H. u. ZINNER, H., Chem. Ber. **93**, 137 (1960).
[3] LEMIEUX, R., KULLNIG, R. K. u. MOIR, R. Y., J. Am. Chem. Soc. **80**, 2237 (1958).

Physikalisches Institut der Friedrich-Schiller-Universität Jena
(Direktor: Prof. Dr. W. SCHÜTZ)

Deutung von C^{13}—H^1-Kopplungskonstanten

von J. Ranft, Leipzig

Einleitung

Bekanntlich besitzt C^{12}, das Hauptisotop des Kohlenstoffs, keinen Spin und damit auch kein magnetisches Moment. Durch diese Tatsache werden die hochaufgelösten Protonenspektren organischer Moleküle wesentlich einfacher und sind besser zu überblicken, denn es treten keine Aufspaltungen oder Verbreiterungen der Linien durch die Kopplung der Protonen mit den Kohlenstoffkernen auf. Mit 1,1% kommt das Isotop C^{13} mit dem Spin 1/2 in dem natürlichen Kohlenstoff vor. Diese 1,1% genügen zu hochauflösenden C^{13}-Kernresonanzexperimenten. 1956 wurden von Holm [1] und Lauterbur [2] erstmals chemical shifts von C^{13} und C^{13}—H- und C^{13}—F-Kopplungskonstanten veröffentlicht. Diese C^{13}-Spektren werden durch die niedrigen Kernkonzentrationen vereinfacht, da hierdurch C^{13}—C^{13}-Kopplungen unwahrscheinlich werden. Die einzigen Kopplungen, die die Spektren beeinflussen, sind die mit anderen Kernen, besonders Protonen oder Fluorkernen. Quantitativ genauer als aus den C^{13}-Spektren lassen sich die C^{13}—H-Kopplungskonstanten aus den hochaufgelösten Protonenspektren bestimmen. Es treten symmetrisch zu den unaufgespaltenen — von den an C^{12} gebundenen Protonen herrührenden — Linien noch schwache Satelliten auf, deren gegenseitiger Abstand $J_{C—H}$ ist, s. Abb. 1. Bei vielen Substanzen sind diese Satelliten weiter durch Kopplungen der Protonen aufgespalten (z. B. Dioxan) oder verbreitert (z. B. Benzol). Dabei sind teilweise auch Kopplungskonstanten zu berücksichtigen, die üblicherweise das Spektrum nicht beeinflussen [3].

1. $J_{C—H}$-Kopplungskonstanten in Kohlenwasserstoffen

Ausgedehnte Untersuchungen der C^{13}-H-Kopplungskonstanten in Kohlenwasserstoffen wurden von Muller und Pritchard [4] veröffentlicht. In Tabelle 1 ist eine Anzahl von $J_{C—H}$-Werten aufgetragen. Muller und Pritchard [4] und Shoolery [5] bemerkten die enge Verbindung, die zwischen der Hybridisierung der Kohlenstoffeigenfunktionen (sp, sp^2, sp^3) und den Kopplungskonstanten besteht, daß $J_{C—H}$ dem s-Charakter der C-Eigenfunktionen proportional ist.

Muller und Pritchard [4] stellten eine halbempirische Formel für die Kopplungskonstante in Abhängigkeit von der Hybridisierung der C-Eigenfunktion auf. Sie verwendeten dazu die LCAO-Moleküleigenfunktion

$$\psi = a\,\varphi(1\,s_H) + b\,\varphi(2\,s_C) + c\,\varphi(2\,p\,\sigma_C) \qquad (1)$$

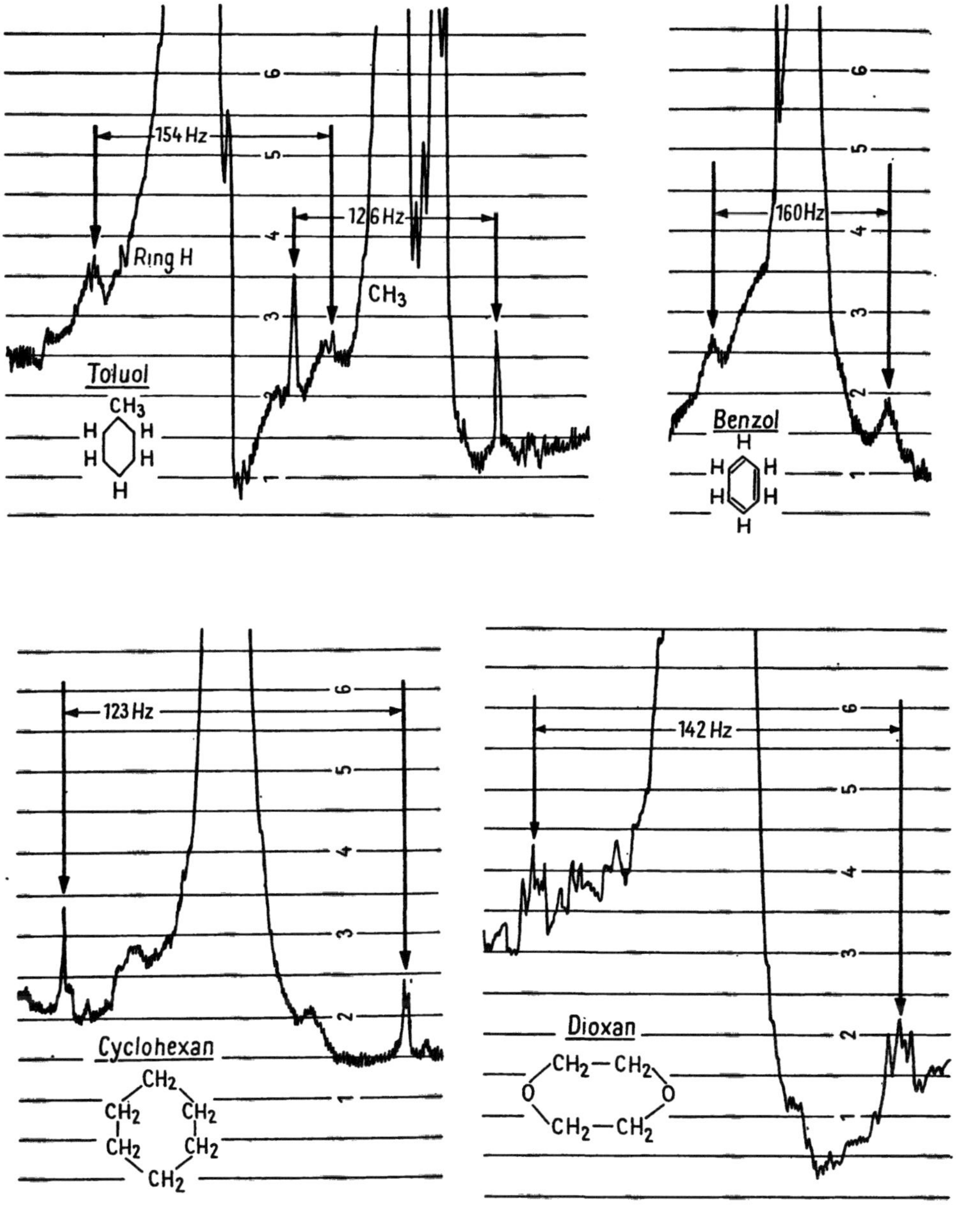

Abb. 1. C^{13}—Dubletts in den Protonenresonanzspektren einiger Verbindungen, gemessen mit einem Kerninduktionsspektrometer der Firma Trüb, Täuber & Co., Zürich. Frequenz: 25 MHz.

und die Gleichung für $J_{3\,C-H}$ [6]

$$J_{3\,C-H} = (64\,\mu_B^2\,h\,\gamma_H\,\gamma_C/9\,\Delta E)\,\langle 0\,|\delta_{1H}\,\delta_{2C}|\,0\rangle\,. \tag{2}$$

Daraus ergibt sich, wenn ΔE als konstant angenommen wird, die halbempirische Gleichung

$$J_{C-H} = J_0\,a^2 \cdot b^2\,. \tag{3}$$

Sie bestimmten J_0 empirisch durch Vergleich mit dem experimentellen J_{C-H}-Wert von Methan (sp^3) zu $J_0 = 2{,}00 \cdot 10^3$ Hz. Dies führte dann zu $J_{C-H} = 167$Hz bzw. 250 Hz für sp^2- und sp-Hybridisierung, also guter Übereinstimmung mit dem Experiment.

Diese Beziehung ließ eine direkte Berechnung dieser J_{C-H}-Werte als interessant erscheinen. Insbesondere soll eine Berechnung von J_{C-H} für Methan, also den Hybridisierungstyp sp^3, durchgeführt werden. Besser als die Moleküleigenfunktionen scheinen die VB-Eigenfunktionen zur Berechnung der Kopplungskonstanten geeignet zu sein. Das zeigte sich auch beim Versuch, die LCAO-Eigenfunktion von Methan nach COULSON [7] zur Berechnung von J_{C-H} zu verwenden, was sehr schlechte Resultate lieferte. Eine geeignete VB-Eigenfunktion für CH_4 wurde von EYRING, FROST und TURKEVICH [8] angegeben und auch schon von KARPLUS und ANDERSON [9] mit Erfolg zur Berechnung von J_{H-H} von Methan verwendet. Allerdings brauchen wir in unserem Falle nur die Normalstruktur des Methan

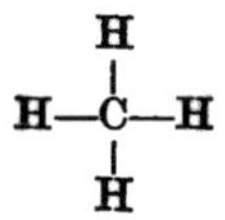

zu berücksichtigen, da die Berücksichtigung der anderen Strukturen keine Verbesserung der Resultate ergibt. Wir verwenden die Formel [9]

Tabelle 1

Experimentelle Werte der C^{13}—H-Kopplungskonstanten nach [4]

Verbindung	J_{C-H} (Hz)
Cyclohexan	123
$(CH_3)_2C{=}C(CH_3)_2$	124
CH_4	125
$(CH_3)_4C$	124
Mesitylen (CH_3)	126
Cyclopentan	128
$CH_3{-}C{\equiv}C{-}CH_3$	131
$C^{13}H_3{-}C{\equiv}C{-}H$	132
Mesitylen (Ring H)	154
Benzol	159
Cyclopropan	161
$CH_3{-}C{\equiv}C^{13}{-}H$	248
$C_6H_5{-}C{\equiv}C^{13}{-}H$	251

$$J_{3\,C-H} = \frac{1}{4\,\Delta E}\cdot\frac{2}{3\,h}\left(\frac{16\,\pi\,\mu_B\,\hbar}{3}\right)^2 \gamma_H\,\gamma_C\,\Phi_H^2(0)\,\Phi_C^2(0)\times$$

$$\times\sum_{il} c_i\,c_l\,\frac{1}{2^{(n-i_{fl})}}\,[1 + 2\,f_{il}\,(p_{HC})]\,, \tag{4}$$

berücksichtigen aber außerdem die Überlappung bei der Normierung der Eigenfunktionen. Damit ergibt sich

$$J_{3\,C-H} = \frac{2{,}28 \cdot 10^{-46}}{\Delta E\ (\mathrm{e\,V})\ (1 + S^2)}\cdot\Phi_H^2(0)\,\Phi_C^2(0)\,, \tag{5}$$

$$S = \langle\psi_0\,|\,\psi_0\rangle\,. \tag{6}$$

Als Atomeigenfunktionen verwenden wir für H 1*s*-Eigenfunktionen und für C Eigenfunktionen nach MORSE, YOUNG und HAURWITZ [10]. Damit ergibt sich, wenn man noch — wie allgemein üblich — ΔE als 10 eV annimmt und S mit Hilfe der Slater-Eigenfunktionen berechnet

	theoretisch	experimentell	Konfiguration	
$J_{3\,C-H}$	131 Hz	125 Hz	Methan sp^3	(7)

und daraus unter Berücksichtigung der anderen Hybridisierung

$J_{3\,C-H}$	175 Hz	159 Hz	sp^2
$J_{3\,C-H}$	262 Hz	250 Hz	sp .

Bessere Ergebnisse können wir in Anbetracht der groben Näherung, die z. B. in Verwendung der relativ ungenauen Wellenfunktionen, Vernachlässigung der Terme J_{1a}, J_{1b} und J_2 und durch die Willkür in der Wahl des ΔE zum Ausdruck kommt, nicht erwarten.

2. C^{13}—H-Kopplungskonstanten von substituierten Methanen

MULLER und PRITCHARD [11] veröffentlchten eine Untersuchung über die C^{13}-H-Kopplungskonstanten von substituierten Methanen. In Tabelle 2 sind die von ihnen und mir gemessenen Werte angegeben. Unter der Annahme von sp^3-Hybridisierung müßte man auch für diese CH_3-Gruppen Kopplungskonstanten in der Nähe von 125 Hz erwarten. Die Abweichungen davon werden von MULLER und PRITCHARD als Zeichen dafür gewertet, daß die substituierten CH_3-Gruppen eine andere Hybridisierung aufweisen. Dies zeigt sich teilweise schon an den gegenüber CH_4 geänderten Valenzwinkeln, aber zur vollen Erklärung des Effektes muß man annehmen, daß die Valenzwinkel und die gegenseitigen Winkel der Atome nicht identisch sind, d. h. man muß die Bindungen teilweise als geknickt annehmen. Sie konnten zeigen, daß diese Änderungen sowohl der Elektronegativität der benachbarten Gruppe, als auch dem Bindungsabstand von C zum benachbarten Atom bzw. dem Atomradius des benachbarten Atoms proportional ist. Sie fanden die empirische Formel

$$J_{C-H} = 22{,}6\,E_x + 40{,}1\,r\,(C - X) + 5{,}5\,. \tag{8}$$

Ebenso gute Resultate liefert eine andere empirische Formel

$$J_{C-H} = 64 + \frac{r\,(C - X)\cdot E_X}{0{,}065}. \tag{9}$$

Diese Formeln wurden mit Hilfe der mit * gekennzeichneten Konstanten bestimmt und leisten umgekehrt gute Dienste bei der Bestimmung der effektiven Elektronegativitäten von Molekülgruppen. Die so bestimmten Elektronegativitäten sind fast durchweg in guter Übereinstimmung mit den nach der Methode von DAILEY und SHOOLERY [12] bestimmten Werten.

Es muß jedoch auf folgendes hingewiesen werden: Die alleinige Verwendung des Terms $J_{3\,C-H}$ zur Erklärung der Kopplungskonstanten mag eine gute Näherung sein, aber es zeigt sich auch, daß die anderen Terme, insbesondere J_1-(Bahn),

Tabelle 2

J_{C-H}-Werte für substituierte Methane

Werte 1—15 nach [11]

Nr.	Verbindung	J_{C-H}(exp)	r(C—H)	$E_x(1)$	$E_x(2)$	$E_x(3)$	$E_x(4)$
1	CH_3—$C(CH_3)_3$	124	1,54	2,55		2,60	2,54
2	CH_3—CH_3	*126	1,54	2,60		2,60	2,62
3	CH_3—$C(O)CH_3$	126	1,50	2,65	2,61	2,60	2,69
4	CH_3—C_6H_5	126	1,50	2,65	2,70	2,60	2,69
5	CH_3—$pC_6H_4NO_2$	127	1,50	2,70	2,70	2,60	2,73
6	CH_3—CHO	127	1,49	2,75	2,61	2,60	2,75
7	CH_3—COOH	130	1,50	2,85	2,57	2,60	2,86
8	CH_3—C≡CH	132	1,46	2,90		2,60	3,02
9	CH_3—C≡N	136	1,46	3,20	2,52	2,60	3,20
10	CH_3—$Sn(CH_3)_3$	128	2,18	1,55		1,90	1,91
11	CH_3—OH	*141	1,43	3,45	3,51	3,50	3,50
12	CH_3—F	*149	1,385	3,90	3,93	3,90	3,99
13	CH_3—Cl	*150	1,781	3,25	3,19	3,15	3,14
14	CH_3—Br	*152	1,939	3,05	2,94	2,95	2,95
15	CH_3—I	*151	2,139	2,65	2,68	2,65	2,65
16	CH_3—mC_6H_4OH	126	1,50	2,60	2,70	2,60	2,70
17	CH_3—pC_6H_4OH	126	1,50	2,60	2,70	2,60	2,70
18	CH_3—$C(O)OC_2H_5$	131	1,50	2,85	2,61	2,60	2,90
19	CH_3—$C(O)C_6H_5$	127	1,50	2,66	2,61	2,60	2,74
20	CH_3—$C_6H_4NH_2$(o)	126	1,50	2,60	2,70	2,60	2,70
21	CH_3—$N(CH_3)C_6H_5$	136	1,47	3,12		3,05	3,18
22	CH_3—$C(O)OCH_3$	130	1,50	2,80	2,61	2,60	2,86
23	CH_3—$OC(O)CH_3$	144	1,43	3.65	3,83	3,50	3,64
24	CH_3—$N(CH_3)C(O)H$	140	1,47	3,30		3,05	3,36

J_{C-H} in Hz, r in A, (1) ber. nach Formel (8), (2) nach [12], (3) der Atome, (4) nach Gleichung (9).

ebenfalls eine gewisse Rolle spielen. Wir denken an den Ausdruck, den POPLE für J_1-(Bahn) herleitete [13], nach dem J_1-(Bahn) der Anisotropie der magnetischen Abschirmkonstanten proportional ist. Damit lassen sich wahrscheinlich auch die insbesondere bei CH_3COOH, CH_3CN, CH_3CCH und anderen Molekülen auftretenden ernsthaften Abweichungen der mit dieser Methode berechneten und der von DAILEY und SHOOLERY bestimmten Elektronegativitäten erklären. Durch die Wirkung der π-Elektronen der Doppel- und Dreifachbindungen wird eine große Anisotropie der C-Abschirmkonstanten erzeugt. Dadurch ist der Term J_1 (Bahn) bei diesen Verbindungen nicht mehr zu vernachlässigen.

Literatur

[1] HOLM, C. H., J. Chem. Phys. **26**, 707 (1957).
[2] LAUTERBUR, C. P., J. Chem. Phys. **26**, 217 (1957).
[3] SHEPPARD, N. u. TURNER, J. J., Proc. Roy. Soc. **A 252**, 506 (1959).
[4] MULLER, N. u. PRITCHARD, D. E., J. Chem. Phys. **31**, 768 (1959).
[5] SHOOLERY, J. N., J. Chem. Phys. **31**, 1427 (1959).
[6] RAMSEY, N. F., Phys. Rev. **91**, 303 (1953.)

[7] Coulson Trans. Far. Soc. **28**, 877 (1932).
[8] Eyring, Frost u. Turkevich, J. Chem. Phys. **1**, 777 (1933).
[9] Karplus, M. u. Anderson, D. H., J. Chem. Phys. **30**, 6 (1959).
[10] nach Hartmann, H., Theorie der chemischen Bindung auf quantenmechanischer Grundlage, Springer-Verlag, Berlin, Göttingen, Heidelberg 1954.
[11] Muller, N. u. Pritchard, D. E., J. Chem. Phys. **31**, 1471 (1959).
[12] Dailey u. Shoolery, J., Am. Chem. Soc. **77**, 3977 (1955).
[13] Pople, J. A., Mol. Phys. **1**, 216 (1958).

Physikalisches Institut der Karl-Marx-Universität Leipzig

Hochauflösung im magnetischen Erdfeld

von G. Hochstrasser, Genf

Einführung

Vor drei Jahren haben wir uns vorgenommen, ein Kernresonanzspektrometer zu bauen, das die Messung der Relaxationszeit T_2 des Wassers und anderer wasserstoffenthaltender Produkte, sowie die Beobachtung der Linienformen ermöglicht.

Diese Messung ist im Rahmen der Forschungen ausgeführt worden, die in den letzten Jahren in Genf unter der Leitung von Herrn Prof. Dr. G. J. Béné durchgeführt wurden, besonders durch Herrn Dr. J. M. Rocard, der mit Frequenzen von 8,4 kHz und 3 kHz in sehr schwachen Feldern arbeitete. Unter sehr ähnlichen Bedingungen, haben auch wir gearbeitet; entsprechend dem mittleren Wert des Magnetfeldes der Erde war die Frequenz nahe bei 2 kHz.

Da wir das Erdfeld als Hauptfeld brauchten anstatt des Feldes eines Magneten, erreichten wir ein Auflösungsvermögen, welches sicher besser ist als 1 μG und genügend war für unsere Beobachtungen, obschon die Auflösung nur $2 \cdot 10^{-6}$ beträgt. Wir werden weiter unten sehen, daß die Schwankungen des Erdfeldes das Auflösungsvermögen begrenzen.

Die Spannung des Kernsignals ist proportional zu dem Quadrat des Hauptfeldes und das Ersetzen des üblichen Feldes von 15 000 G durch das Magnetfeld der Erde senkt die Signalamplitude um einen Faktor 10^9. Nur ein sehr sorgfältiger Bau des Meßkopfes und eine bedeutende Vergrößerung des Probenvolumens ermöglicht uns, diesen Nachteil auszugleichen.

Beschreibung der Geräte

Das Volumen des Meßkopfes veranlaßte uns, der Methode von Bloch eine Brückenmethode vorzuziehen. Wir bedauern diese Wahl nicht, da die mechanische Stabilität besser ist.

Die Probenbestrahlungsspule, die auch als Detektor wirkt, ist aus besonderem Litzendraht gewickelt, so daß die verteilte Kapazität gering ist. Dadurch haben wir einen Gütefaktor von 130 bei 2 kHz erreicht. Das nützliche Volumen der Probe beträgt 8 Liter.

Die Spule ist in einer T-Brücke eingebaut (Abb. 1). Grivet, Soutif und Buyle, die diese Brückenmethode angewandt hatten, machten in einer ihrer Veröffentlichungen auf die Schwierigkeit der Abstimmung aufmerksam. Diese Schwierigkeit besteht nicht bei niedriger Frequenz. Die Kapazitäten C sichern eine Grobregulierung und die Feinregulierung wird durch C_0 erreicht.

Die überbrückte T-Brücke hat den Vorteil, daß die Eingangs- und Ausgangsimpedanzen sehr klein sind; daß die Spule einseitig geerdet ist, wirkt sich günstig aus, wenn sie vom übrigen Teil des Gerätes sehr entfernt ist. Die Brücke wird durch einen Quarzoszillator gespeist, dessen Frequenz 1954 Hz und dessen Stabilität 10^{-7} betragen.

Die Ausgangsspannung der Brücke speist, durch einen Impedanztransformator, einen Verstärker; dadurch kann das Rauschen der ersten Verstärkerröhre außer acht gelassen werden. Der Verstärker ist mit einem Kohärenzgleichrichter gekoppelt, der seinerseits durch einen Phasenschieber mit dem Quarzoszillator verbunden ist.

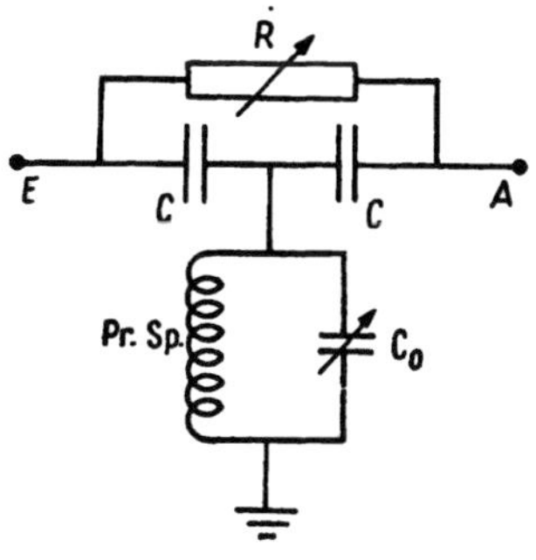

Abb. 1

Das H_0-Feld ist also das Erdfeld, das nicht durch Eisenteile verändert ist, da sich das Laboratorium mitten im Wald, 10 km von Genf entfernt befindet; der Meßkopf ist in etwa 30 m Abstand vom Gerät in einer kleinen Holzhütte aufgebaut. Gegenwärtig nähert sich der Wert 0,4595 G. Das ΔH_0-Feld wird durch einen elektronischen Sägezahnoszillator mit sehr tiefer Frequenz gespeist; die halbe Periode kann 1600 Sekunden erreichen.

Leistungen

Das Signal-Rausch-Verhältnis erreicht, an der Grenze der Sättigung und für Wasserstoffkonzentrationen von 0,1 kg · dm^{-3} (z. B. Wasser), 150 und könnte höher sein, wenn die zwei Brückenkondensatoren C unsymmetrisch wären.

Das Auflösungsvermögen des Gerätes ist sicher besser als 0,5 μG, aber die raschen Schwankungen des Erdfeldes erlauben nicht die Ausmessungen von Linien. die schmaler sind als 1 μG.

Eine sehr gute Spannungs- und Temperaturstabilisation erlauben uns eine fortlaufende und automatische Registrierung mit einer stündlichen Abweichung, die normalerweise kleiner ist als $^1/_6$ der Signalamplitude; darin sind die Abweichungen der Gleichstromverstärker inbegriffen.

Ergebnisse

Wir haben uns zuerst mit der Messung der *Linienbreiten* beschäftigt. Unter Linienbreite verstehen wir die halbe Breite bei halber Höhe der Absorptionskurve, die gleich $1/\gamma\, T_2$ ist, wenn H_1 zu Null strebt.

Die Notwendigkeit mit H_1-Feldern zu arbeiten, die der Sättigung nahe waren, zwang uns mit der Verbreiterung der Linie zu rechnen. Die gemessene Breite für einen gegebenen H_1-Wert ist die folgende

$$\Delta H = \frac{1}{\gamma T_2} \sqrt{1 + \gamma^2 H_1^2\, T_1\, T_2}\,.$$

Die Werte der Linienbreiten und der entsprechenden Relaxationszeiten der Abb. 2 haben wir durch Extrapolieren der mittleren ΔH-Werte für verschiedene

H_1-Felder erhalten. Es versteht sich von selbst, daß die Proben durch Schmelzen oder Kochen unter Vakuum entgast waren.

	Linienbreite	Relaxationszeit T_2
Nitromethan	130 ± 4 μG	0,29 sec
cis-Decalin	40 ± 2 μG	0,29 sec
Wasser	14 ± 2 μG	2,7 sec
Benzol	$2{,}5 \pm 0{,}5$ μG	16 sec

Abb. 2

Die Abb. 3 zeigt zwei Registrierungen, die wir mit cis-Decalin erhalten haben. Das ziemlich starke Rauschen kommt daher, daß eine visuelle Integration einer elektronischen Integration vorgezogen wurde, welche die Abfallkurve verformen kann. Daher sind auch die Zeitkonstanten des Kohärenzgleichrichters, je nach dem Versuch, so klein wie möglich gewählt worden.

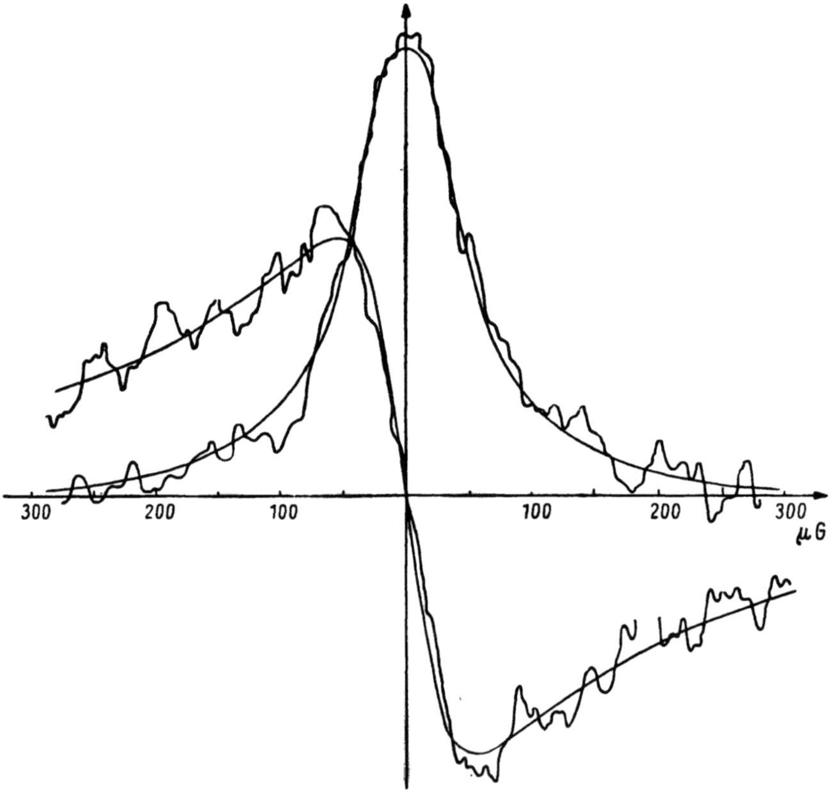

Abb. 3. Decalin $C_{10}H_{18}$

$\frac{1}{\gamma T_2} \cong 41\ \mu G \quad H_1 \cong 32\ \mu G$

Nachher haben wir versucht, die *Linienformen* zu prüfen, oder genauer, zu untersuchen, ob nichtkugelige Moleküle, die dadurch eine Bewegungsanisotropie hervorrufen, Kurven geben, welche nicht mehr LORENTZkurven sind, sondern sich den GAUSSkurven nähern.

Der Versuch ist unglücklicherweise schwer durchzuführen. Zwischen den LORENTZ- und den GAUSSkurven ist die Amplituden-Abweichung gleich 7% im Gebiet $-\Delta H$ bis $+\Delta H$; sie ist also wirklich klein, um mit Sicherheit geschätzt werden zu können. Dafür ist die Amplitude der GAUSSkurve nur 50% der LORENTZkurve für $\pm 1{,}7 \cdot \Delta H$. Eine solche Abweichung ist leicht sichtbar.

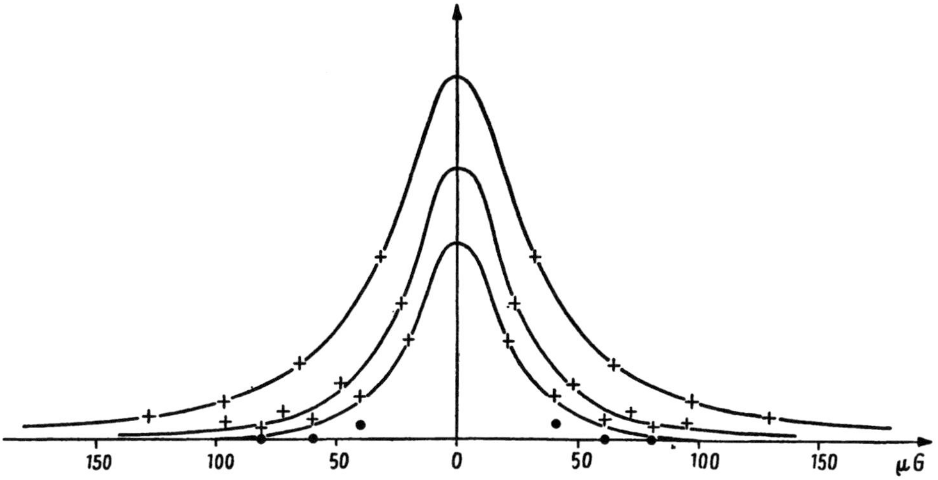

Abb. 4. Tetralin $C_{10}H_{12}$

$$\frac{1}{\gamma T_2} \simeq 21\ \mu G \quad H_1 = 23\ \mu G,\ 12\ \mu g \text{ und } 6{,}5\ \mu G$$

- - - - - exp.
+ berechnete Werte für LORENTZkurve
• berechnete Werte für GAUSSkurve, mit $H_1 \simeq 6{,}5\ \mu g$

Für diese Arbeit haben wir Moleküle in Form von Scheiben oder langen Ketten gewählt. Benzol und verschiedene Abkömmlinge sind in die erste Kategorie einzuordnen, die Kohlenwasserstoffe in die zweite.

Abb. 4 zeigt, was zum Beispiel Tetralin $C_{10}H_{12}$ ergibt. Tetralin ist ein Abkömmling von Naphthalin, das durch Wasserstoffanlagerung eines Benzolkerns entsteht. Wenn H_1 ungefähr $1/\gamma\ T_2$ beträgt, ist die Kurve eine LORENTZkurve. Für ein viel schwächeres H_1 ist die Kurve annähernd eine GAUSSkurve.

Aus Sachlichkeitsgründen ist es nötig hervorzuheben, daß die obigen Kurven Mittelwerte sind, die wir mit mindestens 5 Registrierungen erhalten haben; diese 5 Kurven waren aus 20 aufeinanderfolgenden Durchgängen gewählt worden, die sich durch ihre Regelmäßigkeit auszeichneten (Abwesenheit von raschen Schwankungen des Erdfeldes). Natürlich haben wir uns vergewissert, daß die Mittelwertkurve nicht von der Wahl der Registrierungen abhängt.

Wir wollen diesen Bericht abschließen, indem wir kurz über die *Messungen des Magnetfeldes der Erde*, die wir durchgeführt haben, berichten.

Man weiß, daß das Erdfeld täglichen Amplituden-Schwankungen unterliegt, die einige hundert Mikrogauß erreichen und daß sich noch rasche Schwankungen von etwa 10 μG Amplitude, mit einer Periode von etwa fünfzehn Sekunden, überlagern [3].

Die Aufzeichnung der Resonanzmitte, ermöglicht es, diesen Schwankungen zu folgen. Eine einfache Berechnung zeigt, daß die Abstimmung, welche die beste Aufzeichnung der Resonanzmitte für eine gegebene Substanz ergibt, die folgende ist:

$$\gamma^2 H_1^2 T_1 T_2 = 1 .$$

Diese Messung ist mit einer Ungenauigkeit von ΔH_0 durchgeführt worden, wobei

$$\Delta H_0 = \frac{1}{\sqrt{2} \cdot \varrho \cdot \gamma \cdot T_2}$$

beträgt.

ϱ bedeutet das Signal-Rausch-Verhältnis.

Wir haben verschiedene Meßverfahren angewandt. Wir führen hier zwei vor:

1. Das Feld wird automatisch mit $\pm 2\,\Delta H$ überschritten. Man liest den Wert in der Mitte der Dispersionskurve ab; während des Tages verändert man das Zusatzfeld, so daß man in der Mitte der Resonanz bleibt. Mit destilliertem

Abb. 5. Veränderungen des Magnetfeldes der Erde während eines Tages am 11. März 1959 in Jussy.

Wasser als Test-Substanz erreichten wir eine Genauigkeit, die besser war als 1 μG. Alle vier Sekunden kann eine Messung durchgeführt werden. Unter diesen Bedingungen haben wir die Werte der Abb. 5 erhalten.

2. Das Kernsignal steuert einen Servomechanismus, der automatisch den Spektrograph durch Verändern des Stromes der Zusatzspulen in der Mitte der Resonanz hält. Dieser Servomechanismus hat gegenwärtig eine Empfindlichkeit von 0,5 μG für eine Einstellzeit von 1,5 Sekunden.

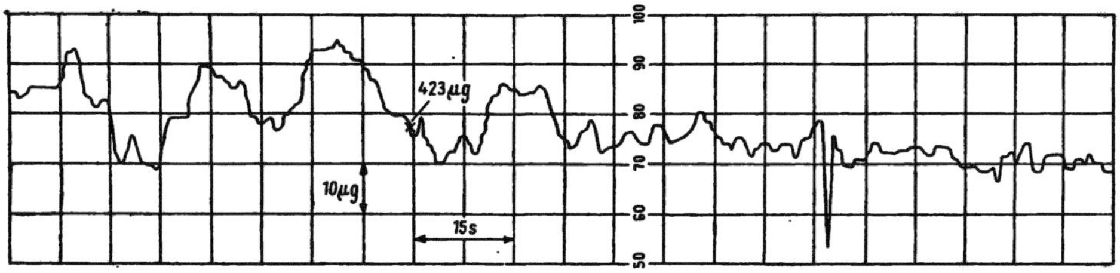

Abb. 6

Die Abweichungen der Brücke und des Kohärenz-Gleichrichters sind genügend schwach, so daß nur eine leichte stündliche Korrektur vorgenommen werden muß. Abb. 6 zeigt eine Registierung einer raschen Schwankung, die besonders stark ist.

Ein ausführlicher Bericht der Messungen, die wir gegenwärtig durchführen, wird während dieses Jahres erscheinen.

Meinen besten Dank spreche ich Herrn Prof. Dr. G. J. Béné aus, meinem Forschungsleiter, dessen täglicher Beistand mir sehr wertvoll war und Herrn Prof. Dr. R. C. Extermann, Direktor des Physikalischen Institutes, für die erheblichen Mittel, die er mir zuvorkommenderweise zur Verfügung stellt.

Literatur

[1] Rocard, J. M., Archives Sci. Genève 10, 377 (1957).
[2] Grivet, P. u. Soutif, M. u. Buyle-Bodin, M., C. R. Acad. Sci. Paris 229, 113 (1949).
[3] Selzer, E., Annales de l'Institut de Physique du Globe Paris 29, 165 (1958).

Institut de Physique de l'Université de Genève

Möglichkeiten der Spin-Echo-Methoden

von H. PFEIFER, Leipzig

Wir betrachten Atomkerne mit nichtverschwindendem magnetischem Moment. Diese Atomkerne sollen Bestandteile von Molekülen sein, deren magnetisches Moment der Hülle Null ist. In vielen Fällen, vor allem aber bei vielen Flüssigkeiten lassen sich dann die Bewegungsgleichungen für die makroskopische Magnetisierung, die von den betrachteten Atomkernen herrührt, in folgender Form schreiben [1]:

$$\frac{\partial \mathfrak{M}}{\partial t} = \gamma (\mathfrak{M} \times \mathfrak{H}) - \frac{\mathfrak{M}}{T_2} + \frac{\chi_0 \mathfrak{H}}{T_1} + \frac{(\mathfrak{M} \cdot \mathfrak{H}) \mathfrak{H}}{|\mathfrak{H}|^2} \left(\frac{1}{T_2} - \frac{1}{T_1} \right) + \nabla \cdot D \nabla (\mathfrak{M} - \chi_0 \mathfrak{H}) . \quad (1)$$

Dieses Gleichungssystem wird als verallgemeinerte BLOCHsche Gleichung bezeichnet. $\nabla \cdot D \nabla (\mathfrak{M} - \chi_0 \mathfrak{H})$ ist dabei ein Vektor mit den Komponenten div $\{D \operatorname{grad} (\mathfrak{M}_x - \chi_0 \mathfrak{H}_x)\}$ usw., $\mathfrak{M}$ der Magnetisierungsvektor, γ das gyromagnetische Verhältnis der Atomkerne, χ_0 die statische Kernsuszeptibilität, $\mathfrak{H}$ das angelegte Magnetfeld, D der Selbstdiffusionskoeffizient der die betrachteten Kerne enthaltenden Moleküle und T_1 bzw. T_2 die longitudinale bzw. transversale Relaxationszeit der Atomkerne in der betreffenden Probe.

Die Größen D, T_1, und T_2 hängen dabei stark von der Art der Substanz ab und ermöglichen Rückschlüsse auf die Struktur, d. h. den molekularen Aufbau und die molekulare Bewegung in der untersuchten Substanz. Mit diesem letzten Problem, d. h. der Theorie des Selbstdiffusionskoeffizienten und der Relaxationszeiten wollen wir uns jedoch hier nicht beschäftigen, sondern mit den Möglichkeiten, diese Größen durch Spin-Echo-Verfahren zu messen.

Wir bringen zunächst die Probe in ein starkes konstantes Magnetfeld H_0, dessen Richtung wir die z-Richtung nennen wollen. Dann besteht das Prinzip der Spin-Echo-Methode darin, ein magnetisches Wechselfeld $2\,H_1 \cos \omega t$, dessen Richtung die x-Richtung sei, nicht ständig, sondern in Form von kurzen Impulsen anzulegen und das Verhalten der Magnetisierung nach diesen Impulsen zu beobachten.

Wir haben also zwei Fälle zu unterscheiden, nämlich: 1. die Probe unter dem Einfluß eines magnetisches Wechselfeldes $2\,H_1 \cos \omega t$ und 2. die Probe ohne Einwirkung des magnetischen Wechselfeldes.

Im ersten Falle können wir, sofern die Impulsbreite t_ω hinreichend kurz ist, was wir voraussetzen wollen, die Änderungen von $\mathfrak{M}$ infolge der Relaxationsprozesse und der Diffusion vernachlässigen und erhalten, wenn wir noch in ein mit ω um die z-Achse rotierendes Koordinatensystem gehen,

$$\frac{\partial \mathfrak{M}'}{\partial t} = \gamma (\mathfrak{M}' \times \mathfrak{H}_{\text{eff}}), \qquad (2)$$

wobei $\mathfrak{M}'$ die Magnetisierung im rotierenden System und $\mathfrak{H}_{\text{eff}}$ die effektive magnetische Feldstärke mit den Komponenten H_1, 0, $H_0 - \omega/\gamma$ ist [2]. Die Magnetisierung präzediert also im rotierenden System um den Vektor des effektiven magnetischen Feldes $\mathfrak{H}_{\text{eff}}$ mit der Kreisfrequenz $\Omega = \gamma\, |\mathfrak{H}_{\text{eff}}|$.

Im zweiten Falle ist $\mathfrak{H} = (0, 0, H_0)$, d. h. es gilt

$$\frac{\partial \mathfrak{M}_z}{\partial t} = - \frac{\mathfrak{M}_z - \chi_0 H_0}{T_1} \qquad (3)$$

und

$$\frac{\partial \mathfrak{M}_x}{\partial t} = \gamma\, \mathfrak{M}_y H_0 - \frac{\mathfrak{M}_x}{T_2}, \qquad \frac{\partial \mathfrak{M}_y}{\partial t} = -\gamma\, \mathfrak{M}_x H_0 - \frac{\mathfrak{M}_y}{T_2}. \qquad (4)$$

Die z-Komponente der Magnetisierung nähert sich also exponentiell mit der Zeitkonstanten T_1 der statischen Magnetisierung $\chi_0 H_0$ und die zu H_0 senkrechte Komponente der Magnetisierung präzediert um H_0 mit der Kreisfrequenz γH_0, wobei die Amplitude exponentiell mit der Zeitkonstanten T_2 abnimmt.

Es liegt also folgendes Experiment auf der Hand:

1. Die Probe in das Magnetfeld H_0 bringen und mindestens 5 T_1 Sekunden warten, da sich dann die Magnetisierung bis auf wenigstens 0,67% dem statischen Wert $\chi_0 H_0$ genähert hat und in z-Richtung zeigt.
2. Einen Impuls anlegen, für den
$$H_1 \gg \left| H_0 - \frac{\omega}{\gamma} \right| \quad \text{und} \quad \gamma H_1 t_\omega = \frac{\pi}{2}$$
gilt. Dadurch wird die Magnetisierung um den Winkel $\pi/2$ um die x'-Achse gedreht, hat also am Ende des Impulses die y'-Richtung.
3. Die zu H_0 senkrechte Komponente der Magnetisierung, also die in einer Spule, deren Achse senkrecht zu H_0 liegt, induzierte Spannung, ist dann proportional zu $\exp(-t/T_2) \cos(\gamma H_0 t + \varphi)$, wobei t die Zeit vom Abschalten des Impulses an gerechnet ist.

Eine logarithmische Darstellung der Amplitude der freien Induktion — wie man diese Spannung nennt — gibt also sofort die transversale Relaxationszeit T_2. Leider zeigt jedoch in praktisch allen Fällen die freie Induktion einen schnelleren Abfall als mit T_2, da das Magnetfeld H_0 stets eine gewisse Inhomogenität besitzt. Das heißt, wir haben statt einer Larmorfrequenz γH_0 ein ganzes Spektrum zu berücksichtigen, wobei für jede Komponente die obigen Betrachtungen gelten, und außerdem die Selbstdiffusionseffekte in Rechnung zu setzen sind.

Da die Impulsbreite entsprechend kurz sein soll und $H_1 \gg |H_0 - \omega/\gamma|$ vorausgesetzt wurde, bleiben die Verhältnisse während der Einwirkung des Impulses ungeändert. In der wechselfeldfreien Zeit jedoch treten wesentliche Änderungen auf.

Betrachten wir zunächst den Einfluß der verschiedenen Larmorfrequenzen. Wir zerlegen die Probe in lauter differentielle Volumenelemente, für die wir H_0 homogen ansetzen können. Wegen der Linearität der Gleichungen ist dann die Gesamtmagnetisierung das über die Probe gebildete normierte Raumintegral. Das Verhalten der z-Komponente der Magnetisierung bleibt ungeändert und zwar nähert sich $\overline{\mathfrak{M}_z}$ lediglich dem statischen Wert $\chi_0 \overline{H_0}$, wobei der Querstrich die Mittelung über das Probenvolumen andeuten soll. Für die zu H_0 senkrechte Komponente der Magnetisierung jedoch wird

$$\overline{\mathfrak{M}_\perp} \sim \int\limits_{\gamma H_0 \min}^{\gamma H_0 \max} g(H_0) \exp\left(-\frac{t}{T_2}\right) \cos(\gamma H_0 t + \varphi)\, d\gamma H_0 \Bigg/ \int\limits_{\gamma H_0 \min}^{\gamma H_0 \max} g(H_0)\, d\gamma H_0 . \quad (5)$$

wobei $g(H_0)$ die Feldverteilungsfunktion über die Probe ist. Das Verhalten von $\overline{\mathfrak{M}_\perp}$ wird also wesentlich durch die Inhomogenität des Magnetfeldes und die Probenform bestimmt. Setzen wir $|H_{0\,\max,\,\min} - \overline{H_0}| \gg \Delta H_{0\,1/2}$ voraus, wobei $H_{0\,\max}$ bzw. $H_{0\,\min}$ die maximale bzw. minimale Feldstärke in der Probe bezeichnet und $\Delta H_{0\,1/2}$ die Halbwertsbreite der Feldverteilungsfunktion ist, so ergibt sich das in Abb. 1 dargestellte Schema.

Feldverteilungsfunktion $g(H_0)$	Halbwertsbreite der Feldverteilungsfunktion $\Delta H_{0\,1/2}$	Amplitude der freien Induktion $\sim \overline{\mathfrak{M}_\perp}/\cos(\gamma \overline{H_0} t + \varphi)$
Gausssche Kurve $\exp(-(1/2)(H_0 - \overline{H_0})^2 \gamma^2 T_{2g}^{*2})$	$\dfrac{\sqrt{2\ln 2}}{\gamma T_{2g}^*}$	$\exp\left(-\dfrac{t}{T_2} - \dfrac{t^2}{2 T_{2g}^{*2}}\right)$
Exponentialkurve $\exp(-\lvert H_0 - \overline{H_0}\rvert \gamma T_{2E}^*)$	$\dfrac{\ln 2}{\gamma T_{2E}}$	$\dfrac{\exp\left(-\dfrac{t}{T_2}\right)}{1 + (t/T_{2E}^*)^2}$
Lorentzkurve $((1 + (H_0 - \overline{H_0})^2 \gamma^2 T_{2L}^{*2})^{-1}$	$\dfrac{1}{\gamma T_{2L}^*}$	$\exp\left(-\dfrac{t}{T_2} - \dfrac{t}{T_{2L}^*}\right)$
Kastenfunktion 1 für $\lvert H_0 - \overline{H_0}\rvert < \dfrac{1}{\gamma T_{2K}^*}$; 0 für $\lvert H_0 - \overline{H_0}\rvert > \dfrac{1}{\gamma T_{2K}^*}$	$\dfrac{1}{\gamma T_{2K}^*}$	$\dfrac{\sin\left(\dfrac{t}{T_{2K}^*}\right)}{\left(\dfrac{t}{T_{2K}^*}\right)} \exp\left(-\dfrac{t}{T_2}\right)$

Abb. 1. Amplitude der freien Induktion für verschiedene Feldverteilungsfunktionen.

Man sieht also, daß für $T_2 \gg T_2^*$ der zeitliche Abfall der freien Induktion durch die Feldverteilungsfunktion und für $T_2 \ll T_2^*$ durch die transversale Relaxationszeit gegeben wird, d. h. je nach dem vorliegenden Fall kann man T_2 oder T_2^* messen. Anwendung findet diese Tatsache bei der Beobachtung der freien Induktion im Erdfeld, wo T_2^* sehr groß ist, also eine T_2-Messung ermöglicht wird oder in gewöhnlichen Magnetfeldern zur schnellen Auffindung homogener Stellen oder zur Messung sehr kurzer transversaler Relaxationszeiten. Wir haben nun noch die Diffusionseffekte zu berücksichtigen, also den Term

$$\nabla \cdot D \nabla \, (\mathfrak{M} - \chi_0 \mathfrak{H})$$

in den BLOCHschen Gleichungen. Dieser Einfluß ist bis jetzt nur für den einfachen Fall durchgerechnet, daß die Inhomogenität des konstanten Magnetfeldes über die Probe durch einen linearen Feldgradienten G dargestellt werden kann, also z.B., wenn wir mit $x = y = z = 0$ die Probenmitte bezeichnen,

$$H_x = -\frac{1}{2} G x \, , \quad H_y = -\frac{1}{2} G y \, , \quad H_z = H_0 + G z \tag{6}$$

oder ähnlich. Es ergibt sich dann [1]

$$\overline{\mathfrak{M}}_{\perp} = f(t, T_2^*) \exp\left(-\frac{t}{T_2} - \frac{1}{3} D \gamma^2 G^2 t^3\right) \cos(\gamma \overline{H}_0 t + \varphi) \, , \tag{7}$$

wobei $f(t, T_2^*)$ den eben diskutierten Einfluß der Feldverteilungsfunktion darstellt. Wegen der gegenseitigen Abhängigkeit von $f(t, T_2^*)$ und G ist es schwierig, etwa D aus dem Abfall der freien Induktion messen zu wollen.

Man muß deshalb zunächst einmal versuchen, den Faktor $f(t, T_2^*)$ zu eliminieren und dies geschieht am einfachsten durch Anwendung eines zweiten Impulses. Für diesen Impuls, der τ Sekunden nach dem erstem Impuls angelegt wird, soll genau wie beim ersten Impuls $H_1 \gg |H_0 - \omega/\gamma|$ gelten, jedoch $\gamma H_1 t_\omega = \pi$, d. h. dieser Impuls dreht die Magnetisierung um den Winkel π um die x'-Achse, weshalb wir ihn als π-Impuls bezeichnen.

In der Zeit zwischen den Impulsen präzediert die Magnetisierung eines jeden differentiellen Volumenelementes der Probe mit der ihr eigenen Larmorfrequenz, d. h. im rotierenden Koordinatensystem (Kreisfrequenz $\omega = \gamma \overline{H}_0$) fächert die Magnetisierung immer mehr in die einzelnen Komponenten auf. Betrachten wir z. B. drei spezielle Magnetisierungen, und zwar diejenigen der Volumenelemente mit $\overline{H}_0$ und mit $\overline{H}_0 \pm \Delta H_{0\,1/2}$, so ergibt sich der in Abb. 2 gezeigte Verlauf der Magnetisierungen.

Zur Zeit $t = 2\tau$ haben also alle Magnetisierungen wieder dieselbe Richtung, und das bedeutet, es entsteht z. Zt. 2τ eine Magnetisierung, als ob das Auseinanderlaufen infolge der unterschiedlichen Larmorfrequenzen nicht existierte. Diese spontane Magnetisierung wird primäres Echo genannt und hat aus Symmetriegründen denselben zeitlichen Verlauf wie zwei Rücken an Rücken aneinander gesetzte freie Induktionen. Die Amplitude des Echos ist aber kleiner als die der freien Induktion nach dem $\pi/2$-Impuls und zwar, wie man sofort sieht, um den Faktor $\exp(-2\tau/T_2)$ infolge der transversalen Relaxationszeit und um den Faktor $\exp(-(1/12) D \gamma^2 G^2 (2\tau)^3)$ infolge der Diffusion, wenn man wieder einen linearen Feldgradienten über die Probe annimmt [1]. Wichtig ist hierbei, daß der Exponent um den Faktor vier kleiner ist als wenn man in den Ausdruck für die freie Induktion $t = 2\tau$ setzt. Dies ist auf die teilweise kompensierende Wirkung des π-

Impulses zurückzuführen und wurde bei den ersten Spin-Echo-Versuchen nicht berücksichtigt [3], [4].

Nennen wir $A(2\,\tau)$ die Amplitude des primären Echos, so erhält man eine Gerade, wenn man die Größe

$$\frac{\ln\,(A\,(2\,\tau_1)/A(2\,\tau))}{2\,(\tau-\tau_1)} \quad \text{als Funktion von} \quad \frac{\tau^3-\tau_1^3}{\tau-\tau_1}$$

aufträgt. $A(2\,\tau_1)$ ist dabei die Echoamplitude für den Impulsabstand τ_1. Die Nullordinate dieser Geraden ergibt sich zu $1/T_2$ und die Steigung zu $(1/3)\,D\,\gamma^2\,G^2$,

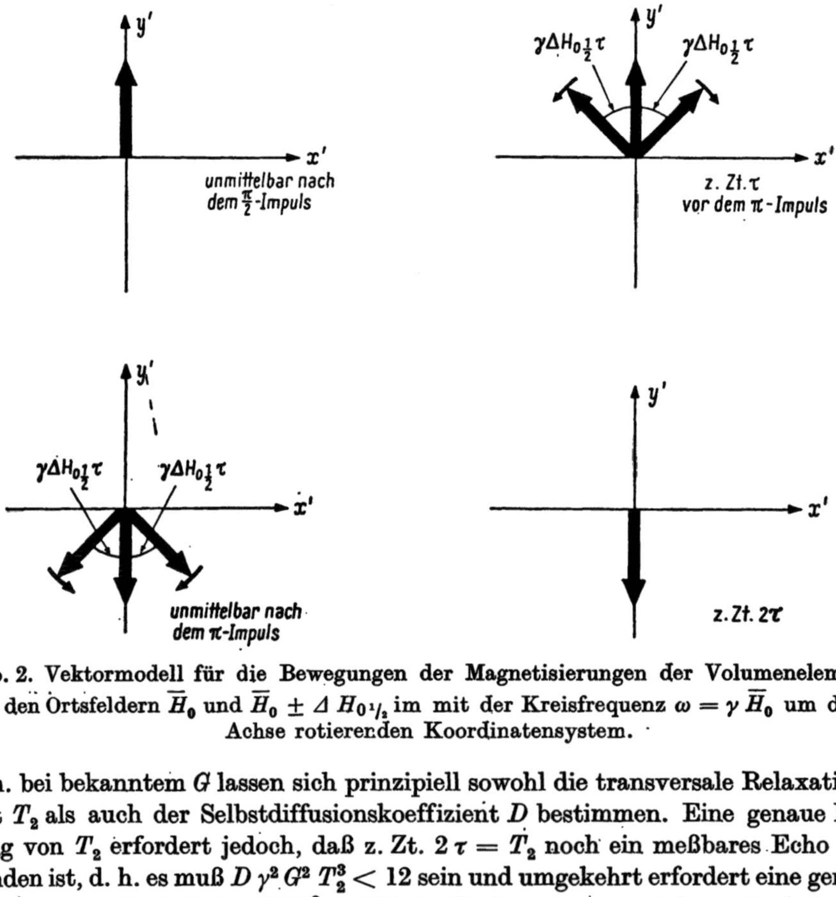

Abb. 2. Vektormodell für die Bewegungen der Magnetisierungen der Volumenelemente mit den Ortsfeldern $\overline{H}_0$ und $\overline{H}_0 \pm \Delta\,H_{0\,1/2}$ im mit der Kreisfrequenz $\omega = \gamma\,\overline{H}_0$ um die z-Achse rotierenden Koordinatensystem.

d. h. bei bekanntem G lassen sich prinzipiell sowohl die transversale Relaxationszeit T_2 als auch der Selbstdiffusionskoeffizient D bestimmen. Eine genaue Messung von T_2 erfordert jedoch, daß z. Zt. $2\,\tau = T_2$ noch ein meßbares Echo vorhanden ist, d. h. es muß $D\,\gamma^2\,G^2\,T_2^3 < 12$ sein und umgekehrt erfordert eine genaue Messung von D, daß $D\,\gamma^2\,G^2\,T_2^3 > 12$ ist. Beginnen wir zunächst mit einer Diskussion der Messung des Selbstdiffusionskoeffizienten: Für die Protonenresonanz ist $\gamma = 2{,}67 \times 10^4\ \text{sec}^{-1}\ \text{Gauß}^{-1}$ und wenn man beachtet, daß G wegen der Bedingung $H_1 \gg |H_0 - \omega/\gamma|$ praktisch kaum größer als etwa 30 Gauß/cm gemacht werden kann, folgt als Bedingung für die Meßbarkeit von D

$$D > \frac{1{,}88}{T_2^3}\,10^{-11}\,.$$

Da bei den meisten reinen Flüssigkeiten $T_2 \gtrapprox 1$ sec ist [5], sind also die Diffusionskoeffizienten von reinen Flüssigkeiten, die i. a. bei 10^{-5} cm²/sec liegen, gut meßbar. Auf diese Weise wurde z.B. der Selbstdiffusionskoeffizient und seine Temperaturabhängigkeit für reines Wasser [6], Pentan, Hexan, Heptan und eine Reihe weiterer Flüssigkeiten [7] sowie von Elektrolyten [8] gemessen. Der Meßfehler liegt dabei i. a. bei etwa 5%.

Zur Messung von T_2 muß im Gegensatz hierzu die Bedingung

$$T_2 < (12/D\,\gamma^2\,G^2)^{1/3}$$

erfüllt werden, d. h. es soll G möglichst klein sein und wird also im Grenzfall durch die natürliche Inhomogenität des Magnetfeldes gegeben. Setzen wir einen gewöhnlichen, d. h. keinen speziell homogenisierten Magneten mit $G \approx 1$ Gauß/cm voraus, so ergibt sich für die Protonenresonanz und $D = 10^{-5}$ cm²/sec $T_2 < 120$ msec, was bedeutet, daß mit zwei Impulsen die transversalen Relaxationszeiten der meisten reinen Flüssigkeiten nicht meßbar sind.

Um beliebig lange transversale Relaxationszeiten zu messen, muß man nach CARR und PURCELL [9] statt zweier Impulse die in Abb. 3 dargestellte Impulsgruppe verwenden.

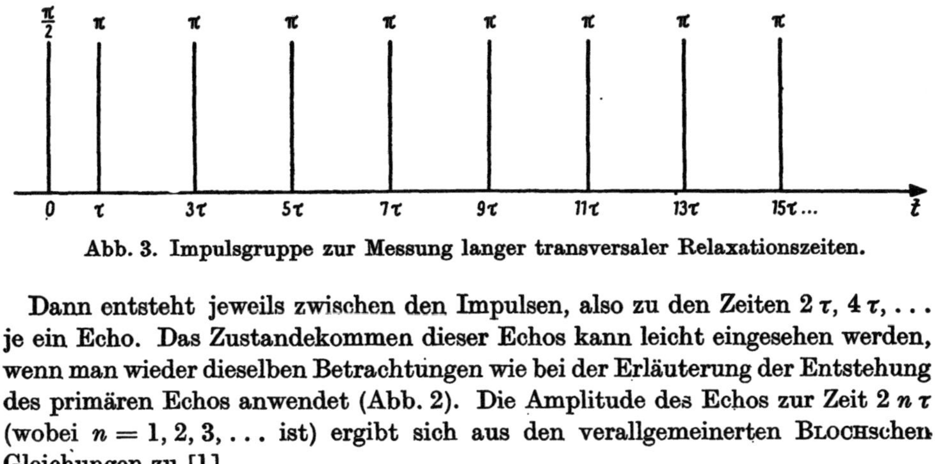

Abb. 3. Impulsgruppe zur Messung langer transversaler Relaxationszeiten.

Dann entsteht jeweils zwischen den Impulsen, also zu den Zeiten $2\,\tau$, $4\,\tau$, ... je ein Echo. Das Zustandekommen dieser Echos kann leicht eingesehen werden, wenn man wieder dieselben Betrachtungen wie bei der Erläuterung der Entstehung des primären Echos anwendet (Abb. 2). Die Amplitude des Echos zur Zeit $2\,n\,\tau$ (wobei $n = 1, 2, 3, \ldots$ ist) ergibt sich aus den verallgemeinerten BLOCHschen Gleichungen zu [1]

$$A\,(2\,n\,\tau) = A_0 \exp\left(-\frac{2\,n\,\tau}{T_2} - \frac{1}{12\,n^2}\,D\,\gamma^2\,G^2\,(2\,n\,\tau)^3\right). \tag{8}$$

Damit T_2 meßbar wird, muß z. Zt. $2\,n\,\tau = T_2$ noch ein Echo vorhanden sein, d. h. es muß $D\,\gamma^2\,G^2\,T_2^3 < 12\,n^2$ gelten und dies ist praktisch für beliebig lange T_2 erfüllbar, da man n, d. h. die Zahl der π-Impulse in der Zeit T_2 genügend groß machen kann.

Eine für die Meßtechnik außerordentlich wichtige Variante dieser Methode wurde von MEIBOOM und GILL [10] angegeben. Und zwar tritt bei der bisher beschriebenen Methode folgende Schwierigkeit auf: Drehen die π-Impulse nicht genau um 180°, sondern z.B. um 179° oder 181°, das bedeutet also eine Fehljustierung entweder von H_1 oder von t_ω um nur etwa $^1/_2\%$, so ist, da sich die Winkelfehler addieren, schon nach 90 Impulsen die Magnetisierung aus der x'—y'-Ebene herausgedreht, d. h. die Echoamplituden, die proportional der zu H_0 senkrechten Komponente der Magnetisierung sind, zeigen einen schnelleren Abfall als durch T_2 gegeben wird. Der Vorschlag von MEIBOOM und GILL läuft nun darauf hinaus, die erste Drehung aus der z-Achse in die x' — y'-Ebene nicht um die x'-Achse zu vollziehen, sondern um die y'-Achse. Die π-Drehungen jedoch müssen nach wie vor um die x'-Achse erfolgen. Auf diese Weise addieren sich nicht mehr die Winkelfehler wie man sofort einsieht. wenn man die entsprechenden Bewegungen der Magnetisierungen aufzeichnet. Technisch wird diese Drehung um die y'-Achse einfach dadurch bewirkt, daß man die Phase des hochfrequenten Wechselfeldes beim $\pi/2$-Impuls um 90° gegen die Phase des hochfrequenten Wechselfeldes der π-Impulse verschiebt.

In Abb. 10 der folgenden Arbeit ist eine Echoserie aus sauerstofffreiem, mehrfach destilliertem Wasser bei Zimmertemperatur dargestellt, wie sie nach dieser Methode im hiesigen Institut erhalten wurde. Um derartig große transversale Relaxationszeiten ($T_2 \approx 2 \cdots 3$ sec bei 16 MHz) mit stationären Methoden zu messen, müßten diese ein Auflösungsvermögen von ca. 10^{-8} besitzen.

Zur Messung der longitudinalen Relaxationszeit T_1 genügen im Prinzip zwei Impulse, und zwar ein π- und ein $\pi/2$-Impuls, wobei die freie Induktion nach dem $\pi/2$-Impuls beobachtet wird: Der π-Impuls dreht die statische Magnetisierung $\chi_0 \overline{H}_0$ aus der z-Richtung in die negative z-Richtung, d. h. in der auf diesen Impuls folgenden wechselfeldfreien Zeit hat die Magnetisierung nur eine z-Komponente, für die (vgl. Gl. (1))

$$\overline{\mathfrak{M}} = \chi_0 \overline{H}_0 \left(1 - 2 \exp\left(-\frac{t}{T_1}\right)\right) \tag{9}$$

gilt. Der $\pi/2$-Impuls, z. Zt. t angelegt, dreht diese Magnetisierung in die x'–y'-Ebene wodurch die Amplitude der auf diesen Impuls folgenden freien Induktion proportional dem Betrag dieser Größe wird. T_1 läßt sich damit entweder aus der Steigung der logarithmischen Darstellung der Amplitude dieser freien Induktion als Funktion von t ermitteln oder aus der Zeit $t_0 = T_1 \ln 2$, für die die freie Induktion verschwindet.

Diese Methode der T_1-Messung hat gegenüber der T_2-Messung mit der $\pi/2 — \pi — \pi \ldots$-Impulsgruppe eine Reihe von Nachteilen: Während z. B. zur Messung von T_2 im Prinzip die Zeit zwischen dem ersten und letzten Echo, also ca. 3 T_2 Sekunden ($A_{(0)}/A_{(3\,T_2)} = 20$) genügt, benötigt man für die T_1-Messung bei Aufnahme von 10 Meßpunkten (entweder für die logarithmische Darstellung oder zur Fixierung des Nullpunktes) ca. 60 T_1 Sekunden, da vor Anlegen jedes neuen Impulspaares thermisches Gleichgewicht vorhanden sein muß. Das ist nicht nur eine Unbequemlichkeit, sondern stellt auch an die Stabilität der Meßapparatur höhere Anforderungen. Aus diesem Grunde verwenden wir neuerdings zum Nachweis der Zeitabhängigkeit von $\overline{\mathfrak{M}}_z$ nach Anlegen eines π-Impulses eine stationäre Methode und zwar wird die maximale Steilheit des v-Signals bei differentieller Modu-

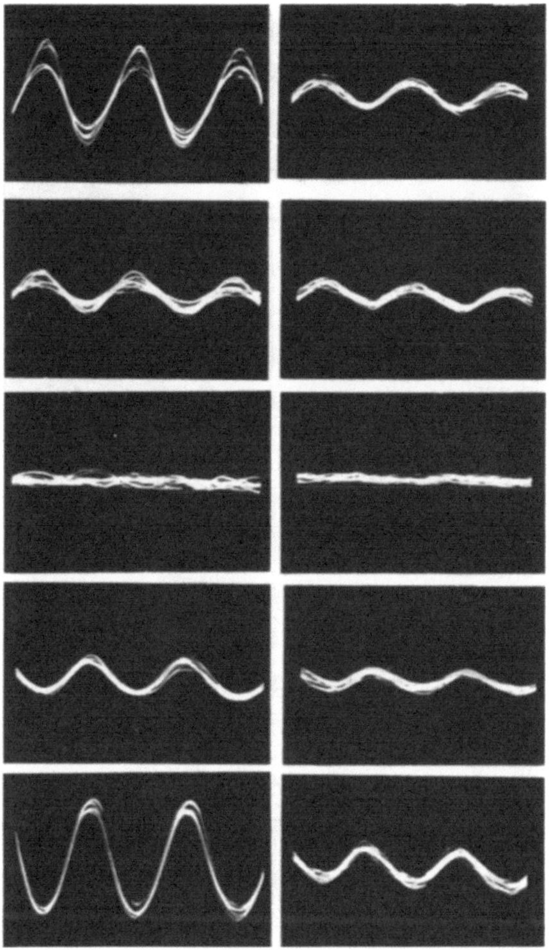

Abb. 4. Messung der longitudinalen Relaxationszeit T_1 durch Beobachtung des v-Signals bei differentieller Modulation nach einem π-Impuls. Signale aus sauerstofffreiem Wasser bzw. Benzol mit Nullstellen zu den Zeiten $t_0 \approx 2$ sec bzw. 11 sec (Aufnahmen von K. Frigge).

lation des H_0-Feldes beobachtet. Dieses so erhaltene Signal ist proportional der z-Komponente der Magnetisierung und gestattet somit T_1 analog zu T_2 zu messen. Die Abb. 4 zeigt dieses v-Signal zu verschiedenen Zeiten nach Anlegen des π-Impulses für sauerstofffreies Wasser und Benzol bei ca. 20° C.

Die zeitliche Aufeinanderfolge von Impuls und Echo legt den Gedanken nahe, die Spin-Echo-Methode zur Signalspeicherung zu verwenden.

Bis jetzt haben sich zwei Anwendungsmöglichkeiten herauskristallisiert, und zwar die Zahlenspeicherung [11] und die Formspeicherung [12].

Beginnen wir zunächst mit der Anwendung als Zahlenspeicher: Die zu speichernde Größe wird durch einen Impuls mit $\gamma H_1 t_\omega = \Theta \ll 1$ und $H_1 \gg |H_0 - \omega/\gamma|$ dargestellt und die Wiedergabe in Form eines Echos durch einen π-Impuls angeregt. Die Bildung des Echos geht genau wie bei der schon beschriebenen $\pi/2 - \pi$-Impulsfolge vor sich, jedoch mit dem Unterschied, daß nach Anlegen des Θ-Impulses noch eine sehr starke z-Komponente von $\mathfrak{M}$ vorhanden ist, die für weitere Θ-Impulse (die natürlich noch vor dem π-Impuls angelegt werden müssen) zur Verfügung steht. Bei mehreren Θ-Impulsen erhält man also ebenfalls mehrere Echos, die in umgekehrter zeitlicher Reihenfolge wie die Θ-Impulse auftreten. Aus diesem Grunde werden diese Echos als Spiegelechos bezeichnet. Es lassen sich aber auch Echos in der richtigen Reihenfolge erzeugen, indem man statt eines π-Impulses je einen $\pi/2$-Impuls vor und nach den Θ-Impulsen anlegt. Die Wiedergabe der Θ-Impulse durch Echos nach dem zweiten $\pi/2$-Impuls erfolgt dann in der richtigen Reihenfolge. Das Zustandekommen dieser Echos, die auch als stimulierte Echos bezeichnet werden, läßt sich ebenfalls leicht an Hand des schon wiederholt benutzten Vektormodells zeigen. Besonders wichtig ist dabei, daß in der Zeit zwischen einem Θ- und dem zweiten $\pi/2$-Impuls die durch diesen Θ-Impuls bewirkte Störung, die dann zur Bildung des entsprechenden stimulierten Echos führt, nicht in der rotierenden Komponente der Magnetisierung (wie beim Spiegelecho) sondern in der z-Komponente steckt. Dies gibt nämlich die Möglichkeit, die stimulierten Echos durch kurzzeitige Änderungen der Inhomogenität von H_0 von den Spiegelechos zu unterscheiden und damit gespeicherte Impulse entweder in der richtigen oder umgekehrten Reihenfolge als Echos wieder darzustellen: Legen wir nämlich einen $\pi/4$-Impuls vor den Θ-Impulsen und einen $3\pi/4$-Impuls danach an, so gibt das ein Gemisch von Spiegelechos und stimulierten Echos. Bei kurzzeitiger Änderung der H_0-Inhomogenität nach dem letzten Θ-Impuls jedoch werden die Spiegelechos ausgelöscht und es bleiben nur die stimulierten Echos, d. h. wir haben eine Wiedergabe der Impulse in der richtigen Reihenfolge. Bei einer Wiederholung dieser Änderung der H_0-Inhomogenität symmetrisch zum Zeitpunkt des $3\pi/4$-Impulses werden demgegenüber die stimulierten Echos ausgelöscht und es bleiben die Spiegelechos, d. h. wir haben eine Wiedergabe der Impulse in umgekehrter Reihenfolge.

Es wurden bis jetzt mit Glycerin oder wäßrigen Lösungen paramagnetischer Ionen Speicherzeiten von 10 bis 50 msec bei einer Speicherkapazität von ca. 1000 Echos erreicht [11].

Die zweite Art der Speicherung, die wir als Formspeicherung bezeichneten, setzt voraus, daß für die zu speichernden Impulse $H_1 \gg \Delta H_{0\,1/2}$ und $t_\omega \gg (\gamma\,\Delta H_{0\,1/2})^{-1}$ erfüllt sein muß. Unter dieser Bedingung werden nämlich Rechteckimpulse der Breite t_ω und der Amplitude H_1 formgetreu abgebildet [12], d. h. durch rechteckige Echos mit einem Breiten-zu-Höhen-Verhältnis von t_ω/H_1. Eine Abbildung von Impulsen beliebiger Form ist somit in dem Maße möglich, wie man diese Impulse in Rechtecke der Breite t_ω und der Amplitude H_1 zerlegen kann, wobei für jedes Rechteck die obigen Ungleichungen erfüllt werden müssen.

Bis jetzt haben wir die Gültigkeit der verallgemeinerten BLOCHschen Gleichungen vorausgesetzt, also von ungleichen Spins mit verschiedenen Larmorfrequenzen infolge chemischer Verschiebung und der indirekten Spin-Spin-Wechselwirkung abgesehen.

Wie sofort anschaulich einzusehen ist, bewirkt die chemische Verschiebung eine Modulation der freien Induktion bzw. der Form des Echos. Bei einer Verbindung oder einem Gemisch, wo infolge chemischer Verschiebungen zwei Larmorfrequenzen auftreten, die wir mit ω_a und ω_b bezeichnen, ergibt sich das Echo zu [3]

$$A(t) = \{A_a^2(t) + A_b^2(t) + 2\,A_a(t)\,A_b(t)\cos(\omega_a - \omega_b)(t - 2\,\tau)\}^{1/2}, \tag{10}$$

wobei $A_a(t)$ bzw. $A_b(t)$ das Echo für die eine bzw. die andere Kernsorte darstellt. Um die Differenz $\omega_a - \omega_b$ zu messen, muß das Echo entsprechend breit, d. h. das Feld entsprechend homogen sein, so daß

$$\frac{2\,\pi}{|\omega_a - \omega_b|} \lesssim T_2^* \tag{11}$$

ist. Diese Bedingung entspricht der für die Beobachtung von chemischen Verschiebungen bei stationären Methoden, so daß, da überdies bei mehr als zwei Larmorfrequenzen diese schwierig aus der Modulation ermittelt werden können, die stationären Methoden vorzuziehen sind. Die indirekte Spin-Spin-Wechselwirkung macht sich jedoch auch bei beliebig inhomogenen Feldern noch bemerkbar und zwar in einer Modulation der Echo*amplitude*. Das bedeutet also, daß eine Spin-Echo-Serie zusätzlich zum Abfall infolge von Diffusions- und Relaxationseffekten eine Modulation zeigt. Für den Fall, daß der HAMILTON-Operator die Form

$$\varkappa = -\gamma\,\hbar\,\{\vec{I}_a(\mathfrak{H}_0 + \mathfrak{H}_a) + \vec{I}_b(\mathfrak{H}_0 + \mathfrak{H}_b)\} - \hbar\,J\,\vec{I}_a\,\vec{I}_b \tag{12}$$

hat, wobei $\vec{I}_a$ bzw. $\vec{I}_b$ der Spinoperator des Kerns mit dem Ortsfeld $\mathfrak{H}_0 + \mathfrak{H}_a$ bzw. $\mathfrak{H}_0 + \mathfrak{H}_b$ ist und J die Kopplungskonstante der indirekten Spin-Spin-Wechselwirkung, ergibt sich die Echoamplitude zu [13]

$$A(2\,\tau) = A_0\left|1 + \frac{J^2}{2\,\delta^2} - 2\sin^2\left(\frac{J\,\tau}{2}\right)\sin^2\left(\frac{\tau}{2}\sqrt{J^2 + \delta^2}\right)\right| \exp\left(-\frac{2\,\tau}{T_2} - \frac{1}{12}\,D\,\gamma^2\,G^2(2\,\tau)^3\right). \tag{13}$$

Dabei ist $\delta = \gamma\,\big||\mathfrak{H}_a| - |\mathfrak{H}_b|\big|$ und es wurde vorausgesetzt, daß der erste und der zweite Impuls die Magnetisierung genau um $\pi/2$ drehen und beide Kernarten gleiche

Dämpfung infolge von T_2 und D erfahren. Eine Messung sowohl von J als auch δ ist dadurch möglich, daß J unabhängig von H_0 und δ direkt proportional zu H_0 ist. Bei mehr als zwei verschiedenen chemischen Verschiebungen werden die Modulationen noch unübersichtlicher und praktisch unauswertbar. Ein Vergleich der Messung von chemischen Verschiebungen und indirekter Spin-Spin-Kopplung mit Spin-Echos und stationären Methoden läßt also erkennen, daß, obwohl bei den Spin-Echo-Methoden die experimentellen Anforderungen hinsichtlich zeitlicher Stabilität und Homogenität des Magnetfeldes wesentlich geringer sind als bei den stationären Methoden, die Auswertung der Messungen jedoch unverhältnismäßig schwieriger und evtl. gar unmöglich ist.

Die Anwendungen der Spin-Echo-Methoden werden sich also im wesentlichen auf Messungen der longitudinalen und transversalen Relaxationszeit sowie des Selbstdiffusionskoeffizienten beschränken, abgesehen von der Verwendung für Messungen von Feldinhomogenitäten und der Anwendung als Speicher.

Literatur

[1] Torrey, H. C., Phys. Rev. **104**, 563—565 (1956).
[2] Rabi, I. I., Ramsay, N. F. a. Schwinger, J., Rev. Mod. Phys. **26**, 167—171 (1954).
[3] Hahn, E. L., Phys. Rev. **80**, 580—594 (1950).
[4] Das, T. P., a. Saha, A. K., Phys. Rev. **93**, 794—796 (1954).
[5] Lösche, A., Kerninduktion, VEB Deutscher Verlag d. Wissenschaften, Berlin 1957. (Die Angaben von Clay, C. S. u. Mitarb. in J. Chem. Phys. **19**, 1429 (1951) beruhen offensichtlich auf Fehlmessungen.)
[6] Simpson, J. H. a. Carr, H. Y., Phys. Rev. **111**, 1201—1202 (1958).
[7] Douglass, D. C. a. McCall, D. W., J. Chem. Phys. **62**, 1102—1107 (1958).
[8] Pfeifer, H., Relaxationszeiten und Selbstdiffusionskoeffizient von Wasser und einigen wäßrigen Lösungen paramagnetischer Ionen (s. dieses Heft).
[9] Carr, H. Y. a. Purcell, E. M., Phys. Rev. **94**, 630—638 (1954).
[10] Meiboom, S. a. Gill, D., Rev. Sci. Instr. **29**, 688—691 (1958).
[11] Anderson, A. G., Garwin, R. L., Hahn, E. L., Horton, J. W., Tucker, G. L. a. Walker, R. M., J. Appl. Phys. **26**, 1324—1338 (1955).
[12] Fernbach, S. a. Proctor, W. G., J. Appl. Phys. **26**, 170—181 (1955).
[13] Hahn, E. L. a. Maxwell, D. E., Phys. Rev. **88**, 1070—1084 (1952).

Physikalisches Institut der Karl-Marx-Universität Leipzig

Ein universell verwendbares Spin-Echo-Spektrometer

von H. Pfeifer und K.-H. Weiss

Die Hauptteile des Spin-Echo-Spektrometers sind in dem folgenden Blockschaltbild angegeben (Abb. 1).

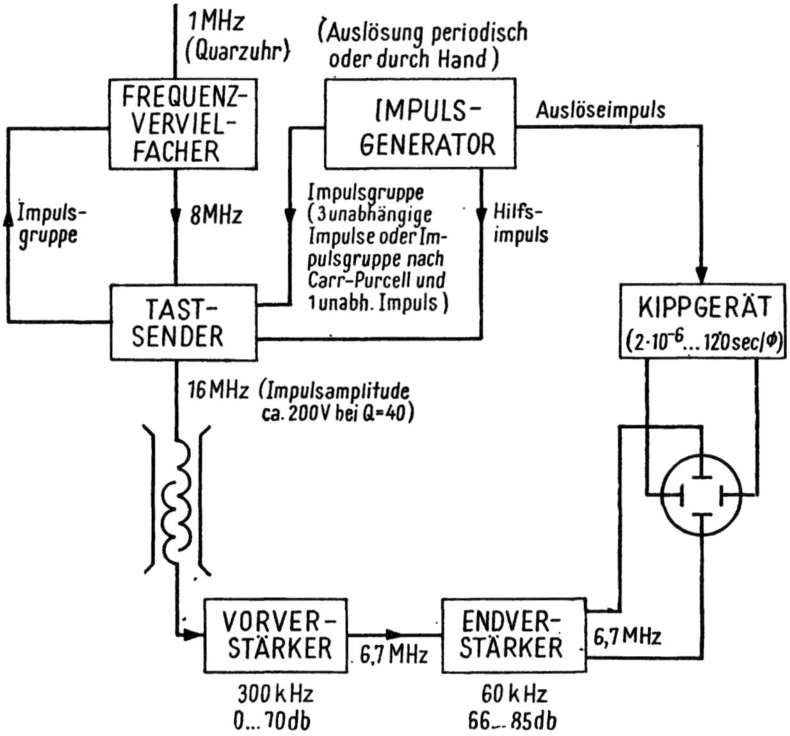

Abb. 1. Blockschaltbild des Spin-Echo-Spektrometers.

Der getastete Frequenzvervielfacher verachtfacht die 1 MHz-Frequenz einer Quarzuhr. Im Tastsender findet eine weitere Frequenzverdopplung statt. Sämtliche Röhren, die HF führen, werden hier getastet. Der Impulsgenerator liefert wahlweise drei unabhängige Impulse oder die Impulsgruppe nach Carr-Purcell und einen unabhängigen $\pi/2$-Impuls (Hilfsimpuls). Im Magneten befindet sich ein thermostatierter Meßkopf mit zwei koaxial gewickelten Spulen, der Sender- und der Empfängerspule. Nach einer ca. 10^6-fachen Verstärkung werden die

Sendeimpulse und Echos auf einem Oszillografen sichtbar gemacht. Die Zeitauslenkung übernimmt, je nachdem, ob kurze oder lange Relaxationszeiten gemessen werden, das Kippgerät eines Impulsoszillografen oder das Langzeitkippgerät eines Normaloszillografen. Beide werden durch einen Synchronisierimpuls des Impulsgenerators ausgelöst.

Der *Impulsgenerator* wurde bereits ausführlich beschrieben (vgl. A. Lösche, Kerninduktion), es sollen hier nur zwei Ergänzungen genannt werden, die zur Messung langer transversaler Relaxationszeiten angebracht wurden (Abb. 2).

Zur 90°-Phasenverschiebung der HF nach Meiboom und Gill im $\pi/2$-Impuls der $\pi/2 - \pi - \pi \ldots$-Impulsfolge benötigt man den $\pi/2$-Impuls getrennt von den anderen Impulsen. Er wird am Gitter der letzten Röhre des 0-Impulskanals (1. Impuls) als „Hilfsimpuls" abgegriffen.

Durch eine zweite Ergänzung kann der den gesamten Impulsgenerator steuernde und bisher nur frei schwingende Multivibrator (MV 1) im Eingang des Impulsgenerators jetzt auch durch Handauslösung zu einem beliebigen Zeitpunkt von einer Lage in die andere gekippt werden. Das geschieht einfach durch ein Doppelpotentiometer, welches die Gittervorspannung der beiden Röhren je nach Stellung des Umpolschalters gleichsinnig oder gegensinnig zu verändern erlaubt.

Bei dem Aufbau des *Frequenzvervielfachers* mußte besonders auf die Vermeidung von HF-Einstreuungen in den Vorverstärker geachtet werden. Deshalb wurde der Frequenzvervielfacher in ein allseitig geschlossenes Kupferchassis eingebaut. Die Tastung der letzten drei Stufen dient dem gleichen Zweck (Abb. 3). Eine schädliche Einstreuung in den Vorverstärker wurde völlig unterdrückt.

Die erste Stufe ist ein Resonanzverstärker für 1 MHz, sie liefert die zur Übersteuerung der beiden folgenden Frequenzvervielfacherstufen notwendige Spannungsamplitude. Durch die Aufteilung der Frequenzverachtfachung in zwei Schritte wird der bei dem gedrängten Aufbau besonders großen Schwingneigung entgegengewirkt. Bei einer Eingangsspannung von 3 V liefert der Frequenzvervielfacher eine Ausgangsspannung von 10 V.

Der Hauptteil des *Tastsenders* besteht aus zwei Gegentaktstufen. Die erste stellt einen Resonanzverstärker dar, die zweite dient zur Frequenzverdopplung. Beide Stufen werden mittels der in ihren Kathodenleitungen liegenden EL 84 getastet. In dem Tastsender befinden sich weiterhin zwei Impulsverstärker. Der eine (aufgebaut mit einer EF 80 und einer ECC 91) verstärkt das gesamte vom Impulsgenerator kommende Impulsprogramm zur Auftastung der im Ruhezustand gesperrten EL 84. Der andere Impulsverstärker (aufgebaut mit einer EF 80) verstärkt nur den Hilfsimpuls, der bei den T_2-Messungen nach Meiboom und Gill durch Auftasten der Diode OA 644 dem Eingangskreis während des $\pi/2$-Impulses einen 4···27 pF-Trimmer hinzuschaltet. Mittels geeigneter Abstimmung dieses Trimmers und der Schwingkreiskapazität erreichten wir die gewünschte 90°-Phasenverschiebung der HF im $\pi/2$-Impuls ohne eine wesentliche Veränderung der Impulsamplitude. Eine Möglichkeit zur Beobachtung dieser 90°-Phasenverschiebung wird durch das „Drehen" der Lissajousfigur bei Phasenvergleich der Tast-

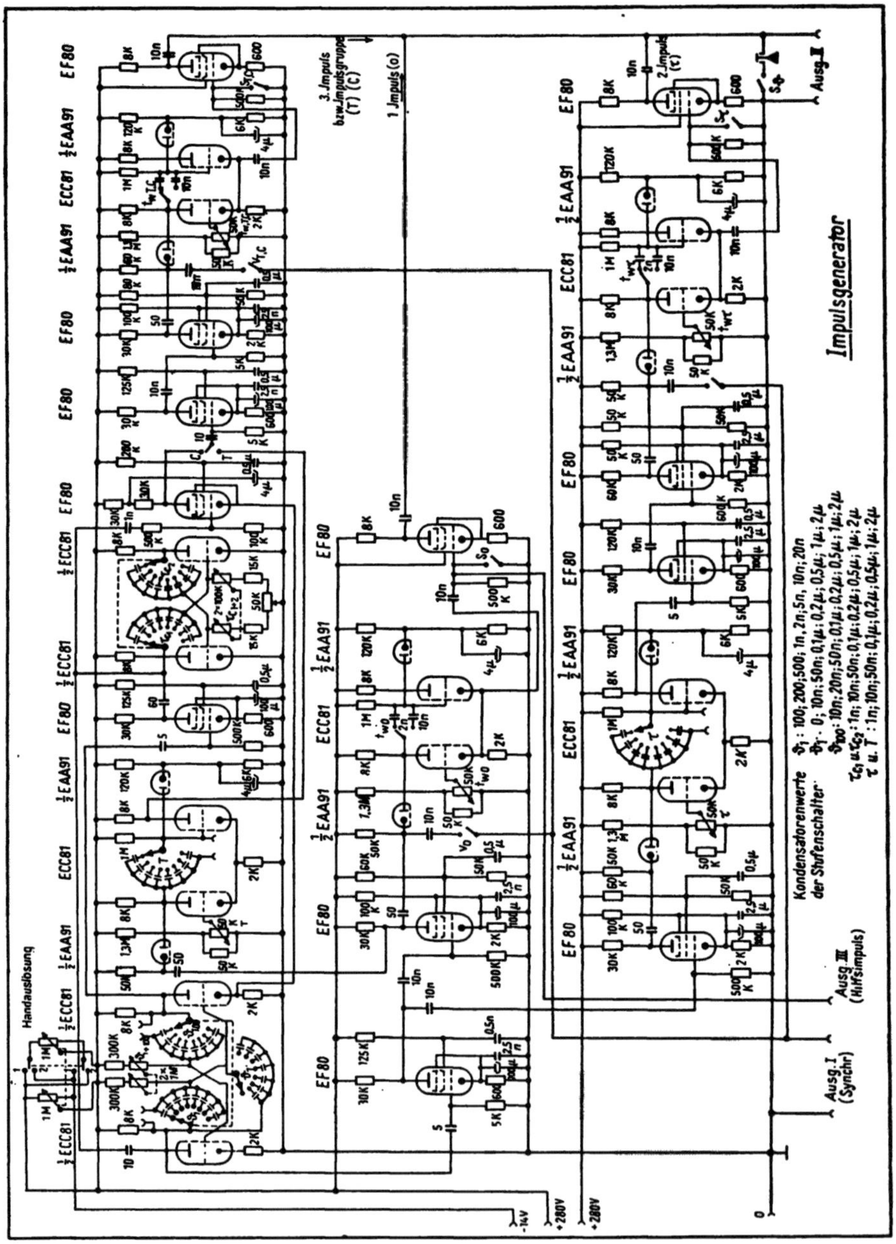

Abb. 2. Impulsgenerator.

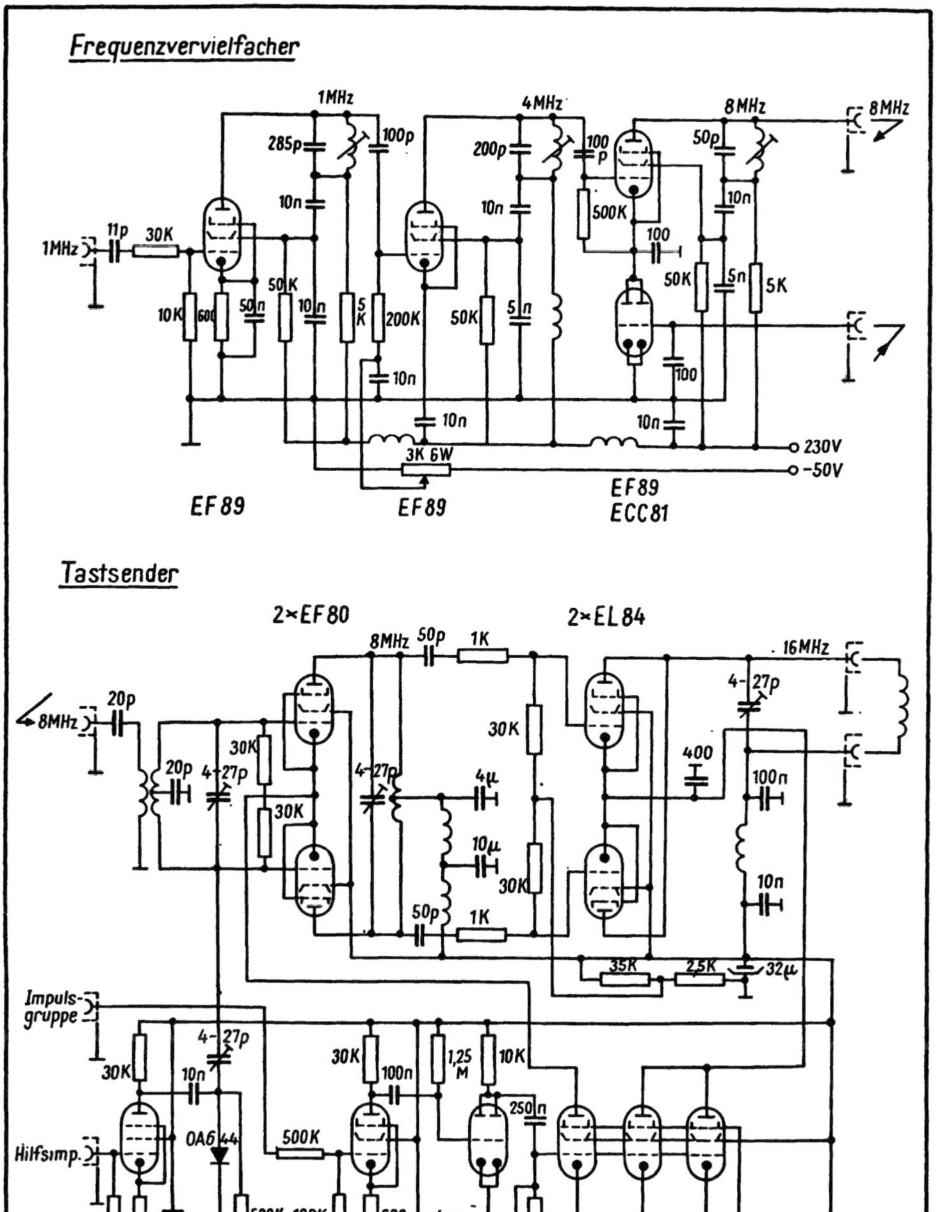

Abb. 3. Frequenzvervielfacher und Tastsender.

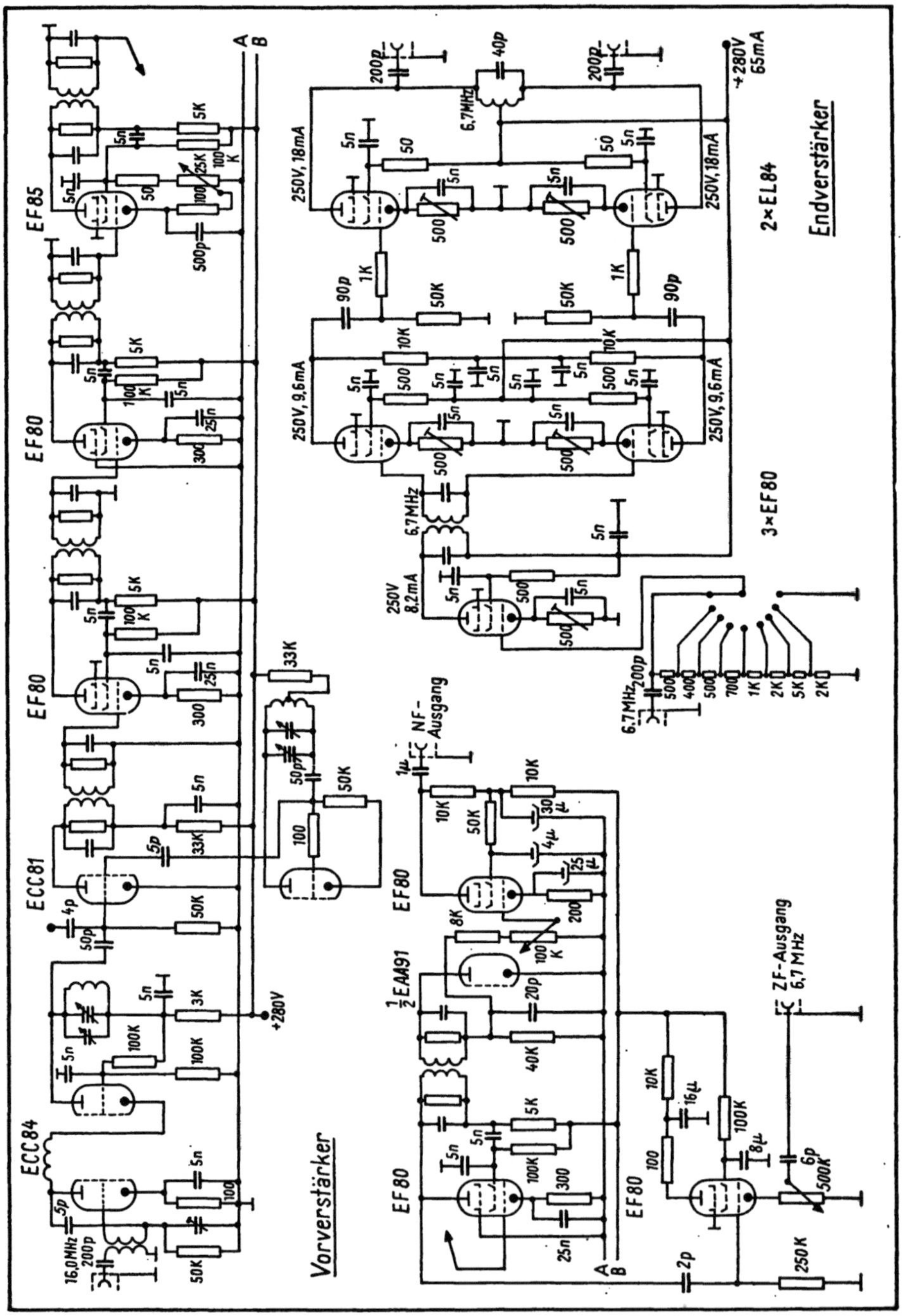

Abb. 4. Vor- und Endverstärker.

senderausgangsspannung mit einer anderen, unabhängigen Spannung passender Frequenz gegeben.

Bei einer Eingangsspannung von 10 V liegt an der Senderspule, die eine Güte von 40 besitzt, eine Impulsamplitude von ca. 200 V.

Die auf den Meßkopf folgenden *Verstärker* (Abb. 4) haben die Aufgabe, das neben dem großen Sendeimpuls sehr kleine Signal etwa 10^6-fach zu verstärken. Die Bandbreite des Vorverstärkers beträgt ca. 300 kHz. Den Eingang bildet eine Kaskodestufe und den ZF-Ausgang wegen des kleinen Ausgangswiderstandes ein

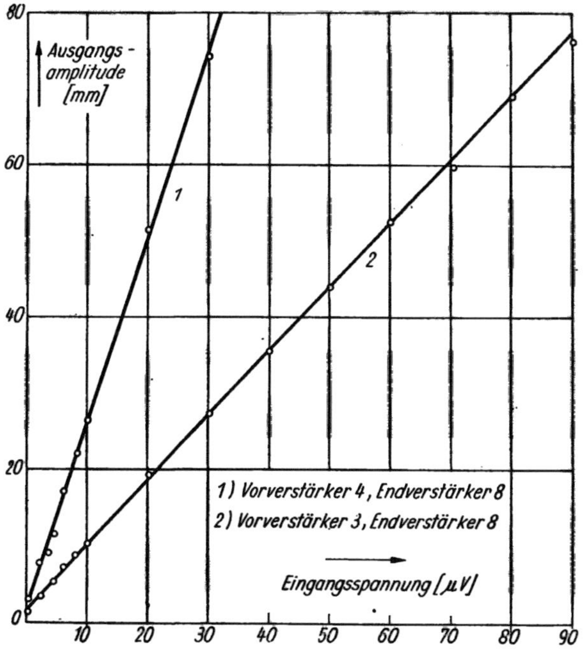

Abb. 5. Verstärkerkennlinien: Ausgangsamplitude als Funktion der Eingangsspannung.

Kathodenfolger. An einem zweiten Ausgang kann das durch eine Diode demodulierte NF-Signal entnommen werden. Zusammen mit dem verzerrungsarmen Gegentakt-Endverstärker, der eine Bandbreite von 60 kHz besitzt, wird eine Gesamtverstärkung von ca. 10^6 erreicht. Die Totzeit nach jedem Sendeimpuls beträgt ca. 5 μsec.

Für eine Auswertung der Meßresultate ist es wichtig, die Nichtlinearität der Verstärkeranordnung einschätzen zu können. Wie Abb. 5 zeigt, sind die Kennlinien für die bei den Messungen verwendeten Verstärkungen praktisch als linear anzusehen.

Als *Kippgerät* wird, je nach Länge der zu messenden Relaxationszeiten, das Kippgerät eines Impulsoszillografen oder das Langzeitkippgerät eines Normaloszillografen verwendet. Das Langzeitkippgerät des Oszillografen OG 1—9 aus dem Funkwerk Köpenick ist ein RC-Glimmröhrenkippgerät. Die Spezialglimmröhre zündet bei 200 V und löscht bei ca. 100 V. Durch einen zusätzlichen, von uns gebauten elektronischen Schalter wird die Ladekapazität des Kippgerätes mit einem Widerstand von ca. 15 kΩ überbrückt, der ein Teil eines Spannungsteilers ist. Mit diesem Spannungsteiler kann die Punktlage des Normaloszillografen eingestellt werden. Wird diese Überbrückung der Ladekapazität unterbrochen, dann arbeitet das Kippgerät selbständig. Die Unterbrechung geschieht durch ein Relais im Anodenstromkreis eines Thyratrons, das durch einen Synchronisierimpuls gezündet werden kann.

Bei den Messungen mit fotografischer Aufnahme des Oszillografenbildes wurden Zeitmarken entweder mit in die Aufnahme eingeblendet oder nachträglich gesondert aufgenommen. Bei der Messung langer longitudinaler Relaxationszeiten mit der π—$\pi/2$-Impulsfolge, wo der Impulsabstand für verschwindende freie Induktion am $\pi/2$-Impuls gemessen werden muß, kam eine elektronische Stoppuhr zur Anwendung. Diese Anlage besteht aus einem elektronischen Schalter und einem elektronischen Zählgerät (Abb. 6).

Die Flip-Flop-Stufe im Eingang des elektronischen Schalters wird durch die beiden Impulse, deren Abstand gemessen werden soll, angestoßen. Nur in der Zeit zwischen den beiden Impulsen, wenn das erste Thyratron Strom zieht und an der ersten EF 80 Anodenspannung liegt, wird eine Meßfrequenz (eine Normalfrequenz von 100 kHz oder 10 kHz) von dem dekadischen Untersetzer gezählt.

Zur Messung des Selbstdiffusionskoeffizienten wird die Amplitude des Echos nach einem $\pi/2$- und einem π-Impuls, des sog. primären Echos, bei verschiedenen Impulsabständen bestimmt. Abb. 7 zeigt die Aufnahme eines solchen primären Echos, wobei, wie in allen Fällen, wo eine Amplitudenmessung erforderlich ist, das ZF-Signal direkt beobachtet wird. Die Ausmessung der nicht gleichgerichteten Signale bringt nämlich zwei wesentliche Vorteile mit sich, da erstens die Verzerrungen der Demodulatorstufe wegfallen und zweitens die Genauigkeit der Amplitudenmessung (doppelte Amplitude und symmetrische Auslenkung) größer wird. Abb. 7 ergab sich für eine 10^{-1} molare wäßrige $NiSO_4$-Lösung bei Zimmertemperatur, allerdings mit parallelen und nicht mit schrägen Polschuhen, wie sie bei den eigentlichen Messungen Verwendung fanden. Zur Bestimmung des Selbstdiffusionskoeffizienten D muß nämlich ein im Probenbereich möglichst konstanter Feldgradient bekannter Größe G vorliegen. Wir messen deshalb den Diffusionskoeffizienten in einem Magnetfeld mit künstlich erzeugter und definierter Inhomogenität, die zwei schräge Polschuhe erzeugen. Legen wir in das Innere der Probe ein Koordinatensystem, so daß die z-Achse senkrecht zu einem Polschuh und die x-Achse in die Richtung der größten Annäherung der beiden Polschuhe weist, dann können wir unser Feld etwa durch folgende Form annähern:

$$H_x = G z - G_1 x; \quad H_y = G_1 y; \quad H_z = H_0 + G x; \quad G \gg G_1 .$$

Zur Messung des Gradienten G und zur Kontrolle seiner Konstanz im Probenbereich benutzten wir eine Doppelkapillarprobe. Das ist ein gewöhnliches Probenröhrchen mit zwei links und rechts parallel im Inneren befestigten Kapillaren, die eine wäßrige Lösung paramagnetischer Ionen enthalten. Weist die kürzeste

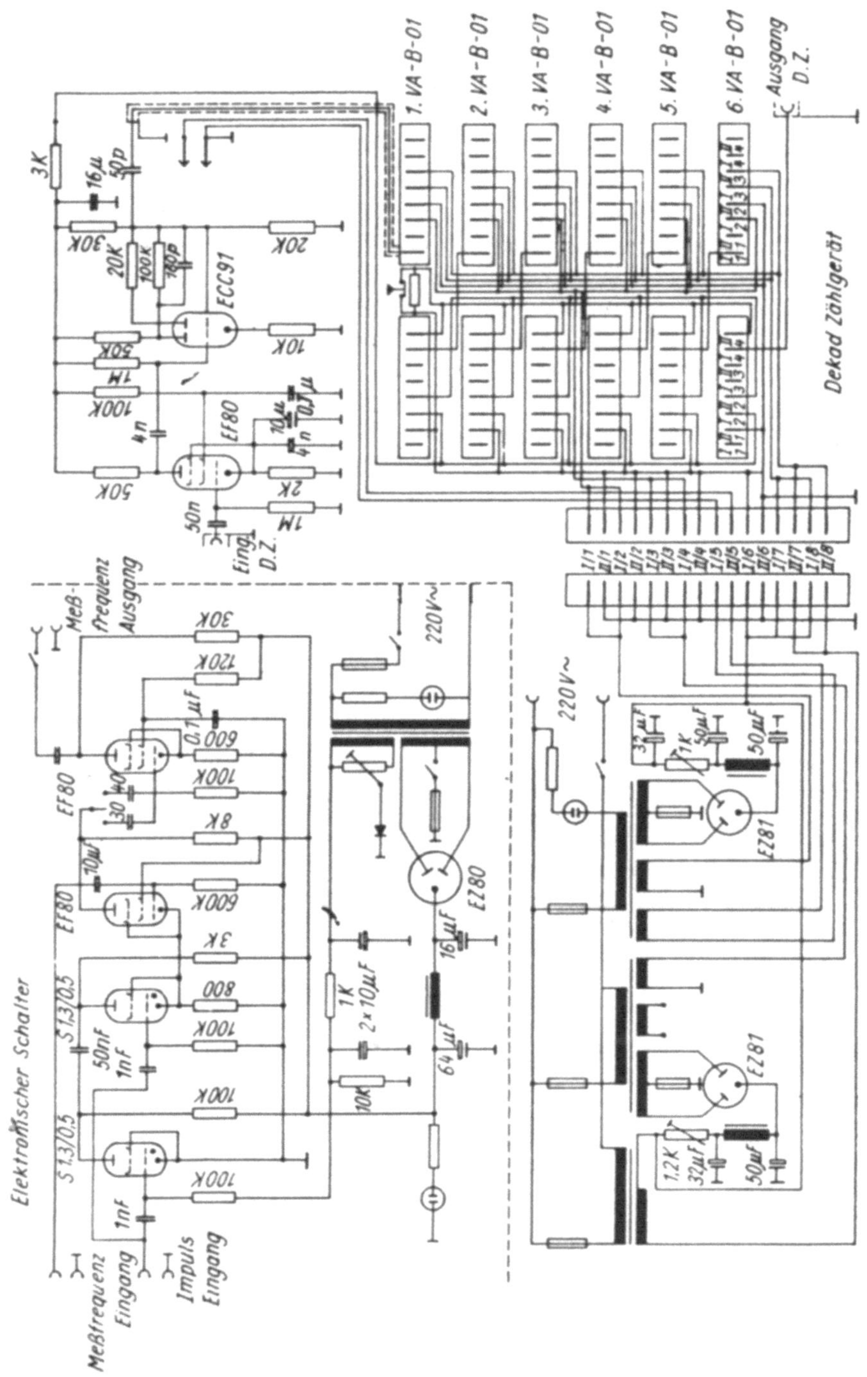

Abb. 6. Elektronischer Schalter und dekadisches Zählgerät.

Verbindung der beiden Teilproben in z-Richtung, dann herrscht in den beiden Kapillaren fast die gleiche Feldstärke. Weist diese Verbindungslinie aber in x-Richtung, dann herrscht am Ort jeder Kapillare eine andere Feldstärke. Die beobachtete Echoamplitude ist dann mit der Differenz der den beiden Feldstärken entsprechenden Frequenz moduliert (Abb. 8). Mit den in die Aufnahme eingeblendeten Zeitmarken und dem bekannten Abstand der beiden Kapillaren kann ein Differenzenquotient gebildet werden, der bei einem linearen Feldverlauf gleich dem gesuchten Gradienten ist. Die Linearität des Feldverlaufs wurde durch analoge Messungen mit gedrehter Doppelkapillarprobe nachgeprüft. Solange die Differenz der Feldstärken an den Orten der Kapillaren groß war gegenüber den natürlichen Inhomogenitäten des Feldes, bestätigte sich der lineare Verlauf der H_z-Komponente des Magnetfeldes.

Den Einfluß der Selbstdiffusion sehen wir deutlich an der Aufnahme der Abb. 9. Sie stellt primäre Echos aus einer Probe mit destilliertem und sauerstofffreiem Wasser bei Zimmertemperatur dar. Schon nach 58 msec ist fast keine Echoamplitude mehr zu sehen.

Die Abb. 10 zeigt eine Aufnahme, die mit der gleichen Probe ebenfalls bei Zimmertemperatur gemacht wurde. Bei ihr fand aber die Impulsfolge nach CARR-PURCELL Verwendung, wobei die HF im $\pi/2$-Impuls um 90° phasenverschoben war. Die einzelnen Echos sind wegen der kleinen Schreibgeschwindigkeit des Langzeitkippgerätes nicht mehr zu erkennen. Die Zeitbasis beträgt hierbei 6,4 sec und die Zahl des Echos pro Sekunde etwa 800 (Impulsabstand $2\tau \approx 1{,}25$ msec). Wie man sieht, ist der Einfluß der Selbstdiffusion weitestgehend ausgeschaltet. Eine exakte Bestimmung der transversalen Relaxationszeit T_2 erfordert jedoch Messungen bei verschiedenem Impulsabstand 2τ und Extrapolation auf den Wert für $\tau = 0$.

Herrn Rundfunkmechaniker *G. Seiffert* danken wir für Arbeiten bei der Herstellung und Erprobung des Spin-Echo-Spektrometers.

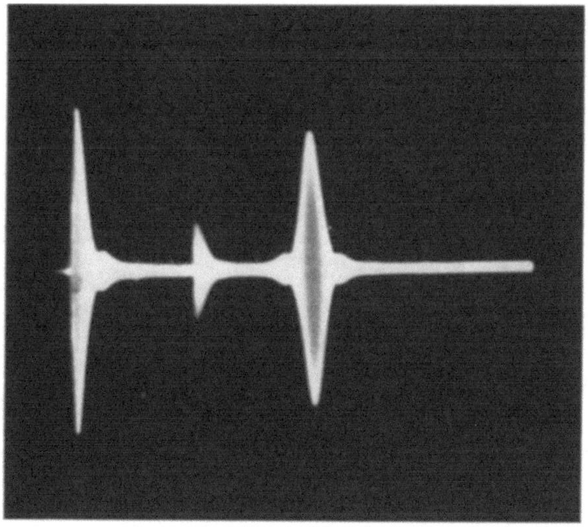

Abb. 7. Primäres Echo, 10^{-1} molare $NiSO_4$-Lösung bei Zimmertemperatur, Zeitbasis 7 msec.

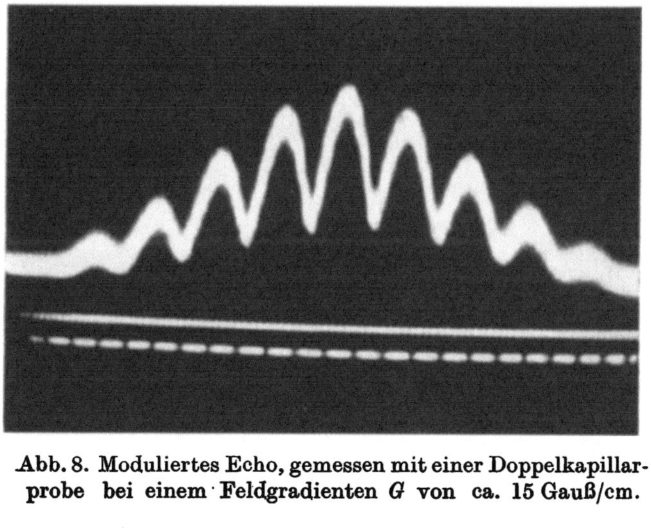

Abb. 8. Moduliertes Echo, gemessen mit einer Doppelkapillarprobe bei einem Feldgradienten G von ca. 15 Gauß/cm.

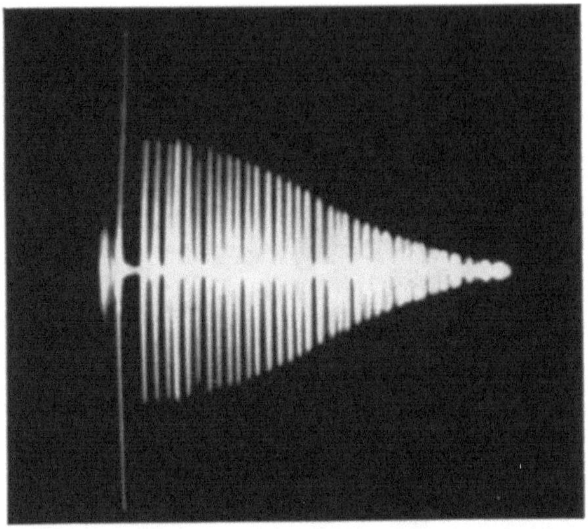

Abb. 9. Primäre Echos aus sauerstoffreiem und mehrfach destilliertem Wasser bei Zimmertemperatur, Zeitbasis 58 msec.

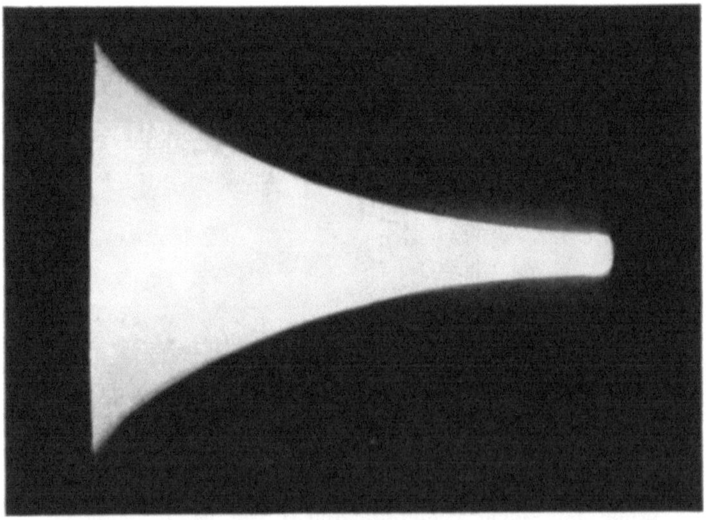

Abb. 10. Echoserie nach CARR-PURCELL aus sauerstofffreiem und mehrfach destilliertem Wasser bei Zimmertemperatur. Zeitbasis 6,4 sec, Zahl der Echos pro Sekunde etwa 800.

Einige Resultate über Kernrelaxation in reinen Flüssigkeiten und Kolloidlösungen

von L. Giulotto, Pavia

Schon seit einigen Jahren werden im physikalischen Institut der Universität Pavia Messungen von Kernrelaxationszeiten ausgeführt. Ein Teil der erhaltenen Ergebnisse ist im Bericht des Kolloquiums Ampere von 1956 [1] zusammengefaßt worden. Die bei uns angewandte Methode zur Messung der longitudinalen Relaxationszeit T_1 beruht auf der Beobachtung der durch schnelle adiabatische Durchgänge durch die Resonanz verursachten nuklearen Signale.

Während eines solchen Durchganges erreichen wir eine Umkehr der Kernmagnetisierung, ohne daß diese ihren absoluten Wert praktisch verändert. Zwischen zwei aufeinander folgenden Übergängen hingegen ändert sich die Kernmagnetisierung nach Exponentialgesetz mit einer Zeitkonstante T_1. Durch die Registrierung einer Folge von Signalen in günstigem Zeitabstand ist es dann möglich, den Wert von T_1 zu erhalten. Eine Beschreibung dieser Methode kann man zum Beispiel im Bericht des Ampere-Kolloquiums von 1956 und auch in A. Lösches Buch „Kerninduktion“ [2] finden.

Neuerdings wandten wir die Aufmerksamkeit in unserem Laboratorium einer Methode für die Messung der transversalen Relaxationszeit T_2 zu [3], [4]. Die neuesten, noch nicht veröffentlichten Messungen betreffen die Gegenüberstellung der zwei nuklearen Relaxationszeiten in reinen Flüssigkeiten und Kolloidallösungen.

Die bei uns zur Messung von T_2 in Flüssigkeiten angewandte Methode beruht auf der Beobachtung der Abnahme der Kernmagnetisierung, während diese um das konstante Magnetfeld präzessiert, in einer hierzu senkrechten Ebene. Diese Bedingung wird erreicht, wenn man im günstigen Augenblick die Veränderung des konstanten Magnetfeldes während eines adiabatischen schnellen Durchganges anhält. Hierzu moduliert ein Sägezahnstrom, der von einem Relaxationsoszillator gesteuert wird, das konstante Magnetfeld. Wenn die von der nuklearen Präzession induzierte E.M.K. einen vorgeschriebenen Wert erreicht hat, hemmt ein Diskriminator, gefolgt von einem Verzögerungskreis, den Relaxationsoszillator in dem Augenblick in dem das Signal das Maximum erreicht.

Das Schema des Prinzips der Apparatur ist in Abb. 1 dargestellt. In Abb. 2 sind einige Registrierungen von Signalen, verursacht durch blockierte Durchgänge, wiedergegeben.

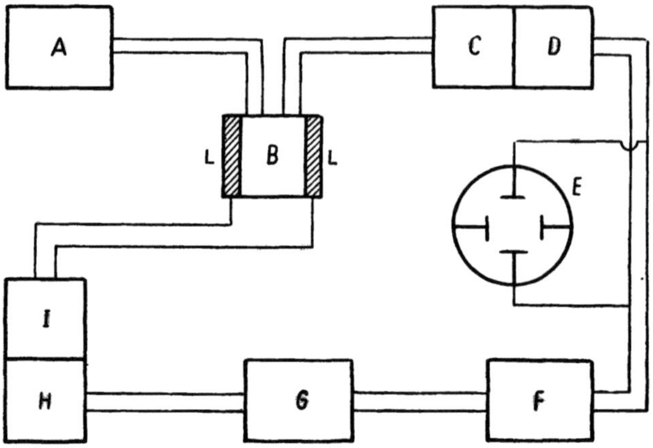

Abb. 1. Blockschaltbild der Apparatur zur T_2 Messung: A, HF Generator; B, HF Spulen; C, HF Verstärker und Detektor; D, Gleichstromverstärker; E, Oszillograph; F, Diskriminator; G, Verzögerungskreis ; I, Modulationsstufe; H, Hemmungsanordnung; L, Modulationsspulen.

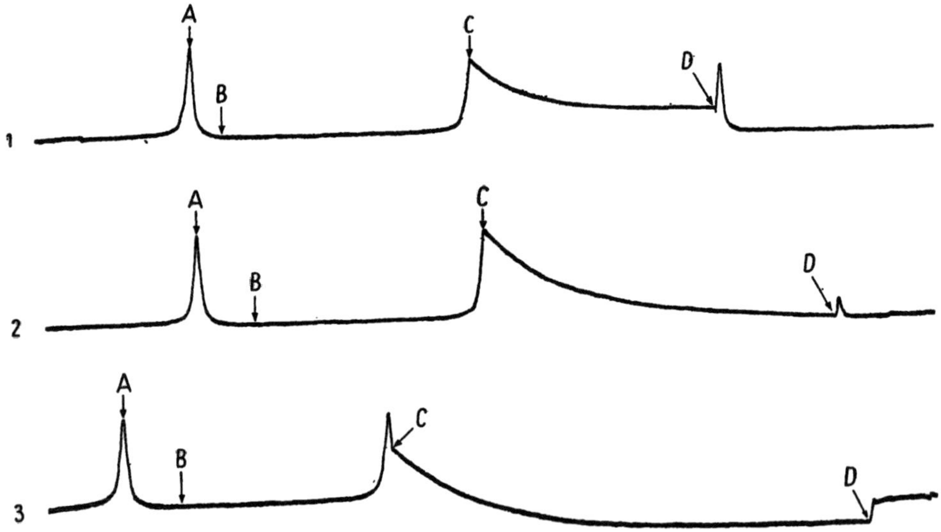

Abb. 2. Drei typische Fälle von blockierten Signalen: A, Normaler schneller adiabatischer Durchgang; B, Rückkehr (das Signal ist nicht sichtbar); C, Blockierter Durchgang: in 1: vor der Resonanz, in 2: in Resonanz, in 3: nach der Resonanz; D, Wiederbeginn des Durchganges.

Die neuesten Fortschritte der Kernrelaxationstheorie in Flüssigkeiten [3—12] sehen voraus, daß für Flüssigkeiten mit geringer Viskosität $T_1 = T_2$ zu erwarten ist. Vergleiche der beiden Kernrelaxationszeiten in Flüssigkeiten sind schon von einigen Forschern gemacht worden. Die bis jetzt veröffentlichten Resultate [13—18] stimmen jedoch nicht immer gerade gut überein. Ein vorläufiges Ergebnis über die beiden Kernrelaxationszeiten in Wasser ist bereits von uns veröffentlicht worden [3], [4]. Bonera, Chiodi, Lanzi und Rigamonti vom physikalischen Institut der Universität Pavia haben neuerdings die Frage vom experimentellen Standpunkt wieder aufgenommen. Ihre Ergebnisse finden sich in der Tabelle 1.

Tabelle 1

Flüssigkeit	T_1 bei 1650 Gauss [sec]	T_2 bei 1650 Gauss [sec]	Temp. [°C]
Wasser	3,2	3,1	23
Cyclopentan	12,8	10,5	20
Cyclohexan	6,2	5,5	23
Cycloheptan	4,4	4,4	21
Methylalkohol	7,5	6,5	22
Äthylalkohol	3,0	3,1	22
Propylalkohol	1,1	1,1	23
Butylalkohol	0,6	0,6	19

In einigen Fällen kann man beträchtliche Unterschiede zwischen den in Pavia und den von andern Forschern erhaltenen Resultaten feststellen. Solche Unterschiede können nur zum Teil durch unterschiedliche Temperaturen oder durch das Vorhandensein von gelöstem Sauerstoff erklärt werden.

Wenn wir unsere Betrachtungen auf die von Bonera, Chiodi, Lanzi und Rigamonti erhaltenen Ergebnisse beschränken, können wir beobachten, daß im allgemeinen die Gleichheit der beiden Kernrelaxationszeiten gut erwiesen ist für Flüssigkeiten, deren Relaxationszeiten unter ca. 4 sec sind. Es ist sehr wahrscheinlich, daß die geringen Differenzen, welche man im Falle von höheren Zeiten zwischen den beiden Kernrelaxationszeiten wahrnimmt, einem systematischen Fehler zuzuschreiben sind. Insgesamt scheint sich die theoretische Voraussage $T_1 = T_2$ zu bewahrheiten.

Wir müssen im allgemeinen erwarten, daß die Flüssigkeiten, welche Protonen in nicht äquivalenten Positionen besitzen, mehr als eine longitudinale und mehr als eine transversale Relaxationszeit aufweisen.

Eine Untersuchung des eventuellen Vorkommens von mehr als einer longitudinalen Relaxationszeit in einer Flüssigkeit ist vor kurzem von Bonera, Chiodi, Lanzi und Rigamonti ausgeführt worden, indem sie experimentell das Gesetz der Veränderung der Kernmagnetisierung bestimmt haben, nachdem diese bei erreichtem Gleichgewichtwert M_0 durch einen schnellen adiabatischen Durchgang umgekehrt worden ist. Deshalb wurde das Verhältnis der beiden Signalhöhen gemessen, welche von zwei aufeinander folgenden schnellen adiabatischen Durchgängen als Funktion der Zwischenzeit t verursacht werden. So erhält man das Verhältnis $M(t)/M_0$. Es ist offensichtlich, daß wenn eine einzige Relaxationszeit vorhanden ist, $\ln \frac{1}{2}\left(1 - \frac{M(t)}{M_0}\right)$ eine lineare Funktion von t sein muß.

Die Abb. 3 zeigt zum Beispiel, daß bei Toluol die Gegenwart von mehr als einer Relaxationszeit ziemlich deutlich hervorgeht.

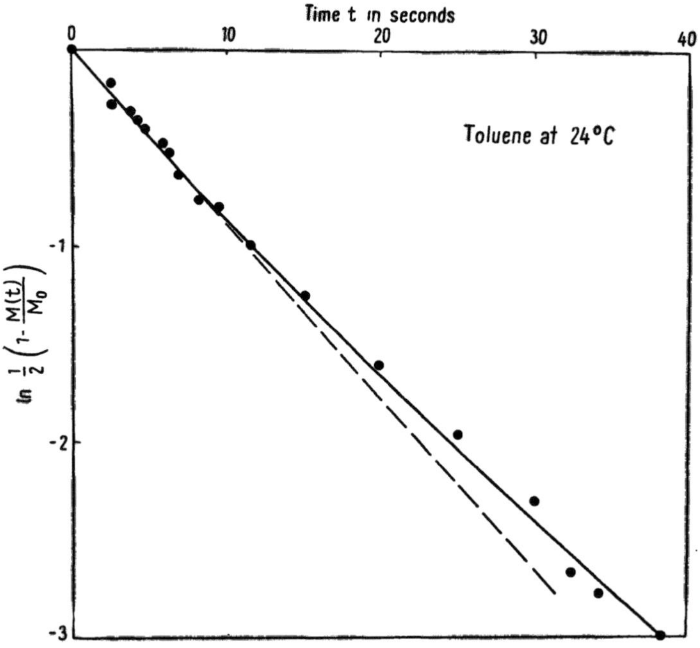

Abb. 3. Zeitabhängigkeit von $\ln \frac{1}{2}\left(1 - \frac{M(t)}{M_0}\right)$ in Toluol (Temperatur 24° C).

Zimmermann und Brittin [13], Kamiyushi [14] und Winkler [15] haben kürzlich das Verhalten der Kernrelaxation von kleinen Mengen von an Silicagel und an Aluminiumoxyd adsorbiertem Wasser studiert.

Bonera, Chiodi, Lanzi und Rigamonti haben hingegen das Verhalten von wässerigen Lösungen von organischen Kolloiden und von Silicagel, in welchem die Menge Wasser und die Menge Gel in gleicher Größenordnung vorhanden sind, untersucht.

Die Abb. 4 gibt die Werte für T_1 und T_2, gemessen in Lösungen von Fischleim in Wasser, als Funktion der Konzentration (Gewicht des Gel/Gewicht des Wassers). In Abb. 5 sind analoge Resultate für Silicagel wiedergegeben.

Man stellt allgemein fest:

1. Das Verhältnis T_1/T_2 wächst mit der Erhöhung der Konzentration.

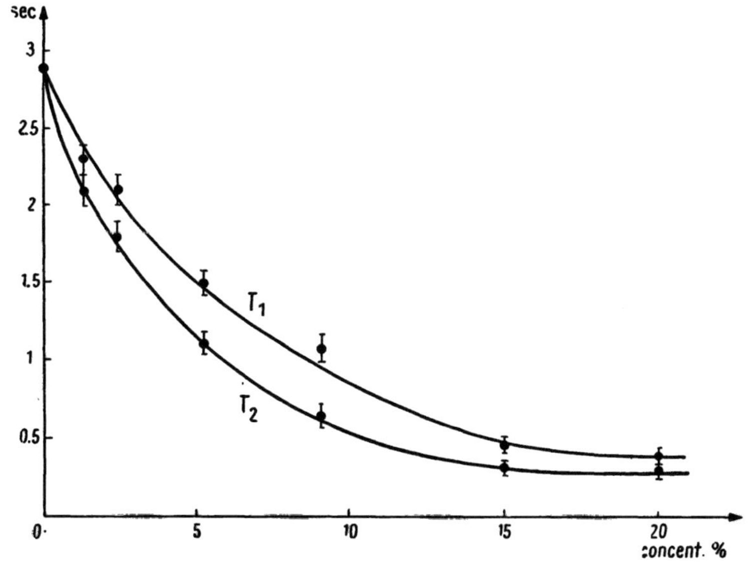

Abb. 4. Konzentrationsabhängigkeit von T_1 und T_2 in wäßrigen Lösungen von Fischleim (Temperatur 18° C).

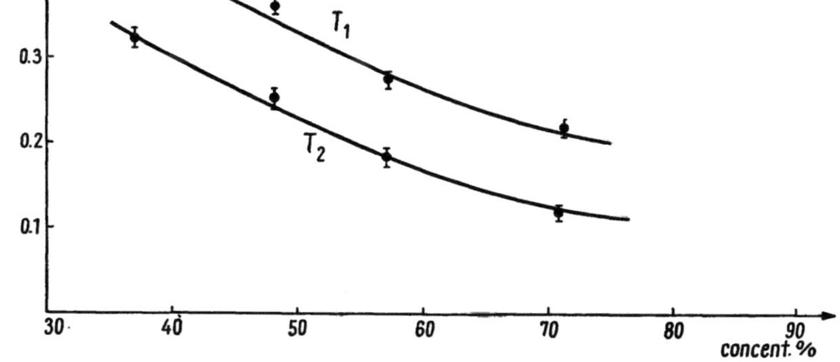

Abb. 5. Konzentrationsabhängigkeit von T_1 und T_2 in wäßrigen Lösungen von „Silicagel" (Temperatur 18° C).

2. Die von uns untersuchten Kolloidlösungen weisen in ziemlich kleinen Konzentrationen eine einzige longitudinale Relaxationszeit auf.
3. Für hochkonzentrierte Lösungen hingegen ist das Gesetz für die Veränderung der longitudinalen Kernmagnetisierungskomponente nicht mehr exponentiell.

Diese Ergebnisse können erklärt werden, wenn man annimmt, daß in Kolloidlösungen die Wassermoleküle in verschiedenen Zuständen vorgefunden werden können, die von enger Bindung mit den in Suspension sich befindenden Teilchen, so daß die Bewegungen des Wassersmoleküls fast ganz verhindert sind, bis zu einer Freiheit ungefähr gleich der in gewöhnlichem Wasser, gehen.

Die Wassermoleküle gehen fortwährend in die verschiedenen Zustände über. In den ziemlich verdünnten Kolloidlösungen sind die Wechselzeiten gering in Bezug auf die gemessenen Relaxationszeiten.

Literatur

[1] Giulotto, L., Archives des Sciences Vol. **9**, Fasc. spéc. 212 (1956).
[2] Lösche, A., Kerninduktion, VEB Deutscher Verlag der Wissenschaften, Berlin 1957.
[3] Bonera, G., Chiodi, L., Giulotto, L. u. Lanzi, G., Archives des Sciences Vol. **12**, fasc. spéc. **99** (1959).
[4] Bonera, G., Chiodi, L., Giulotto, L. u. Lanzi, G., Nuovo Cimento **14**, 119 (1949).
[5] Wangsness, R. K. u. Bloch, F., Phys. Rev. **89**, 728 (1953).
[6] Abragam, A. u. Pound, R. V., Phys. Rev. **92**, 953 (1953).
[7] Kubo, R. u. Tomita, K., J. Phys. Soc. Japan **9**, 888 (1954.)
[8] Solomon, I., Phys. Rev. **99**, 554 (1955).
[9] Bloch, F., Phys. Rev. **102**, 104 (1956).
[10] Bloembergen, N., Phys. Rev. **104**, 1542 (1956).
[11] Purcell, E. M., Suppl. Nuovo Cimento **3**, 961 (1957).
[12] Tomita, K., Progr. Th. Phys. **19**, 541 (1958).
[13] Powles, J. G. a. Cutler, D., Nature **180**, 1344 (1957).
[14] Meiboom, S. a. Gill, D., Rev. Scient. Instr. **29**, 688 (1958).
[15] Powles, J. G. a. Cutler, D., Arch. de Seien. **12**, fasc. spec. 135 (1959).
[16] Hochstrasser, G., Arch. des Seien. **12**, fasc. spec. 132 (1959).
[17] Powles, J. G. a. Cutler, D., Nature **184**, 1123 (1959).
[18] Solomom, J., Journ. Phys. **20**, 768 (1959).
[19] Zimmermann, J. R. u. Brittin, W. E., Journ. Phys. Chem. **61**, 1328 (1957).
[20] Kanuyoshi, M. K., Journ. Phys. **20**, 60 (1959).
[21] Winkler, H., Arch. des Scien. **12**, fasc. spec. 161 (1959).

Physikalisches Institut der Universität Pavia

Kernresonanzuntersuchungen an Azoxy-phenol-di-p-n-amyläther

von R. Köhler, Leipzig

Vor der Behandlung des eigentlichen Themas sollen zunächst einige Begriffe und Definitionen erwähnt werden, die für die Beschreibung der kristallinen Flüssigkeiten charakteristisch sind.

Man kennt seit langem eine ganze Anzahl organischer Substanzen mit meist stäbchen- oder walzenförmigem Molekülbau, die oberhalb ihres Schmelzpunktes zunächst eine oder mehrere kristallin-flüssige Phasen bilden, ehe sie am sog. Klärpunkt in eine isotrope Flüssigkeit übergehen.

Der kristallin-flüssige Zustand entsteht durch die Parallellagerung der Moleküle innerhalb von Schwärmen, deren Durchmesser in der Größenordnung der Lichtwellenlängen liegt. Die Ursache dieser Orientierung liegt in zwischenmolekülaren Kräften, deren Wirkung durch die geometrische Gestalt der Moleküle unterstützt wird. Bei wachsender Temperatur wird diese Ordnung mehr und mehr durch die Wärmebewegung gestört.

Man bezeichnet eine kristallin-flüssige Phase als nematisch oder smektisch, je nachdem, ob die Moleküle in ihrer Längsrichtung frei verschiebbar sind oder mit ihren Enden auf festen Begrenzungsebenen liegen.

Wegen ihrer dielektrischen und diamagnetischen Anisotropie kann man durch Anlegen äußerer elektrischer oder magnetischer Felder eine mehr oder weniger vollkommene Parallellagerung aller Moleküle einer kristallinflüssigen Probe erreichen. Bei hinreichend dünnen Schichten von etwa 0,1 mm Dicke gelingt dies schon durch die Wirkung von Wandkräften.

Bei fehlender äußerer Einwirkung beschreibt man den Ordnungszustand innerhalb eines Schwarmes durch den Mikroordnungsgrad

$$S = \frac{1}{2}\,\overline{(3\cos^2\vartheta - 1)}\,,$$

wobei ϑ der momentane Winkel zwischen Moleküllängsachse und Vorzugsorientierungsrichtung des Schwarmes ist. S hat bei vollkommener Parallelorientierung den Wert 1 und bei völliger Zerstörung der kristallin-flüssigen Ordnung den Wert 0.

Die durch äußere Einwirkung hervorgerufene Ordnung wird durch den Makroordnungsgrad

$$M = \overline{(3\cos^2\Theta - 1)^2}$$

beschrieben, wobei Θ der Schwankungswinkel zwischen Schwarmvorzugsrichtung und Richtung der äußeren Kraft, also z. B. der Richtung eines Magnetfeldes ist. Bei Magnetfeldern über 2000 G erreicht bei den hier untersuchten Substanzen im nematischen Zustand M seinen Maximalwert 4, während der kleinste mögliche Wert von M im Falle völliger Unordnung gleich 0,8 ist.

Der uns interessierende Zusammenhang zwischen M, S und dem durch Kernresonanzuntersuchungen bestimmbaren mittleren 2. Moment $\overline{\Delta H^2}$ ist gegeben durch

$$\overline{\Delta H^2} = \mu_L \, M \, S^2 \,, \tag{1}$$

wobei μ_L eine Größe ist, die von der gegenseitigen Lage der untersuchten Kerne abhängt.

Zur Untersuchung gelangten die ersten 7 Vertreter der homologen Reihe der Azoxy-phenol-di-p-n-alkyläther, und zwar wurden mit einem Breitlinienspektrometer mit Brückenanordnung die differentiellen Absorptionslinien $g'(H)$ im kristallin-festen Zustand der genannten Stoffe registriert und daraus gemäß

$$\overline{\Delta H^2} = \frac{1}{3} \frac{\int\limits_0^\infty g'(H)\,(H - H_0)^3\,dH}{\int\limits_0^\infty g'(H)\,(H - H_0)\,dH}$$

die mittleren 2. Momente bestimmt. Die Substanzen waren zuvor bei Einwirkung eines Magnetfeldes von 11000 G aus dem isotrop-flüssigen Zustand eingefroren worden, und es sollte festgestellt werden. ob das entstehende Kristallpulver eine hierdurch bedingte Orientierung aufweist. Das Experiment ergab jedoch bei Drehung um eine zum Magnetfeld senkrechte Achse keine Winkelabhängigkeit des mittleren 2. Momentes.

Bei diesen Untersuchungen wurde festgestellt, daß der Temperaturverlauf des mittleren 2. Momentes bei Azoxy-phenol-di-p-n-amyläther — im Folgenden kurz als Amyläther bezeichnet — eine Besonderheit aufweist, da hier $\overline{\Delta H^2}$ unterhalb des Schmelzpunktes nicht sofort, wie bei den anderen Substanzen, auf einen relativ großen, konstanten Wert anwächst, sondern zwischen 75° C und 62,5° C mit (2,81 ± 0,14) G² noch um etwa 1 G² niedriger liegt, als im kristallin-flüssigen Zustand. Erst bei 62,5° C steigt $\overline{\Delta H^2}$ sprunghaft auf 16,8 G². Diese Zwischenphase erhält man nur beim Übergang von höheren zu tieferen Temperaturen.

Der Anstieg bei 62,5° C entspricht dem starken Anwachsen intermolekularer Wechselwirkungen durch die dichtere Packung im Kristall und durch das Einfrieren von Bewegungsfreiheitsgraden, wie es bei den übrigen untersuchten Substanzen schon am Schmelzpunkt zu bemerken ist.

Zur Deutung des kleinen $\overline{\Delta H^2}$-Wertes in der Zwischenphase muß man annehmen, daß die intermolekularen Wechselwirkungen im Vergleich zur kristallinflüssigen Phase nicht wesentlich zunehmen, so daß sich μ_L nicht sehr vergrößert.

Aus den oben beschriebenen Messungen geht hervor, daß sich der Makroordnungsgrad bei der Verfestigung von 4 auf 0,8 verringert. Dagegen kann man annehmen, daß im Kristallpulver S nahe bei 1 liegt, da im festen Zustand Schwankungen der Moleküle um Achsen senkrecht zur Moleküllängsachse sicher stark behindert sind. In der nematischen Phase hat der Mikroordnungsgrad nach Messungen von WEBER den Wert 0,68.

Hieraus ergibt sich für den Übergang flüssig-fest eine Reduktion des Faktors $M\,S^2$ in Gl. (1) um 1,06, woraus bei konstantem μ_L ein $\overline{\Delta H^2}$-Wert von 1,6 G^2 folgen würde.

Daß der gemessene Wert um 1,2 G^2 größer ist, kann zwanglos als eine Folge der Verfestigung und der damit verbundenen Zunahme intermolekularer Beiträge zum mittleren 2. Moment erklärt werden.

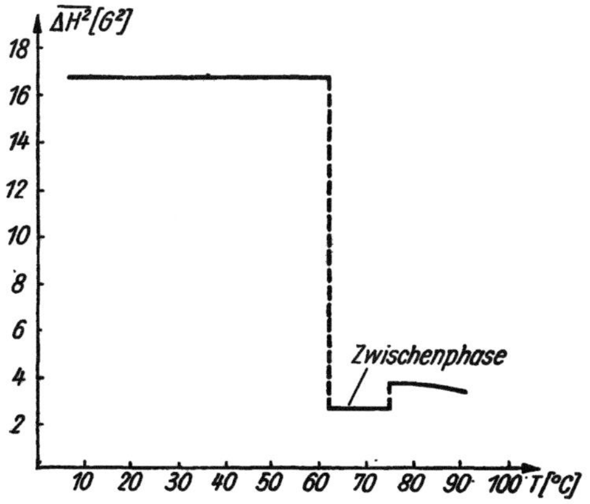

Abb. 1. T-Abhängigkeit von $\overline{\Delta H^2}$ bei Amyläther.

Der Linienbreitenübergang bei 62,5° C muß wahrscheinlich auf eine Gitterumwandlung zurückgeführt werden, wofür auch das Auftreten einer deutlich erkennbaren kristallinen Struktur spricht, im Gegensatz zum wachsartig-amorphen Aussehen der Probe im Zwischenzustand. Die Verminderung innerer Rotationen oder Schwingungen liefert an dem fraglichen Umwandlungspunkt wahrscheinlich keinen wesentlichen Beitrag zum mittleren 2. Moment, da sich eine solche Änderung im allgemeinen in einem allmählichen Anstieg von $\overline{\Delta H^2}$ äußert.

Bei der versuchten Deutung des Temperaturverhaltens des mittleren 2. Momentes von Azoxy-phenol-di-p-n-amyläther bleibt jedoch offen, warum gerade bei dieser Substanz im festen Zustand eine solche Zwischenphase existiert, eine Frage, deren Klärung weiteren Untersuchungen vorbehalten bleiben muß.

Physikalisches Institut der Karl-Marx-Universität Leipzig

Relaxationszeiten und Selbstdiffusionskoeffizient von Wasser und einigen wäßrigen Lösungen paramagnetischer Ionen

von H. PFEIFER, Leipzig

Es werden die Resultate einer ausführlichen Behandlung der kernmagnetischen Relaxation in Wasser und wäßrigen Lösungen paramagnetischer Ionen dargestellt.

Dabei ergibt sich, daß der Anteil der Relaxation infolge der Translation bei reinem Wasser nicht, wohl aber bei wäßrigen Lösungen paramagnetischer Ionen vernachlässigt werden kann. Die Bedingung für einphasiges Verhalten der Lösungen hinsichtlich der Relaxationszeiten wird angegeben. Ein Vergleich der gemessenen und berechneten longitudinalen Relaxationszeit gestattet Aussagen über den Mikroreibungsfaktor der Rotation sowohl der Wassermoleküle als auch der hydratisierten Manganionen und die Hydratationszahl.

Wir betrachten zunächst reines Wasser, das sich in einem konstanten Magnetfeld H_0 befinde. Die Energie eines beliebigen herausgegriffenen Protons ist dann

$$E = E_0 + E_{rot} + E_{trans} + E_{sk}, \tag{1}$$

wobei E_0 bzw. E_{rot} die magnetische Dipolenergie des Protons im äußeren Feld H_0 bzw. im Feld des anderen zum gleichen Wassermolekül gehörigen Protons ist und E_{trans} die magnetische Dipolenergie des Protons im Feld der anderen Wassermoleküle darstellt. E_{sk} ist die sog. skalare Energie infolge der skalaren Wechselwirkung mit dem zum gleichen Wassermolekül gehörigen Proton [1].

Die Relaxationszeiten lassen sich dann in bekannter Weise durch die Übergangswahrscheinlichkeiten infolge der thermischen Fluktuationen der Wechselwirkungsenergien, d. h. der drei letzten Terme in der obigen Summe darstellen [2], wobei Spektraldichtefunktionen auftreten, deren Berechnung mit Hilfe des WIENER-KHINTCHINEschen Theorems aus den entsprechenden Autokorrelationsfunktionen erfolgt [3].

Bis dahin sind die Überlegungen allgemein gültig und erst hier bei der Berechnung der Autokorrelationsfunktionen muß man auf physikalische Modellvorstellungen zurückgreifen:

Die Wassermoleküle werden als starre Kugeln aufgefaßt, die den Diffusionsgleichungen genügen. Das bedeutet, zur Berechnung des Anteils der Relaxationszeit, der vom zweiten Term der obigen Summe herrührt, löst man die Diffusionsgleichung

$$\frac{\partial W(\Omega, \Omega_0, t)}{\partial t} = D_r \Delta W(\Omega, \Omega_0, t), \tag{2}$$

wobei $W(\Omega, \Omega_0, t)\, d\Omega\, d\Omega_0$ die Wahrscheinlichkeit ist, eine vorgegebene Achse der starren Kugel z. Zt. t im Raumwinkel $\Omega \cdots \Omega + d\Omega$ zu finden, wenn sie z. Zt. $t = 0$ im Raumwinkel $\Omega_0 \cdots \Omega_0 + d\Omega_0$ war, und D_r den Diffusionskoeffizienten für die Rotation einer Kugel mit dem Radius a im viskosen Medium der Zähigkeit η darstellt, also

$$D_r = \frac{k\,T}{8\pi\eta\, a\, f_r} \tag{3}$$

mit f_r, dem Mikroreibungsfaktor der Rotation [4].

Zur Berechnung des Anteils der Relaxationszeit herrührend vom dritten Term der obigen Summe nimmt man an, daß $^3/_4$ der Wassermoleküle den Spin $I = 1$ und $^1/_4$ den Spin $I = 0$ besitzen, und löst die Diffusionsgleichung für die Translationsbewegung der Wassermoleküle

$$\frac{\partial W(\mathfrak{r}, \mathfrak{r}_0, t)}{\partial t} = D\, \Delta\, W(\mathfrak{r}, \mathfrak{r}_0, t)\,, \tag{4}$$

wobei $W(\mathfrak{r}, \mathfrak{r}_0, t)$ analog zu $W(\Omega, \Omega_0, t)$ definiert ist und D den Selbstdiffusionskoeffizienten der Translation für Wasser darstellt, der mit Hilfe der Spin-Echo-Methode direkt meßbar ist [5], d. h. nicht durch die STOKESsche Beziehung

$$D = \frac{k\,T}{6\pi\eta\, a\, f_t} \tag{5}$$

mit dem ungewissen Faktor der Mikroreibung der Translation f_t bestimmt werden muß [4]. Der Anteil der skalaren Wechselwirkung schließlich ist relativ einfach zu berechnen, da das skalare Produkt gegen Rotationen invariant ist, eine Fluktuation dieser Größe also nur durch die begrenzte Verweildauer der beiden Protonen im selben Wassermolekül gegeben wird [6]. Man erhält dann für die longitudinale Relaxationszeit T_1

$$\frac{1}{T_1} = \frac{1}{T_{1\,\mathrm{rot}}} + \frac{1}{T_{1\,\mathrm{trans}}}\,, \tag{6}$$

wobei

$$\frac{1}{T_{1\,\mathrm{rot}}} = 2\pi\gamma^4\hbar^2 \frac{\eta\, f_r\, a^3}{k\,T\, b^6} \approx 0{,}19\, f_r = (5{,}28/f_r)^{-1} \quad \mathrm{sec}^{-1} \tag{7}$$

und

$$\frac{1}{T_{1\,\mathrm{trans}}} = \frac{4\pi}{10}\gamma^4\hbar^2 \frac{N}{a\,D} \approx 0{,}093 = (10{,}8)^{-1} \quad \mathrm{sec}^{-1} \tag{8}$$

ist.[1])

Die Zahlenwerte ergeben sich für $T = 293°$ K mit dem Radius des Wassermoleküls $a = 1{,}4 \times 10^{-8}$ cm, dem gyromagnetischen Verhältnis des Protons $\gamma = 2{,}67 \times 10^4$ sec^{-1} Gauß$^{-1}$, dem Abstand der beiden Protonen $b = 1{,}53 \times 10^{-8}$ cm, der Viskosität des Wassers $\eta = 10^{-2}$ Poise und der Zahl der Wassermoleküle

[1]) Der Anteil $1/T_{1\,\mathrm{rot}}$ stimmt mit dem Resultat von KUBO und TOMITA [10], SOLOMON [2] und SKROZKI und KOKIN [9] überein und ist um den Faktor 5/3 größer als bei BLOEMBERGEN [11]. Der Anteil $1/T_{1\,\mathrm{trans}}$ ist um den Faktor 4/3 größer als bei BLOEMBERGEN [11] und steht in Übereinstimmung mit dem Resultat von SKROZKI und KOKIN [9].

im cm³ $N = 3{,}35 \cdot 10^{22}$ cm^{-3}. Solange die Bedingung $\gamma H_0 \ll D/a^2$ erfüllt ist, muß sowohl für den Translations- wie den Rotationsanteil gelten

$$T_1 = T_2 , \tag{9}$$

so daß

$$\frac{1}{T_2} = \frac{1}{T_1} + \frac{1}{T_{2\,\mathrm{sk}}} \tag{10}$$

gilt mit [6]

$$\frac{1}{T_{2\,\mathrm{sk}}} = \frac{A^2}{2\,\hbar^2}\,\tau_v . \tag{11}$$

Dabei stellt A/h die Kopplungskonstante der skalaren Wechselwirkung (etwa 1 Hz, vgl. [1]) und τ_v die mittlere Verweilzeit der Protonen im Wassermolekül

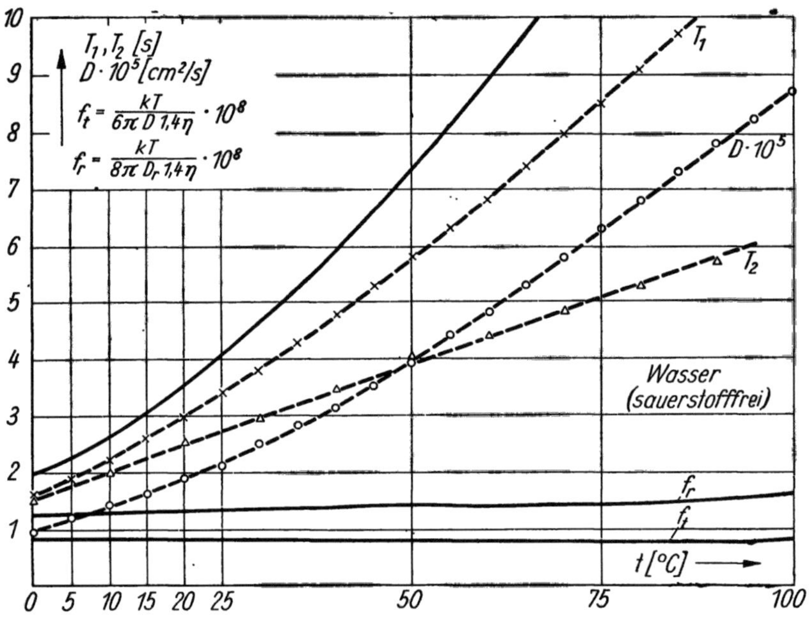

Abb. 1. Longitudinale Relaxationszeit T_1, transversale Relaxationszeit T_2, Selbstdiffusionskoeffizient D und Mikroreibungsfaktor der Translation f_t und der Rotation f_r für sauerstofffreies Wasser als Funktion der Temperatur. Die von uns bei 16 MHz gemessenen Werte von T_1 und D stimmen mit den hier gezeigten Werten nach Simpson und Carr [7] innerhalb 5% überein. Die T_2-Messungen, ebenfalls bei 16 MHz, wurden im hiesigen Institut von K.-H. Weiss durchgeführt [5].

dar. In Abb. 1 sind T_1, T_2 und D für sauerstofffreies Wasser als Funktion der Temperatur nach Simpson und Carr [7] und unseren eigenen Messungen dargestellt. Die ausgezogene Kurve ergibt sich aus Gl. (6) mit $f_r = 1$. Übereinstimmung zwischen den Meßresultaten und Gl. (6) läßt sich erreichen, indem man für f_r Werte zwischen 1,3 und 1,6 (vgl. Abb. 1) einsetzt. Um für T_2 eine Übereinstimmung[1]) z. B. bei 25° C zu erhalten, müßte τ_v etwa 4 msec sein, was wahrscheinlich zu groß ist [8], [12]. Außerdem wäre τ_v im untersuchten Temperaturbereich praktisch temperaturunabhängig, was sicher nicht anzunehmen ist. Zur Klärung dieser Diskrepanz ist eine Kontrolle der widersprechenden Messungen von MEIBOOM, LUZ und GILL [12] und SOLOMON [13] über die Abhängigkeit der transversalen Relaxationszeit vom p_H-Wert bei vernachlässigbarer Oberflächenrelaxation geplant.

Bei der Behandlung von wäßrigen Lösungen paramagnetischer Ionen ist es unzulässig, die Ionen einfach als Wassermoleküle aufzufassen, die ein entsprechend größeres magnetisches Moment besitzen, da

a) die Ionen selbst nicht zum resultierenden Magnetisierungsvektor der Protonen beitragen,
b) die Ionen hydratisiert sind und
c) das magnetische Moment der Ionen nicht konstant ist, sondern sich mit der paramagnetischen Spin-Relaxationszeit τ_s ändert.

Es gibt also für die Wassermoleküle mindestens zwei Phasen, nämlich einmal Wasser der das Ion unmittelbar umgebenden ersten Schicht der Hydrathülle (im folgenden kurz als Hydrathülle bezeichnet) und zum anderen freies Wasser.

Ob diese beiden Phasen sich in irgendeinem Konzentrationsbereich durch zwei Relaxationszeiten äußern können hängt von der mittleren Verweilzeit und den Relaxationszeiten der Protonen in den beiden Phasen ab. Wir haben also folgende Wechselwirkungen zu diskutieren: Für die Relaxation des Wassers der Hydrathülle:

1. Proton der Hydrathülle mit dem Ion dieses Hydratkomplexes und zwar
   a) infolge der Dipolwechselwirkung, wobei die Zeitabhängigkeit durch die Rotation des Hydratkomplexes und die Relaxationszeit des Ions gegeben wird (zugehörige Relaxationszeit T_{HIR}) und
   b) infolge der skalaren Wechselwirkung mit einer durch die begrenzte Haftzeit des Protons am Ion und die Relaxationszeit des Ions gegebenen Zeitabhängigkeit (zugehörige Relaxationszeit T_{HIS}).
2. Proton der Hydrathülle mit freiem Wasser, wobei die Zeitabhängigkeit durch die Translationsbewegungen bestimmt wird (zugehörige Relaxationszeit T_{HWT}) und
3. Proton der Hydrathülle mit anderen Ionen, wobei die Translationsbewegungen und die Relaxationszeit der Ionen die Zeitabhängigkeit bedingen (zugehörige Relaxationszeit T_{HIT}).

Für die Relaxation des freien Wassers:

1. Proton eines freien Wassermoleküls mit dem anderen Proton dieses Moleküls mit einer Zeitabhängigkeit, die durch die Rotation des Wassermoleküls gegeben wird (zugehörige Relaxationszeit T_{WWR}),

[1]) vgl. POWLES, J. G. u. CUTLER, D., Nature 184, 1123—1215 (1959).

2. Proton eines freien Wassermoleküls mit freiem Wasser, wobei die Translationsbewegung die Zeitabhängigkeit bestimmt (zugehörige Relaxationszeit T_{WWT}) und
3. Proton eines freien Wassermoleküls mit den Ionen, wobei die Translationsbewegungen und die Relaxationszeit der Ionen die Zeitabhängigkeit bedingen (zugehörige Relaxationszeit T_{WIT}).

Dabei sind die Anionen vernachlässigt. Die Berechtigung hierfür ergibt sich aus der Tatsache, daß das magnetische Moment der Anionen Null oder wie das von Wasser weniger als 1% des der paramagnetischen Ionen ist[1]).

Es gilt also sowohl für T_1 als auch T_2

$$\frac{1}{T_H} = \frac{1}{T_{\mathrm{HIR}}} + \frac{1}{T_{\mathrm{HIS}}} + \frac{1}{T_{\mathrm{HWT}}} + \frac{1}{T_{\mathrm{HIT}}} \tag{12}$$

und

$$\frac{1}{T_W} = \frac{1}{T_{\mathrm{WWR}}} + \frac{1}{T_{\mathrm{WWT}}} + \frac{1}{T_{\mathrm{WIT}}}, \tag{13}$$

wobei T_H bzw. T_W die Relaxationszeit für die Protonen der Hydrathülle bzw. des freien Wassers ist. Die Berechnung von T_{HWT}, T_{WWR}, T_{WWT} erfolgt völlig analog zu der bei reinem Wasser, die von T_{HIR} findet sich bei Solomon [2], die von T_{HIS} bei Solomon und Bloembergen [6], während die Berechnung von T_{HIT} und T_{WIT}, d. h. also die Relaxation infolge Translation gegen ein Teilchen mit einer endlichen Relaxationszeit (τ_s) noch nicht durchgeführt ist.

Wir haben diese Berechnung durch Erweiterung der Torreyschen Behandlung [14] ausgeführt, indem wir den allgemeinen Ansatz für die Autokorrelationsfunktion

$$N_I \iint W(\mathfrak{r}, \mathfrak{r}_0, 2\,t)\, G(\mathfrak{r}_0)\, G^*(\mathfrak{r})\, d\mathfrak{r}_0\, d\mathfrak{r} \tag{14}$$

durch den Faktor $\exp(-t/\tau_s)$ ergänzten. N_I ist dabei die Zahl der Ionen im cm^3, τ_s ihre Relaxationszeit, $W(r, r_0, 2\,t)$ die Lösung der Diffusionsgleichung und G die betreffende aus dem Ansatz für die Dipolwechselwirkung folgende Ortsfunktion.

Da das Resultat recht umfangreich ist[2]), verzichten wir hier auf eine Wiedergabe und begnügen uns mit der Diskussion von Spezialfällen.

Zunächst läßt sich durch Anwendung der Chapman-Kolmogoroff-Gleichungen (vgl. Zimmermann, Brittin [15]) beweisen, daß ganz allgemein, wenn

$$T_H \gg \tau_\eta \tag{15}$$

ist, wobei τ_η die mittlere Verweilzeit eines Protons in der Hydrathülle bezeichnet, die paramagnetische Lösung einphasiges Verhalten zeigt mit einer mittleren Relaxationszeit

$$\frac{1}{T} = \frac{m\,N_I}{N}\,\frac{1}{T_H} + \left(1 - \frac{m\,N_I}{N}\right)\frac{1}{T_W}\,. \tag{16}$$

---

[1]) Unter Ionen verstehen wir deshalb im folgenden stets nur die paramagnetischen Ionen.

[2]) Vgl. H. Pfeifer, Der Translationsanteil der Protonenrelaxation in wäßrigen Lösungen paramagnetischer Ionen. Annalen d. Physik (im Druck).

Dabei bedeutet m die Zahl der Wassermoleküle in einer Hydrathülle, N die Zahl der Wassermoleküle im cm³ und N_I die Zahl der Ionen im cm³.

Wie man sofort sieht, erhält man also einphasiges Verhalten, d. h. eine mittlere Relaxationszeit, sofern $T \gg \tau_\eta$ ist.

In dem von uns untersuchten Konzentrationsbereich der paramagnetischen Ionen Cu^{2+}, Co^{2+} und Mn^{2+} (vgl. auch [17]) mit Relaxationszeiten zwischen 10^{-3} sec und $2 \cdots 3$ sec lag stets einphasiges Verhalten vor, woraus man schon als grobe Abschätzung $\tau_\eta \ll 10^{-3}$ sec erhält.

Wir können also im folgenden mit der nach Gl. (16) berechneten mittleren Relaxationszeit arbeiten; und wir wollen uns für die weiteren Diskussionen auf zwei typische Fälle beschränken:

Fall 1: Paramagnetische Ionen, für die $(\gamma_s H_0 \tau_s)^2 \ll 1$ ist (γ_s = gyromagnetisches Verhältnis der betr. Ionen). Es ergibt sich

$$\frac{1}{T_1} = \frac{1}{T_2} \approx \frac{1}{T_0} + \alpha\left(\frac{m N_I}{N}\right) \tag{17}$$

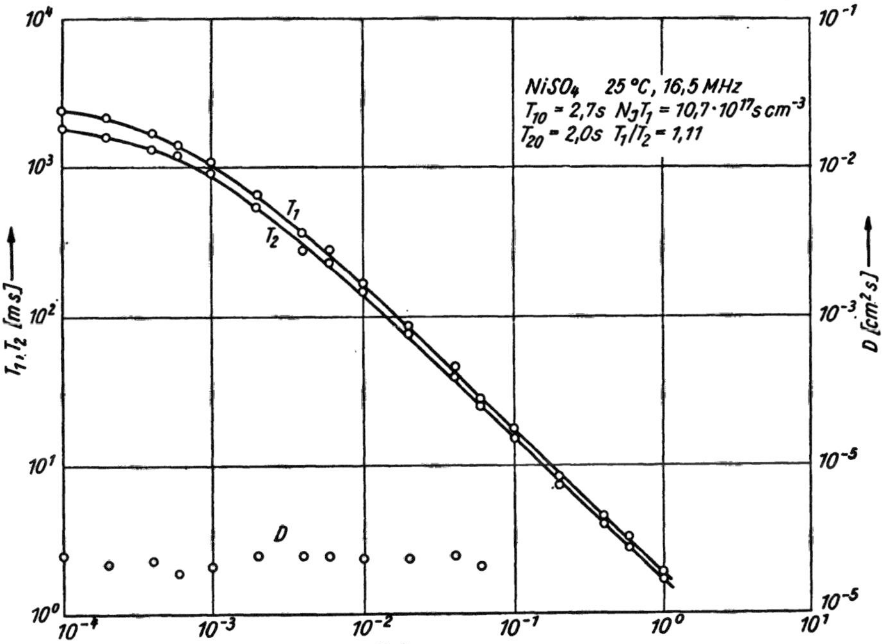

Abb. 2. Longitudinale Relaxationszeit T_1, transversale Relaxationszeit T_2 und Selbstdiffusionskoeffizient D der Protonen in wäßrigen Lösungen von Nickelsulfat als Funktion der Konzentration bei 25° C und 16,5 MHz. T_{10} und T_{20} ergeben sich aus dem gezeichneten Kurvenverlauf und stellen die Relaxationszeiten für reines Wasser mit einem normalen Gehalt an gelöstem Sauerstoff dar.

mit

$$\alpha = \frac{1}{T_{\mathrm{HIR}}} + \frac{1}{T_{\mathrm{HIS}}} = \frac{4}{3}\,\frac{\gamma^2 \mu_{\mathrm{eff}}^2}{b_{pI}^6}\left(\frac{\tau_s \tau_r}{\tau_s + \tau_r} + \frac{2\pi^2 b_{pI}^6}{\gamma_s^2 \gamma^2 \hbar^2}\left(\frac{A_{pI}}{h}\right)^2 \frac{\tau_s \tau_\eta}{\tau_s + \tau_\eta}\right), \tag{18}$$

$$\tau_r = \frac{4\pi}{3}\,\frac{\eta\, f_{rH}\, a_H^3}{k\,T}, \tag{19}$$

wobei T_0 die Relaxationszeit für reines Wasser (Gl. (6)), b_{pI} den Abstand Proton-Ion, a_H den Radius des hydratisierten Ions, f_{rH} den zugehörigen Mikroreibungsfaktor der Rotation, A_{pI}/h die Kopplungskonstante der skalaren Wechselwirkung

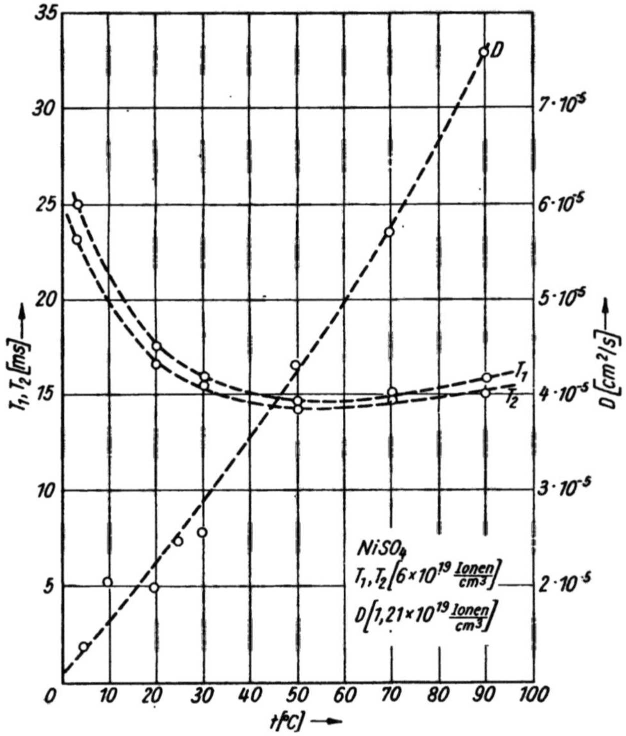

Abb. 3. Temperaturabhängigkeit der longitudinalen Relaxatianszeit T_1, der transversalen Relaxationszeit T_2 und des Selbstdiffusionskoeffizienten D der Protonen in wäßrigen Lösungen von Nickelsulfat.

zwischen Proton und Ion und μ_{eff} das effektive magnetische Moment des Ions darstellt. Es sind also die Größen μ_{eff} (außer für Ionen im S-Zustand), f_{rH}, m, τ_s, τ_η und A_{pI}/h unbekannt, und es ist nicht richtig, etwa aus Messungen von T_1 durch Annahme einer Proportionalität $1/T_1 \sim \mu_{\mathrm{eff}}^2$ das effektive magnetische Moment μ_{eff} ausrechnen zu wollen, wie es z. B. von Conger und Selwood [16] durchgeführt wurde.

Wie Abb. 2 zeigt, ist Gl. (17) gut für wäßrige Lösungen von Nickelsulfat bei 16,5 MHz erfüllt, wenn man statt T_0 für die longitudinale Relaxationszeit T_{10}

und für die transversale Relaxationszeit T_{20} einsetzt. Die ausgezogenen Kurven wurden mit $T_{10} = 2{,}7$ sec, $T_{20} = 2$ sec, $(N/\alpha_1 m) = 10{,}7 \times 10^{17}$ sec cm^{-3} und $(\alpha_1/\alpha_2) = 1{,}11$ berechnet. Außerdem sind Meßwerte für den Selbstdiffusionskoeffizienten D der Protonen in diesen Lösungen mit angegeben. Aus der Größe $(N/\alpha_1\ m)$ erhält man, wenn man $b_{pI} = 2{,}72 \times 10^{-8}$ cm, $m = 6$ und $\mu_{\text{eff}} = 3{,}1 \cdot 9{,}27 \cdot 10^{-21}$ Gauß cm^3 annimmt,

$$\left[1 + 8{,}7 \cdot 10^{-14}\left(\frac{A_{pI}}{h}\right)^2\right]\tau_s = 2{,}9 \cdot 10^{-12},$$

d. h. mit $(A_{pI}/h) \lesssim 10^6$ [1] ergibt sich $\tau_s \approx 2{,}9 \cdot 10^{-12}$ sec. Die Temperaturabhängigkeit der Relaxationszeit wird also in dem Falle tatsächlich, wie Hausser und Laukien [16] vermuteten, nicht durch die von τ_r^{-1} und τ_η^{-1}, die beide mit der Temperatur stark anwachsen, sondern durch die von τ_s^{-1} gegeben. Abb. 3 zeigt in Übereinstimmung hiermit eine andere Temperaturabhängigkeit von $T_1 \approx T_2$ und dem Selbstdiffusionskoeffizienten D der Protonen.

Fall 2: Paramagnetische Ionen, für die $\left(\gamma_s H_0 \frac{\tau_s \tau_\eta}{\tau_s + \tau_\eta}\right)^2 \gg 1$ ist. Es ergibt sich

$$\frac{1}{T_1} \approx \frac{1}{T_0} + \alpha_1\left(\frac{m N_I}{N}\right), \tag{20}$$

$$\frac{1}{T_2} \approx \frac{1}{T_0} + \alpha_2\left(\frac{m N_I}{N}\right), \tag{21}$$

also wieder eine lineare Abhängigkeit von der Konzentration, aber $T_1 \neq T_2$. Für die Koeffizienten α_1 und α_2 erhält man

$$\begin{aligned}\alpha_1 &= \frac{1}{T_{1\,\mathrm{HIR}}} + \frac{1}{T_{\mathrm{HIS}}}\\ &= \frac{2}{5}\frac{\gamma^2 \mu_{\text{eff}}^2}{b_{pI}^6}\left[\tau_c + \frac{7/3}{1 + \gamma_s^2 H_0^2 \tau_c^2}\tau_c + \frac{20\,\pi^2\, b_{pI}^6}{3\,\gamma^2 \gamma_s^2\, \hbar^2}\left(\frac{A_{pI}}{h}\right)^2 \frac{\tau_s \tau_\eta}{\tau_s + \tau_\eta}\left(\gamma_s H_0 \frac{\tau_s \tau_\eta}{\tau_s + \tau_\eta}\right)^{-2}\right],\end{aligned} \tag{22}$$

$$\begin{aligned}\alpha_2 &= \frac{1}{T_{2\,\mathrm{HIR}}} + \frac{1}{T_{2\,\mathrm{HIS}}}\\ &= \frac{7}{6}\cdot\frac{2}{5}\frac{\gamma^2 \mu_{\text{eff}}^2}{b_{pI}^6}\left[\tau_c + \frac{13/7}{1 + \gamma_s^2 H_0^2 \tau_c^2}\tau_c + \frac{20\,\pi^2\, b_{pI}^6}{7\,\gamma^2 \gamma_s^2\, \hbar^2}\left(\frac{A_{pI}}{h}\right)^2 \frac{\tau_s \tau_\eta}{\tau_s + \tau_\eta}\right]\end{aligned} \tag{23}$$

mit

$$\tau_c = \frac{\tau_s \tau_r}{\tau_s + \tau_r}, \quad \tau_r = \frac{4\,\pi}{3}\,\frac{\eta\, f_{rH}\, a_H^3}{k\,T}. \tag{24}$$

Abb. 4 zeigt T_1 und T_2 in wäßrigen Lösungen von Mangansulfat bei 16,5 MHz und 25° C.

Die ausgezogenen Kurven wurden mit $T_{10} = 2{,}7$ sec, $T_{20} = 2$ sec, $(N/\alpha_1 m) = 0{,}57 \times 10^{17}$ sec cm^{-3} und $(\alpha_2/\alpha_1) = 3{,}7$ berechnet. Außerdem sind Meßwerte für den Selbstdiffusionskoeffizienten D der Protonen in diesen Lösungen angegeben. Der Anstieg von D bei höheren Konzentrationen ist dabei unsicher, da die Meßungenauigkeit mit abnehmendem T_2 wächst [5].

Da sich Mn^{2+} im S-Zustand befindet, μ_{eff} also gleich dem aus der statischen Suszeptibilität berechneten Wert sein muß ($\mu_{\text{eff}} = 5{,}9 \cdot 9{,}27 \cdot 10^{-21}$ Gauß cm³) und τ_s durch Messungen des Overhausereffektes bekannt ist [18], bleiben m, f_{rH}, (A_{pI}/h) und τ_η als Unbekannte. Vernachlässigt man den dritten Term im Aus-

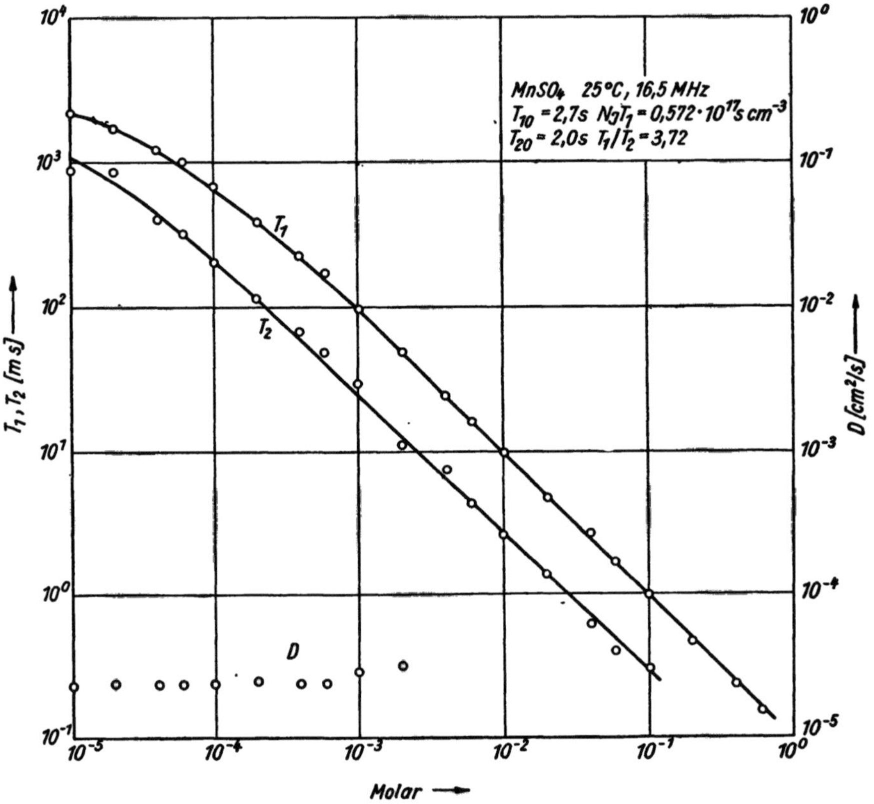

Abb. 4. Longitudinale Relaxationszeit T_1, transversale Relaxationszeit T_2 und Selbstdiffusionskoeffizient D der Protonen in wäßrigen Lösungen von Mangansulfat als Funktion der Konzentration bei 25° C und 16,5 MHz. T_{10} und T_{20} ergeben sich aus dem gezeichneten Kurvenverlauf und stellen die Relaxationszeiten für reines Wasser mit einem normalen Gehalt an gelöstem Sauerstoff dar. (Der Anstieg des Selbstdiffusionskoeffizienten bei höheren Konzentrationen ist unsicher.)

druck für α_1 (s. u.), so erhält man T_1 als Funktion von m und f_{rH}. Die in Abb. 5 ausgezogene Kurve stellt die nach den Gln. (20), (22) und (24) mit $b_{pI} = 2{,}84 \times 10^{-8}$cm [1]), $a_H = 3{,}7 \times 10^{-8}$ cm [1]), $m = 6$ und $f_{rH} = 1$ berechnete longitudinale Relaxationszeit dar. D. h. es ergibt sich, da der Meßfehler bei etwa 5% liegt, daß die Hydratationszahl m näherungsweise temperaturunabhängig und gleich 6

---

[1]) Dabei wurde der Goldschmidtsche Wert für den Ionenradius ($0{,}9 \cdot 10^{-8}$ cm) verwendet.

ist, wenn man den Mikroreibungsfaktor der Rotation f_{rH} des hydratisierten Manganions Eins setzt.

Ob die Hydratationszahl m und der Mikroreibungsfaktor der Rotation f_{rH} des hydratisierten Manganions tatsächlich temperaturunabhängig sind, müssen weitere Untersuchungen zeigen, wobei vor allem die Feldstärkeabhängigkeit der

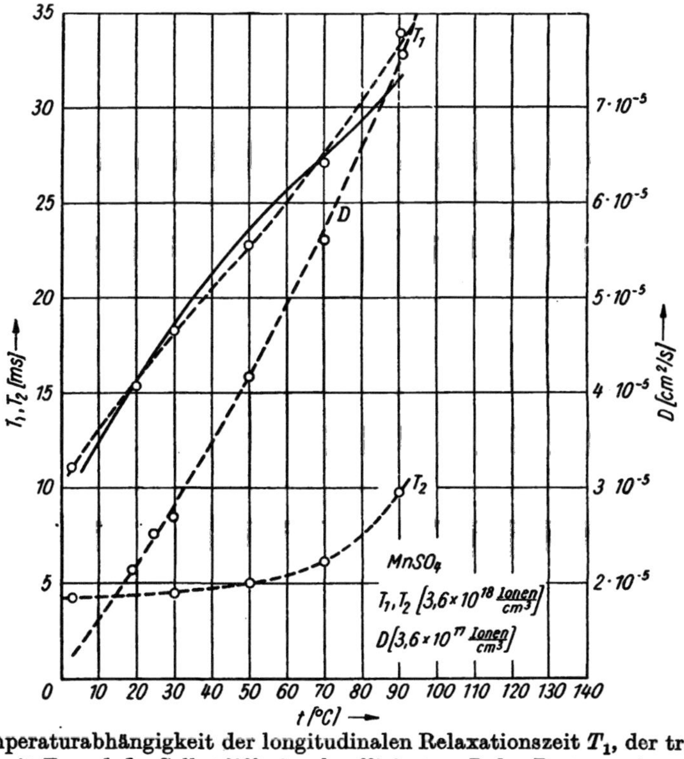

Abb. 5. Temperaturabhängigkeit der longitudinalen Relaxationszeit T_1, der transversalen Relaxationszeit T_2 und des Selbstdiffusionskoeffizienten D der Protonen in wäßrigen Lösungen von Mangansulfat. Die ausgezogene Kurve stellt die nach den Gln. (20), (22) und (24) mit $m = 6$ und $f_{rH} = 1$ berechnete longitudinale Relaxationszeit dar.

Funktion $T_1(T)$ (vgl. z. B. [21]) wichtige Rückschlüsse gestatten wird, da m nicht, wohl aber f_{rH} mit der Feldstärke H_0 (Gln. (20) und (22)) multipliziert auftritt.[1]) Solange die Temperaturabhängigkeiten von m und f_{rH} noch nicht eindeutig geklärt sind, werden Messungen von τ_η aus der Temperaturabhängigkeit der transversalen Relaxationszeit [21] nur als Abschätzungen zu werten sein.

Nimmt man an, daß für niedrige Temperaturen $\tau_s \gg \tau_\eta$ ist [2]) und extrapoliert die von CODRINGTON und BLOEMBERGEN gemessenen Werte für τ_s [18], so ergibt

[1]) Eine derartige Auswertung durch Vergleich mit Messungen der Temperaturabhängigkeit von T_1 bei 4 MHz zeigt, daß f_{rH} und damit auch die Größe m/b_{pI}^6 temperaturabhängig ist. Vgl. H. PFEIFER, 9. Colloque Ampere, Pisa 1960.

[2]) τ_s nimmt im Temperaturbereich von 15° C bis 90° C linear zu [18] im Gegensatz zur Vermutung von HAUSSER und LAUKIEN [16], die aus der Temperaturabhängigkeit der Relaxationszeiten auf eine Abnahme von τ_s mit wachsender Temperatur schlossen.

sich $(A_{pI}/h) = 8{,}6 \times 10^5$ Hz unter der Annahme $m = 6$ in Übereinstimmung mit früheren Untersuchungen [19], [20]. Damit ist auch die Vernachlässigung des dritten Terms in der Gleichung für α_1 (Gl. (22)) berechtigt.

Literatur

[1] Bloembergen, N., J. Chem. Phys. **27**, 572—573 (1957).
[2] Solomon, I., Phys. Rev. **99**, 559—565 (1955).
[3] vgl. z. B. Pfeifer, H., Elektronisches Rauschen, Teil I, B. G. Teubner, Leipzig 1959.
[4] Spernol, A. u. Wirtz, K., Z. Naturforschung 8 **a**, 522—532 (1953).
Gierer, A. u. Wirtz, K., Z. Naturforschung 8 **a**, 532—538 (1953).
[5] Pfeifer, H., Möglichkeiten der Spin-Echo-Methoden, Tagungsbericht „Hochfrequenzspektroskopie", Akademie-Verlag, Berlin 1961, S. 30.
[6] Solomon, I. u. Bloembergsen, N., J. Chem. Phys. **25**, 261—266 (1956).
[7] Simpson, J. H. u. Carr, H. Y., Phys. Rev. **111**, 1201—1202 (1958).
[8] Eigen, M. u. de Maeyer, L., Proc. Roy. Soc. **247**, 505—533 (1958).
[9] Skrozki, G. W. u. Kokin, A. A., Zs. exp. u. theor. Phys. (russ.) **36**, 481—487 (1959).
[10] Kubo, R. u. Tomita, K., J. Phys. Soc. Jap. **9**, 888—919 (1954).
[11] Bloembergen, N., Thesis, Leiden 1948.
[12] Meiboom, S., Z. Luz., D. Gill, J. Chem. Phys. **27**, 1411—1412 (1957).
[13] Solomon, I., J. Phys. et le Rad. **20**, 786 (1959).
[14] Torrey, H. C., Phys. Rev. **92**, 962—969 (1953).
[15] Zimmermann, J. R. u. Brittin, W. E., J. Phys. Chem. **61**, 1328—1333 (1957).
[16] Hausser, R. u. Laukien, G., Zs. f. Phys. **153**, 394—411 (1959).
[17] Pfeifer, H., Winkler, H. u. Ebert, G., Ann. d. Phys. **20**, 322—330 (1957).
[18] Codrington, R. S. u. Bloembergen, N., J. Chem. Phys. **29**, 600—604 (1958).
[19] Morgan, L. O. u. Nolle, A. W., J. Chem. Phys. **31**, 365—368 (1959).
[20] Yoshioka, H. u. Fujita, T., J. Phys. Soc. Jap. **14**, 1717—1724 (1959).
[21] Bernheim, R. A., Brown, T. H., Gutowsky, H. S. u. Woessner, D. E., J. Chem. Phys. **30**, 950—956 (1959).

Physikalisches Institut der Karl-Marx-Universität Leipzig

Bemerkungen zu den kernparamagnetischen Relaxationszeiten von Wasser, das von Aluminiumoxyd sorbiert ist

von H. Winkler, Leipzig

Unter Bezugnahme auf eine kurze Mitteilung auf dem 8. Colloque Ampère (H. Winkler, 8e Coll. Ampère, Arch. d. Sciences 12, 161—163 (1959)) wird über weitere Messungen der longitudinalen und der transversalen Protonenrelaxationszeit am System Wasser—Aluminiumoxyd als Funktion des Wassergehalts berichtet. Bei entsprechend großem Wassergehalt zeigt T_2 zweiphasiges, T_1 dagegen annähernd einphasiges Verhalten. Auch diesmal rührt T_1 offenbar von paramagnetischen Verunreinigungen des Adsorbens (Eisen) her. Die durch die Spin-Gitter-Relaxationszeit der paramagnetischen Ionen bedingte Korrelationszeit wird abgeschätzt. — Eine ausführliche Veröffentlichung ist in Vorbereitung.

Physikalisches Institut der Karl-Marx-Universität Leipzig

Bestimmung der Diffusionsgeschwindigkeit von Sauerstoff in Flüssigkeiten mit Hilfe der magnetischen Kernresonanz

von M. PETTIG und E. STEINBEISS, Jena

Die Größe der Spin-Gitter-Relaxationszeit T_1 einer Flüssigkeit hängt bekanntlich stark von der Konzentration paramagnetischer Beimengungen ab. Diese Abhängigkeit wird beschrieben durch die Gleichung

$$\frac{1}{T_1} = \frac{1}{T_1'} + 12\pi^2 \gamma^2 \mu_{\text{eff}}^2 N \frac{\eta}{k T} . \quad (1)$$

Es bedeuten: T_1 die Spin-Gitter-Relaxationszeit der Lösung, T_1' die der reinen Flüssigkeit, γ das gyromagnetische Verhältnis, μ_{eff} das wirksame magnetische Moment der gelösten Moleküle, N deren Zahl pro Kubikzentimeter, η die Zähigkeit der Flüssigkeit, T ihre absolute Temperatur und k die BOLTZMANN-Konstante.

T_1-Messungen ermöglichen also die Bestimmung von Konzentrationsänderungen gelöster paramagnetischer Gase und bei bekanntem μ_{eff} auch Absolutbestimmungen der Konzentration. Dieser Sachverhalt wurde für ein Meßverfahren zur Bestimmung der Diffusionskonstanten von Sauerstoff in Flüssigkeiten ausgenutzt, indem die T_1-Änderung als Maß für die Konzentrationsänderung in Abhängigkeit von der Diffusionszeit gemessen wurde.

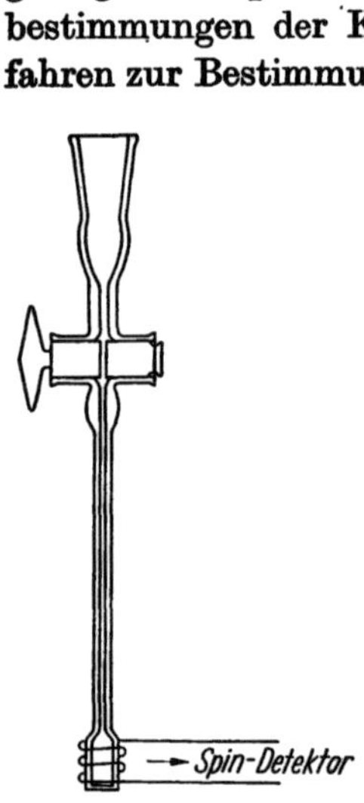

Abb. 1. Diffusionsgefäß.

Der Diffusionsvorgang fand in einem Gefäß statt, dessen Form Abb. 1 schematisch wiedergibt. Die eigentliche Diffusionsstrecke besteht aus einer etwa 9 cm langen Kapillare mit einem Querschnitt von 1,6 mm². Am oberen Ende kann die Kapillare durch einen Hahn verschlossen werden, während sie sich auf der anderen Seite auf einer Länge von etwa 1 cm auf einen Durchmesser von ca. 5 mm erweitert. Dieser Gefäßteil wird für die Messung der Relaxationszeit — wie in der Zeichnung angedeutet — in die Nachweisspule der Kernresonanz-Apparatur gesteckt.

Der geringe Querschnitt der Diffusionsstrecke verhindert nach STEFAN (zitiert bei CARLSON [1]) Strömungen, die den Diffusionsvorgang erheblich stören würden. Um aber trotz diesem kleinen Querschnitt eine für ein gutes Signal-Rausch-Verhältnis genügende Substanzmenge innerhalb der Nachweisspule zu erhalten, wurde das erweiterte Meßvolumen angeschlossen. Vor der Relaxationszeit-Messung wurde jeweils nach Schließen des Hahns durch eine künstliche Durchmischung eine im ganzen Flüssigkeitsvolumen gleiche mittlere Konzentration hergestellt. Dieses Vorgehen besitzt zugleich den Vorteil, daß irgendwelche Erschütterungen, die ungewollte Durchmischungen hervorrufen würden, keine Rolle spielen.

Vor Beginn des Experiments wurde die Flüssigkeit durch Destillation unter Luftabschluß weitgehend von dem bereits gelösten Sauerstoff befreit. Hierzu wurde das Diffusionsgefäß mit Hilfe des oberhalb des Hahnes angebrachten Schliffes unmittelbar an die Destillationsapparatur angeschlossen.

Um zu vermeiden, daß sich während des Diffusionsvorgangs die Flüssigkeitsmenge durch Verdunstung ändert, wurde das Diffusionsgefäß während dieser Zeit in einem großen Gefäß, in dem sich neben dem gesättigten Dampf der Flüssigkeit auch Sauerstoff mit dem gleichen Partialdruck wie an der freien Atmosphäre befand, untergebracht.

Die Diffusionszeit wurde so gewählt, daß die Diffusionsfront noch nicht das erweiterte Meßvolumen erreichte. Auf diese Weise konnte erstens für die Berechnung der Diffusions-Konstanten ein konstanter Querschnitt auf der ganzen Diffusionsstrecke zu Grunde gelegt werden, zweitens konnte in diesem Fall aber auch die Diffusionsstrecke als unendlich lang angesehen werden. Unter dieser Bedingung ergibt sich eine leicht übersehbare Lösung der Diffusionsgleichung.

Mit der Festlegung, daß die Flüssigkeitsoberfläche an der Stelle $z = 0$ liegt, und mit der Randbedingung $N(0, t) = N_s = \text{const}$ lautet diese Lösung

$$N(z, t) = (N_s - N_0)\left[1 - \Phi\left(\frac{z}{2\sqrt{D t}}\right)\right]. \qquad (2)$$

Bezeichnungen: $N(z, t)$ Konzentration an der Stelle z nach der Zeit t, N_s Sättigungskonzentration, N_0 O_2-Konzentration vor Beginn des Diffusionsexperimentes, D Diffusionskonstante, $\Phi(x)$ Gaussches Fehlerintegtal.

Die Gesamtzahl der während der Zeit t_1 in die Flüssigkeit hineindiffundierten O_2-Moleküle erhält man daraus durch Integration zu

$$n_1 = 2\,q\,(N_s - N_0)\sqrt{\frac{D t_1}{\pi}}\,, \qquad (3)$$

wobei q den Querschnitt der Diffusionsstrecke bedeutet. Durchmischt man jetzt das gesamte Flüssigkeitvolumen der Größe V, so ergibt sich eine Konzentration

$$N_1 = \frac{n_1}{V} + N_0\,. \qquad (4)$$

Dieser Konzentration entspricht eine Spin-Gitter-Relaxationszeit $T_{1,1}$, so daß mit Hilfe einer Messung dieser Größe bereits die Diffusionskonstante berechnet werden könnte.

Ist die durch den Diffusionsvorgang verursachte Verkleinerung der Relaxationszeit nur gering, so kann zur Erhöhung der Meßgenauigkeit ein zweiter Diffusionsprozeß angeschlossen werden. In diesem Fall mißt man dann nicht $T_{1,1}$, sondern bestimmt erst die Relaxationszeit $T_{1,2}$ nach diesem Vorgang der Dauer t_2. $T_{1,2}$ entspricht dann der Konzentration

$$N_2 = \frac{n_2}{V} + N_1\,, \qquad (5)$$

wobei n_2 die Zahl der während der Zeit t_2 in die Flüssigkeit diffundierten O_2-Moleküle bedeutet. Wir erhielten so nach einer Gesamtdiffusionszeit $(t_1 + t_2)$ in der Größenordnung 10 Stunden eine Konzentration N_2 von etwa $5 \cdot 10^{17}/\mathrm{cm}^3$, was in Äthyläther einer gut meßbaren Relaxationszeit-Verkürzung von 10 sec auf 7,9 sec entsprach.

Die Zahl n_2 folgt aus einer der Gl. (3) entsprechenden Beziehung, wobei jedoch die Anfangskonzentration durch N_1 gegeben ist. Insgesamt ergibt sich auf diese Weise unter Berücksichtigung von Gl. (1) die Beziehung

$$\frac{V(N_2 - N_0)}{2q(N_s - N_0)} = \frac{V}{2q}\,\frac{T_{1,s}(T_{1,0} - T_{1,2})}{T_{1,2}(T_{1,0} - T_{1,s})} = \frac{1}{\sqrt{\pi}}\left[\sqrt{D t_1} + \sqrt{D t_2}\left(1 - \frac{2q}{V}\sqrt{D t_1}\right)\right], \quad (6)$$

aus der sich die Diffusionskonstante berechnen läßt. Hierin bezeichnen $T_{1,s}$ die der Sättigungskonzentration N_s und $T_{1,0}$ die der Anfangskonzentration N_0 entsprechenden Relaxationszeiten.

Zum Nachweis der Kernresonanz wurde eine BLOCHsche Kreuzspulenanordnung verwendet. Für die Messung der Größe T_1 wurde das von GIULOTTO und Mitarbeitern angegebene Verfahren [2] gewählt, so daß auf die Einhaltung der für den schnellen adiabatischen Resonanzdurchgang geltenden Bedingungen geachtet werden mußte. Zur Feldmodulation wurde abweichend von der GIULOTTOschen Anordnung ein rein elektronisches Gerät entwickelt, das eine Trapezspannung liefert und sowohl die Steilheit der Trapezflanken und damit die Resonanzdurchgangszeit als auch den Abstand zwischen zwei Resonanzdurchgängen leicht unabhängig voneinander zu regeln gestattet. Aus der Messung der Signalamplituden bei zwei verschiedenen Modulationsfrequenzen läßt sich dann in bekannter Weise T_1 bestimmen.

Für die Diffusionskonstante von O_2 in Äthyläther ergab sich so der Wert $4\mathrm{cm}^2/$Tag, der mit theoretischen Abschätzungen übereinstimmt. Ein anderer experimenteller Wert ist uns aus der Literatur nicht bekannt.

Abschließend kann gesagt werden, daß das beschriebene Verfahren den Vorteil besitzt, daß die Flüssigkeit durch die Messung keine chemischen oder sonstigen Veränderungen erfährt. Außerdem werden nur geringe Substanzmengen benötigt; wir haben etwa 0,25 cm^3 verwendet und konnten noch 10^{17} Sauerstoffmoleküle nachweisen. Die Diffusionszeiten können gegenüber Methoden mit einem chemischen Nachweis der Konzentrationsänderung unter vergleichbaren Bedingungen etwa um den Faktor 10 verkürzt werden. All diese Vorteile können bei der Untersuchung biologischer Vorgänge von Bedeutung sein.

Literatur

[1] CARLSON, C., Journ. Amer. Chem. Soc. **33**, 1027 (1911).
[2] CHIAROTTI, G., CRISTIANI, G., GIULOTTO, L., u. LANZI, G. Il Nouvo Cimento **12**, 519 (1954).

Physikalisches Institut der Friedrich-Schiller-Universität Jena
(Direktor: Prof. Dr. W. Schütz)

Proton spin-lattice relaxation times in very dilute aqueous solutions of Ni^{++} and Mn^{++} ions

by J. W. Hennel, K. Krynicki, T. Waluga and G. Zapalski, Krakow

Abstract: Proton magnetic spin-lattice relaxation time T_1 in air-free aqueous solutions in the Ni^{++} concentration range between 2×10^{16} and 2×10^{18} ions/cm³ was measured. For Ni^{++} and Mn^{++} ions, the dependence of $^1/T_1$ on the concentration throughout the temperature range of 10—90° C was shown to be linear. A simple method was developed for obtaining air-free samples of aqueous solutions.

(Ausführliche Veröffentlichung erfolgt in „Acta Physica Polonica“.)

Polish academy of sciences, Institute of nuclear research,
Cracow centre of nuclear physics

The study of polymeric materials by nuclear magnetic resonance

by J. G. Powles, London

Summary: The paper discussed the contribution of nuclear magnetic resonance spectroscopy to the study of physical properties of polymers. It was pointed out that the present time is a suitable one for a review of this field since a new stage is just beginning. The general behaviour of many polymers is known and a reasonably satisfactory interpretation is available. More detailed work is now being undertaken which is showing that the n. m. r. method is more sensitive to the precise structure and state of the material than at first appeared likely.

The theories of nuclear resonance relaxation are found to be inadequate in many respects for the interpretation of polymers in contrast with the case for small molecule materials. The modifications required were discussed including particularly the adaption of the basic theory to more complex thermal motions and to multiple interactions between nuclei. This was illustrated for a number of polymers including some new results on the dimethyl siloxanes where the effects are rather striking.

It was pointed out that a large number of effects in polymers could be studied through the n. m. r. parameters. Perhaps the most fruitful to date has been the information about the complex thermal agitation motions of the polymer chains. Examples were given of the close correlation between the motional data obtained from n. m. r. and from mechanical and dielectric relaxation measurements.

Other topics were discussed and examples were shown as follows. The determination of crystallinity. Anisotropy effects in fibre forming polymers and stretched rubber. The effects of irradiation by electrons, neutrons or gamma rays in affecting the signals mainly by changing the molecular mobility and the crystallinity. The various effects of impurities such as water in nylon both in pyhsical and chemical association with the polymer. The effect of stereospecificity on the high resolution spectra of polymers in solution and in particular in polymethyl methacrylate where it has been shown that even this 'amorphous' polymer may show stereospecific effects and hence be locally crystalline. Similar measurements throw light on the polymerisation process. Various more practical investigations were also discussed as for instance the possible use of the irradiation effect in n. m. r. as a radiation dosemeter.

This lecture was based on an extensive review which is to appear in 'Polymer' for June 1960.

Physics Department, Queen Mary College, University of London

Kerninduktionsuntersuchungen an bestrahlten Kunststoffen

von S. PRZYBOROWSKI, Leipzig

Bei der Untersuchung von Hochpolymeren mit den Methoden der Kernresonanz arbeitet man mit differentieller Abtastung. Um eine große Empfindlichkeit und eine formgetreue Wiedergabe des Signals zu erreichen, hält man die Größe der Modulationsamplitude unter der halben Linienbreite der schmalsten im Signal vorkommenden Komponente. Dabei wird aber bei einigen Hochpolymeren die

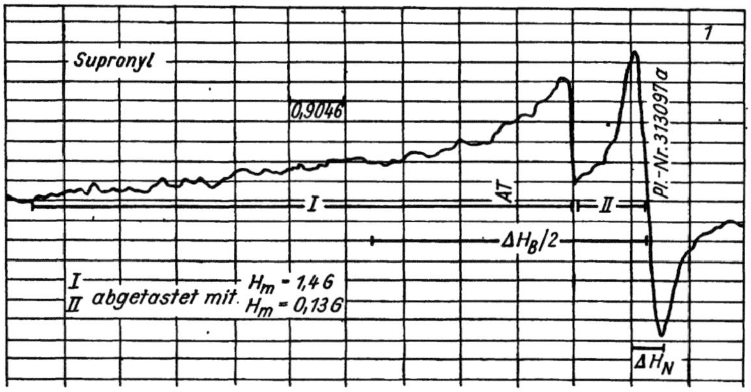

Abb. 1

Intensität der breiten Komponente so gering, daß sie im Rauschen untergeht. Um trotzdem die Linie mit ihrem breiten und schmalen Anteil zu erhalten, wurde wie folgt verfahren:

Man tastet die schmale Komponente mit einer Modulationsamplitude ab, die kleiner als deren halbe Linienbreite ist; dann schaltet man auf eine größere Modulationsamplitude um, die allerdings kleiner als die halbe Linienbreite der breiten Komponente sein muß, und tastet damit die breite Komponente ab. Das bedeutet, daß wir jetzt die formgetreue Wiedergabe der breiten sowie der schmalen Komponente haben (s. Abb. 1). Um aber die so aufgenommene Kurve wirklich zur Momentbestimmung heranziehen zu können, müssen wir sie in eine einheitliche Kurve überführen. Dazu sei an folgendes erinnert: LIPPMANN berechnete nach einem von BARTLETT für die Berechnung von Modulationsprodukten vorgeschlagenen Verfahren die Signalspannung:

$$U_S = H_m \varphi'(H) \cos \omega_m t + \left\{\frac{1}{8} H^3 \varphi'''(H_m) + \dots \right) \cos \omega_m t \Big\},$$

$$H_m = \text{Modulationsamplitide}, \quad \omega_m = \text{Modulationsfrequenz}.$$

Setzen wir zur Abschätzung für $\varphi(H)$ eine Gausskurve und für die Modulationsamplitude $H_m = 1/2\, \Delta H$ ein, so ergibt sich, daß wir das 2. Glied innerhalb der Fehlergrenzen der Momentbestimmung vernachlässigen können. Wir erhalten in 1. Näherung $U_S = \bar{c}\, H_m \varphi'(H)$ und damit für das differenzierte Signal $g'(H) = c\, H_m\, \varphi(H)$. Die Amplitude des differenzierten Signals ist also in 1. Näherung der Modulationsamplitude direkt proportional. Diese Tatsache haben wir experimentell an Hand der Adsorptionslinien von Perlon und Polystyrol nachgeprüft, innerhalb der Fehlergrenzen wurde sie durch das Experiment bestätigt.

Wir erhalten demnach eine „einheitliche" Kurve, wenn wir den mit geringerer Modulationsamplitude abgetasteten Teil mit dem Verhältnis der Modulationsamplituden multiplizieren:

$$g'(H) = g'_B(H) + g'_N(H) = c\, \{\varphi'_B(H) + \varphi'_N(H)\}\, H_{mB} =$$

$$= c \left\{\varphi'_B(H)\, H_{mB} + \varphi'_N(H) \cdot H_{mN} \frac{H_{mB}}{H_{mN}}\right\}.$$

Dieses spezielle Abtastverfahren wandten wir unter anderem auch bei der Untersuchung von Hochpolymeren an, die wir mit hochenergetischen Teilchen bestrahlt

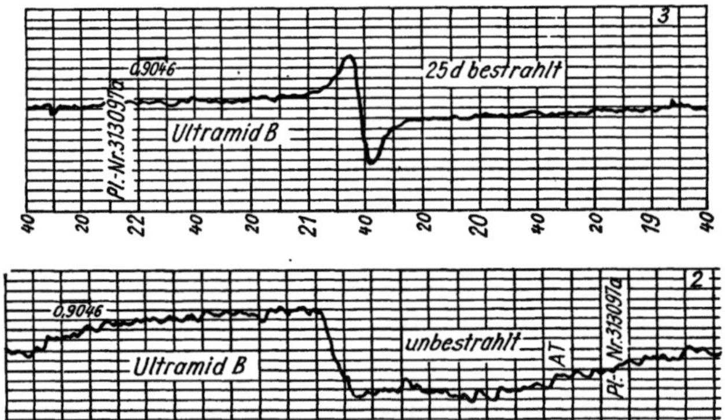

Abb. 2

hatten. Aus dem Vergleich der Bestrahlungseffekte zwischen intensiver und schwacher Strahlung und aus dem Vergleich der Effekte bei den verschiedenen Stoffen lassen sich allgemeine Schlüsse ziehen, die im folgenden an Hand einiger charakteristischer Beispiele gezeigt seien.

Die Strahlenwirkung auf Hochpolymere ist nicht nur von der absorbierten Dosis, sondern entscheidend von der Intensität der Strahlung abhängig. So werden Polymere, die als „vernetzend" bekannt sind, unter dem Einfluß schwacher Strahlung abgebaut.

Die Abbildung 2 zeigt das Ultramid B, das 25 Tage der β-Strahlung eines 10 mC Sr-90-Präparates ausgesetzt war. Die Abnahme der breiten und das Herauswachsen der schmalen Komponente weisen auf die Reduktion der starren Phase zugunsten des beweglichen Anteils hin. Diese erhöhte innere Beweglichkeit läßt das Freiwerden von Rotationsfreiheitsgraden durch auftretende Hauptkettenspaltung vermuten.

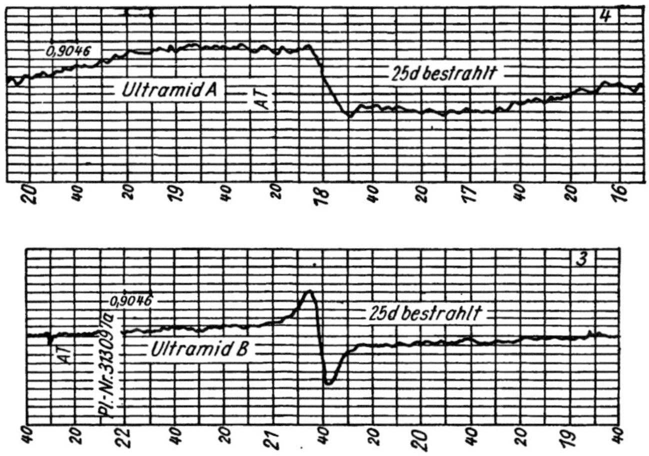

Abb. 3

Die Abbildungs 3 demonstriert die unterschiedliche Größe des Effektes bei den Ultramiden A und B, die die gleiche Zeit der gleichen Strahlung ausgesetzt waren. Der größere Effekt bei dem monomerenhaltigen Ultramid B zeigt, daß der Verschmälerungseffekt der Strahlung geringer Intensität auf die Resonanzlinie um so stärker ist, je mehr Bestandteile niedrigeren Polymerisationsgrades der Stoff ursprünglich enthält. Diesen Schluß legen auch andere Beobachtungen nahe.

Bei intensiver Strahlung tritt dann bei „vernetzenden" Stoffen neben dem Abbau Vernetzung auf, die mit der Erhöhung der Dosis zunimmt.

Abb. 4 zeigt die Protonenresonanz von Ultramid B, das mit Neutronen aus dem Reaktor bestrahlt wurde. Zu Beginn dominiert die Spaltungsreaktion und führt zu einer Reduktion im 2. Moment. Bei der Erhöhung der Dosis wird der Effekt der Vernetzung gerade so groß, daß er dem weiteren Abbau entgegenwirkt und so die Konstanz des 2. Momentes über den Dosisbereich von 1 Größenordnung bedingt. Bei noch höherer Dosis schließlich wird die Vernetzung zur vorherrschenden Reaktion. Höchstwahrscheinlich werden auch die ursprünglich vorhandenen monomeren Anteile mit in den Vernetzungsmechanismus einbezogen, denn die bei unbestrahltem Ultramid B vorhandene schmale Komponente ist nach 10 h Bestrahlung fast völlig verschwunden.

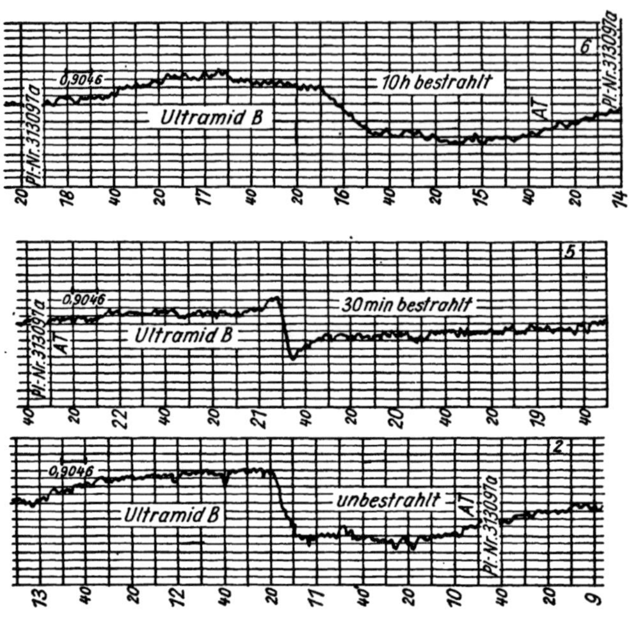

Abb. 4

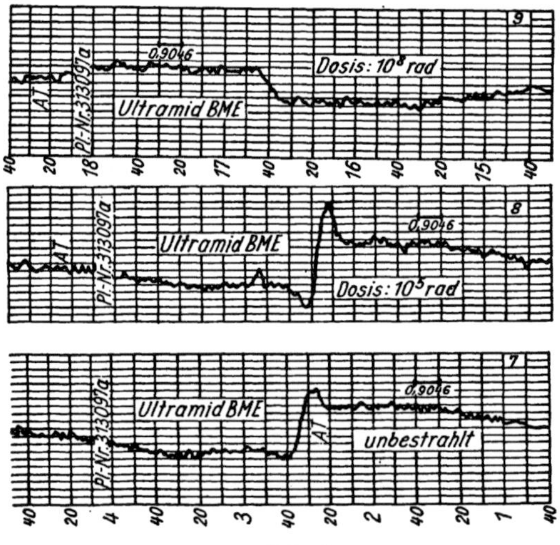

Abb. 5

Als weiteres Beispiel zeigt Abb. 5 das mit Protonen bestrahlte Ultramid BME. Die verschiedenen Dosen wurden in annähernd der gleichen Zeit erreicht, also beträgt der Intensitätsunterschied 3 Größenordnungen. Wir finden bei der geringen Intensität eine Verringerung der breiten Komponente zugunsten der schmalen. Es wird also eine Spaltung der Hauptketten stattfinden. Unsicher ist, inwieweit bei dieser Dosis schon Vernetzung vorhanden ist. Bei der Bestrahlung mit hoher Intensität verschwindet die bewegliche Komponente zum größten Teil, d. h. auch hier schränkt die Vernetzung die Bewegungsfreiheitsgrade stark ein.

Es ist zu erwähnen, daß die Dosis, bei der die Vernetzungsreaktion überwiegt, um so niedriger ist, je intensiver die Strahlung. Ferner sei darauf hingewiesen, daß beim Vergleich verschiedener Proben Vorsicht geboten ist, denn schon geringfügige Zusätze an Füllmitteln, Weichmachern uws. beeinflussen die Bestrahlungseffekte entscheidend.

Zusammenhänge zwischen den auftretenden Farbänderungen und den Veränderungen der Absorptionssignale konnten wir bei unseren Untersuchungen nicht feststellen. Die mit der Kerninduktionsmethode beobachteten Strukturänderungen sind permanent, sie wurden durch thermische Anregung nicht zurückgebildet.

Die folgende Tabelle bringt eine Zusammenstellung über die untersuchten Stoffe. Es ist jeweils die vorherrschende Reaktion (Abbau oder Vernetzung) bei der jeweiligen Strahlenart mit der entsprechenden Dosisleistung angegeben.

Strahlenart	$\gamma_{\text{Präp.}}$	$\beta_{\text{Präp.}}$	p	γ_R	n	p	e
Dosisleistung $\left[\frac{\text{rad}}{\text{min}}\right]$	10^1	10^2	$3 \cdot 10^3$	$3 \cdot 10^6$	$2 \cdot 10^6$	$6 \cdot 10^3$	$6 \cdot 10^6$
Ultramid A	*s*	*s*		—*c*	—*c*		
Ultramid B	*s*	*s*		*s*, *c*	*s* → *c*		
Ultramid AE BME			*s*			*c*	
Supronyl							*c*
Polyäthylen							*s* → *c*
Polymethylmethacrylat	—		—	*c* (gering)	*c* (gering)	—	
Naturkautschuk				*c*	*c*		
Polystyrol			—	—	—	—	
Polyäthylenterephthalat	—						—
PVC			*s*	*s*	*c*	*s*	
Cellulose							*s*

s = scisson (Abbau); *c* = crosslinking (Vernetzung)
— = kein meßbarer Effekt; → = Übergang zu höherer Dosis
—*c* = Vernetzung, aber keine Änderung der Resonanzlinie

Herrn Prof. Dr. Lösche danke ich für die Anregung und Unterstützung dieser Arbeit.

Außerdem möchte ich Herrn Dr. Thurn von der BASF Ludwigshafen für die zur Verfügung gestellten Kunststoffe danken, ebenso danke ich den Mitarbeitern des ZfK Rossendorf für die durchgeführten Bestrahlungen.

Physikalisches Institut der Karl-Marx-Universität Leipzig

A proton magnetic resonance and infrared study of colemanite and inyoite

by R. Blinc, S. Maričić and M. Pintar, Zagreb

Abstract: Colemanite and inyoite belong to a series of minerals of general composition $2\,CaO \cdot 3\,B_2O_3 \cdot x\,H_2O$ with $x = 5$ and 13 resp. Both NMR and IR spectra suggest that these compounds are not simple hydrates but contain hydroxyl groups. The second moment values for colemanite (at —175° C) and inyoite (at —34° C) are in good agreement with the recently proposed formulae [1], [2] $CaB_3O_4(OH)_3 \cdot H_2O$ and $CaB_3O_3(OH)_5 \cdot 4\,H_2O$ resp.

It is unlikely that in the „rigid" structure of colemanite the hydroxyl O_6 may become permanently bonded to either of the two neighbouring oxygen atoms [1]. There is strong evidence from second moment considerations that such hydrogen atoms are overwhelmingly pointing towards the oxygens (O_1) and not to the hydroxyls (O_3),

Both NMR and IR spectra are in agreement with the X-ray work [1], [2]: there is a dynamic distribution of hydrogen sites in colemanite above its ferroelectric point [3], [4], while there is no such effect in inyoite, which is not ferroelectric.

There are two transitions in the second moments vs. temperature curve for colemanite. The second moment drops at about —110° C from its „rigid" lattice value of $(19 \pm 2)\,G^2$ to $(12.0 \pm 0.4)\,G^2$. It finally changes above T_c to $(9.7 \pm 1.0)\,G^2$.

The possible mechanism of molecular motion underlying this double transition in colemanite is discussed. (The full account of this work is shortly to appear in Croat. Chem. Acta.)

References

[1] Christ, C. L., Clark, J. R. a. Evans, H. T., Jr., Acta Cryst **11**, 761 (1958).
[2] Clark, Joan R., Acta Cryst. **12**, 162 (1959).
[3] Wieder, H. H., J. Appl. Phys. **30**, 1010 (1959).
[4] Holuj, F. a. Petch, H. E., Can. J. Phys. **36**, 145 (1958).

Department of Structural and Inorganic Chemistry, Institute „Rudjer Bošković", Zagreb and Physics Department, Institute "Jožef Stefan", Ljubljana, Jugoslavija

Kernmagnetresonanzuntersuchungen und die Theorie der Ferroelektrika mit Wasserstoffbindungen

von R. Blinc und M. Pintar, Ljubljana

In neuester Zeit wurden einige neue und praktisch brauchbare Ferroelektrika entdeckt (Glycin)$_3$ H_2SO_4, (Glycin)$_3$ H_2SeO_4, (Glycin)$_3$ H_2BeF_4, NaH_3 $(SeO_3)_2$, LiH_3 $(SeO_3)_2$. Es entsteht die Frage nach der Natur der ferroelektrischen Prozesse in diesen Kristallen.

Die Ferroelektrizität dieser Kristalle scheint durch die Reorientierung der Protonen in den H-Brücken bedingt zu sein. Es ist bekannt, daß die H-Brücken O—H—O, N—H—O und N—H—F, bei denen die Potentialkurve der Protonen zwei Minima aufweist, elektrische Dipole mit zwei entgegengesetzten Lagen darstellen. Nach der statischen Theorie, die bis vor kurzem ausschließlich anerkannt wurde, sind die Dipole in der nichtferroelektrischen Phase statisch unregelmäßig zwischen den beiden möglichen Orientierungen aufgeteilt. Die Anordnung der Protonen ist demnach statisch, die Symmetrie des Kristalls effektiv zentralsymmetrisch. Bei der Curie-Temperatur kommt es zu einer spontanen Verschiebung und Ordnung der Protonen in den Wasserstoffbrücken. Die Dipole orientieren sich parallel. Es entsteht eine polare Achse und spontane Polarisation. Die Anordnung der Protonen ist also in der ferroelektrischen Phase auch statisch, aber effektiv unsymmetrisch.

Diese statische Theorie jedoch traf auf viele Schwierigkeiten, da sie außerstande war, für eine Reihe von experimentellen Tatsachen eine Erklärung zu finden. Beim Übergang in die ferroelektrische Phase mußten nach dieser Theorie empfindliche Verschiebungen in den OH-Valenzbänden der IR-Spektren dieser Kristalle auftreten. Im Gegensatz dazu aber zeigten die Experimente keine der erwähnten Verschiebungen.

Die Tatsache, daß in den deuterierten Kristallen eine Verschiebung des Curie-Punktes nach höheren Temperaturen auftritt, ist nach dieser Theorie noch schwerer zu erklären. Bei KH_2PO_4 zum Beispiel beträgt diese Verschiebung fast 100° C.

Die Lösung dieser Probleme für den Fall KH_2PO_4 gibt die sogenannte dynamische Theorie der Ferroelektrizität, die im Grunde eine quanten-mechanische Behandlung des Problems ist. Die Anordnung der Protonen in der nichtferroelektrischen Phase ist nach dieser Theorie dynamisch und nicht statisch. Die Protonen in den Wasserstoffbindungen bewegen sich mittels des Tunneleffektes durch die Potentialschwelle von einer Ruhelage zur anderen, was zu einer Verdopplung der Vibrationsniveaus führt. Auch beim Übergang in die ferroelektrische Phase bleibt die Bewegung der Protonen erhalten. Die beiden Potentialminima jedoch sind in der ferroelektrischen Phase nicht mehr gleich tief, was zu einer effektiven Unsymmetrie der Anordnung der Protonen und zu spontaner Polarisation führt.

Das ausschlaggebende Experiment, das die Richtigkeit der statischen oder dynamischen Theorie zeigt, ist die Messung der Protonenbewegung mittels der magnetischen Protonenresonanz. Nach der Auslegung der statischen Theorie darf es keine Protonenbewegung geben, die Kurve der Temperaturabhängigkeit der zweiten Momente darf also keinen Übergang aufweisen, oder es muß der Übergang mit der CURIE-Temperatur zusammenfallen.

Um die Richtigkeit der beiden möglichen Theorien festzustellen, haben wir mit den genannten Kristallpulvern Protonenresonanzmessungen ausgeführt.

Vorangehende Röntgen- und Neutrondiffraktionsmessungen von PEPINSKY et al. zeigten für Triglycinsulfat eine kurze Wasserstoffbrücke O—H—O (R = 2,44 Å) mit zwei Potentialminima. Messungen der Infrarotspektren desselben Kristalls in unserem Laboratorium deckten zwei OH Valenzbanden auf, was auf eine Verdopplung der Vibrationsenergieniveaus und daher auf den Tunneleffekt des Protons schließen läßt. Beim Übergang in die ferroelektrische Phase weisen die Bande keine merkbare Verschiebung auf. Bei der Deuterierung verschiebt sich der CURIE-Punkt von +47° C auf 60° C. Diese experimentellen Daten lassen auf eine Bewegung der Protonen und demnach auf die dynamische Theorie schließen.

Die Resultate der Protonenresonanzmessungen unterstützten diese Annahmen und bewiesen, daß sich die Protonen sowohl oberhalb als auch unterhalb des CURIE-Punktes bewegen.

Die Temperaturabhängigkeit der zweiten Momente zeigen nämlich sowohl im Triglycinsulfat wie auch in den isomorphen Triglycinselenat und Triglycinfluorberyllat zwei Übergänge: bei $\sim T = -100°$ C, wo sich ΔH_2^2 von ~ 30 G^2 auf ~ 12 G^2 verändert und bei T_c (47° C, 22° C und 70° C), wo die Veränderungen ungefähr 2 G^2 betragen.

Beim $LiH_3(SeO_3)_2$, das im ganzen Temperaturbereich bis zum Schmelzpunkt ferroelektrisch ist und beim $NaH_3(SeO_3)_2$, dessen CURIE-Punkt bei — 67° C liegt, ist die Kristallstruktur nicht genau bekannt. Die Infrarotspektren zeigen die Existenz kurzer Wasserstoffbindungen. Die Verdoppelung weist die Möglichkeit eines doppelten Minimums und des Tunneleffektes der Protonen auf. Protonenresonanzmessungen zeigen in beiden Fällen Übergänge und unterstützen deshalb diese Annahme.

Die Veränderungen der zweiten Momente bei den Übergängen sind klein (~ 1 G^2), eine Folge der Tatsache, daß die Amplitude der Bewegung der Protonen klein ist im Vergleich zu den Interprotondistanzen. — In allen erörterten Fällen sind Versuche mit Monokristallen im Gange. Die Bestrahlung dieser Kristalle mit ionisierenden Strahlen (Co^{60}), die beträchtliche Veränderungen in den elektrischen Eigenschaften hervorruft, verändert zwar die longitudinale Relaxationszeit T_1, die Form der Absorptionskurven aber nur in kleinem Maße. Am empfindlichsten scheint $LiH_3(SeO_3)_2$ zu sein.

Zusammenfassend dürfen wir also auf Grund der Kernresonanzmessungen sagen, daß bei den neuentdeckten Ferroelektrika Triglycinsulfat, -selenat und -fluorberyllat als auch bei $LiH_3(SeO_3)_2$ und $NaH_3(SeO_3)_2$ der Mechanismus des ferroelektrischen Prozesses dynamisch ist.

Institut „J. Stefan", Ljubljana, Jugoslawien

Kernresonanzuntersuchungen am reinen und dotierten Silberbromid

von G. SEIFERT, Berlin

Der Einfluß von Gitterstörungen auf die Kernresonanz läßt sich aus mehreren Gründen am Silberbromid besonders gut untersuchen. Da Gitterstörungen mit einer Störung des elektrischen Kristallfeldes verbunden sind, wirken sie am stärksten auf solche Kerne, die, wie die des Broms, ein großes elektrisches Quadrupolmoment besitzen. Da AgBr einen starken heteropolaren Bindungsanteil hat, kann man in ihm mit dem Auftreten großer Feldgradienten rechnen. AgBr kristallisiert im kubisch-flächenzentrierten Gitter, daher verschwinden im Idealkristall die Feldgradienten an den Kernorten, nicht jedoch im gestörten Kristall.

Beide Bromisotope haben einen Kernspin $I = 3/2$. Für die Quadrupolwechselwirkung liefert die Störungsrechnung erster Ordnung eine symmetrische, V_{zz}-proportionale Verschiebung der Satellitenlinien, während die Zentrallinie unbeeinflußt bleibt. Die Störungsrechnung zweiter Ordnung ergibt noch eine Verschiebung der Zentrallinie, für die die Rechnung

$$\Delta\omega_Q^{(2)} = -\frac{e^2 Q^2}{16\,\hbar^2\,\omega_0}\,\frac{2\,I+3}{I^2\,(2\,I-1)}\,(2\,V_{1+}\,V_{1-} - V_{2+}\,V_{2-}) \tag{1}$$

mit

$$V_{1\pm} = V_{zx} \pm i\,V_{zy}\,; \qquad V_{2\pm} = \frac{1}{2}\,(V_{xx} - V_{yy}) \pm i\,V_{xy}\,,$$

V = Störpotential, liefert. Da die Gitterstörungen im Kristall statistisch verteilt sind, ist der Feldgradient von Kern zu Kern verschieden, so daß neben der Verschiebung des Schwerpunktes der Linien noch eine Verbreiterung auftritt.

REIF konnte zeigen, daß die in gut getemperten und langsam abgekühlten AgBr-Kristallen noch vorhandenen Gitterstörungen ausreichen, die Intensität der Satellitenlinien so zu schwächen, daß diese nicht mehr meßbar sind. Die Linienbreite der allein meßbaren Zentrallinie ist durch Dipolwechselwirkung bestimmt.

Eine Erhöhung der Gitterstörungen führt zu einer Verbreiterung der Zentrallinie, deren Linienbreite dann durch die Quadrupolwechselwirkung bestimmt ist. Im AgBr treten zwei verschiedene Verbreiterungsursachen auf:

1. Eine statische Quadrupolverbreiterung, die von den Feldgradienten wenig beweglicher Gitterdefekte, deren Sprungfrequenz klein gegen die durch sie bewirkte Verbreiterung ist, verursacht wird. Solche Defekte sind zweiwertige Fremdionen und Bromionenlücken, die gegenüber dem Gitter eine Überschuß-

ladung $\pm e$ tragen, Diffusionssprünge in Stufenversetzungen, denen SEITZ eine Überschußladung $\pm e/2$ zuschreibt und die durch Fremdionen und das Versetzungsnetzwerk verursachten Gitterverzerrungen. Die durch statistisch im Kristall verteilte Überschußladungen und durch die von Fremdionen verursachten Gitterverzerrungen bewirkte Linienverbreiterung ist für kleine Defektkonzentrationen $c < 0{,}1\%$ dem Quadrat der Konzentration proportional [1].

2. In bestimmten Temperaturbereichen verursachen leicht bewegliche Gitterdefekte eine Quadrupolrelaxationsverbreiterung. Durch die Wechselwirkung der statistisch schwankenden Feldgradienten diffundierender Gitterdefekte mit den Kernquadrupolmomenten wird die Übergangswahrscheinlichkeit zwischen den einzelnen Energieniveaus der Kerne erhöht, was zu einer Verkleinerung der Spin-Gitter-Relaxationszeit T_1 führt. Für T_1 erhält REIF [2] als Näherung den Ausdruck

$$T_1^{-1} \approx \frac{4\pi}{45}\,\omega_Q\,(1+k')\left(\frac{a}{a'}\right)^3 c\,n_0\,\frac{\bar{\nu}/\omega_0}{(\bar{\nu}/\omega_0)^2 + 5/2\,(1+k')^2}\,, \tag{2}$$

$$\omega_Q = \frac{g}{64}\,\frac{2I+3}{I^2\,(2I-1)}\left[(1+\eta)\,\frac{2\varepsilon+3}{5\varepsilon}\,\frac{e^2 Q}{\hbar\, a^3}\right]^2 \omega_0^{-1}$$

(a' = kleinster Abstand, bis auf den ein Defekt an einen Kern herankommen kann, $k' = \frac{1}{16}\left(\frac{l}{a'}\right)^3 - \frac{3}{4}\,\frac{l}{a} + 1$, l = Sprungweg, η = „Antishieldingfactor", ε = Dielektrizitätskonstante, a = Abstand nächster Nachbarn im Kristall, $\omega_0 = \gamma\, H_0$ und n_0 = Zahl der von einem Defekt besetzbaren Gitterplätze in der Elementarzelle), der für

$$\bar{\nu} = (1+k')\sqrt{\frac{5}{2}}\;\omega_0 \tag{3}$$

ein Maximum hat.

Wird T_1 kleiner als T_2, dann ist T_1 linienbreitenbestimmend. Solche leicht bewegliche Defekte sind Silberionen auf Zwischengitterplätzen (Sprungfrequenz bei Zimmertemperatur $\approx 10^{11}\,\mathrm{sec}^{-1}$) und Silberionenlücken (Sprungfrequenz bei Zimmertemperatur $\approx 10^{8}\,\mathrm{sec}^{-1}$).

Am einfachsten liegen die Verhältnisse bei undotierten AgBr-Kristallen, bei denen die Linienbreite normalerweise durch Dipolwechselwirkung bestimmt wird. Die Untersuchungen ergaben, daß zwischen gut getemperten und langsam abgekühlten Ein- und Polykristallen kein Unterschied in der Linienbreite auftritt. Polykristalle, die aus einer rasch erstarrten Schmelze gewonnen und schnell auf Zimmertemperatur abgekühlt wurden, zeigten bleibende Linienverbreiterungen bis zu 11%, die auf eine Erhöhung der Versetzungsdichte in diesen Kristallen zurückzuführen sind.

Durch einwertige Fremdionen, die in das AgBr-Gitter eingebaut werden, entstehen keine Überschußladungen. Eine Linienverbreiterung kann nur durch Gitterverzerrungen, die durch die Fremdionen hervorgerufen werden, entstehen. Dabei sind zwei Fälle denkbar:

1. Die Fremdionen bauen sich auf normalen Gitterplätzen im sonst ungestörten Gitter ein. Gitterverzerrungen entstehen durch den von den Wirtsgitterionen verschiedenen Ionenradius der Fremdionen. Diese Verzerrungen und die daraus resultierenden Feldgradienten lassen sich für das kubische Gitter ziemlich einfach berechnen. Wegen der Superposition der von den einzelnen Fremdionen herrührenden Verzerrungen läßt sich die Linienform nach der statistischen Theorie berechnen. Man erhält für die Linienbreite eine Abhängigkeit von $(R^2 \Delta R)^2$, wobei R der Ionenradius des Wirtsgitterions, das durch das Fremdion ersetzt wird und ΔR die Differenz der Ionenradien von Wirtsgitterion und Fremdion ist. Für einen Zusatz von 10^{-3} Mol Li würde man eine Linienbreite von etwa $6{,}5 \cdot 10^3$ Radian/sec erwarten. Für die gleiche Konzentration Na eine solche von $1{,}3 \cdot 10^3$ Radian/sec. Da die Dipolbreite $6 \cdot 10^3$ Radian/sec beträgt, müßte bei Li-haltigen Kristallen eine schwache Verbreiterung, bei Na-haltigen Kristallen dagegen keine Verbreiterung zu beobachten sein.
2. Die Fremdionen bauen sich in Versetzungen ein und erhöhen die Versetzungsdichte. Die Gitterverzerrungen rühren dann von den Versetzungen her und sind von den individuellen Eigenschaften der Fremdionen unabhängig.

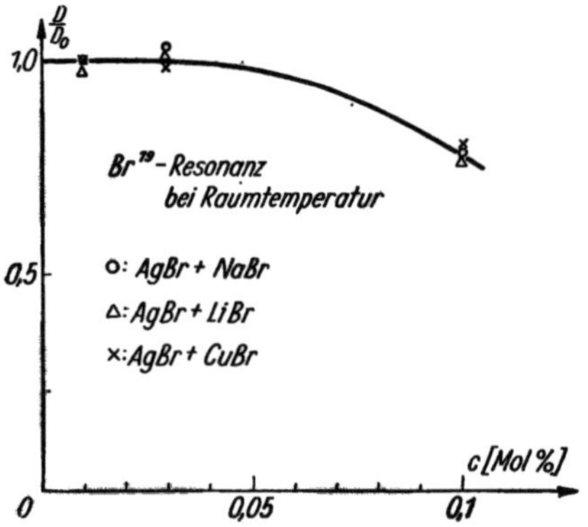

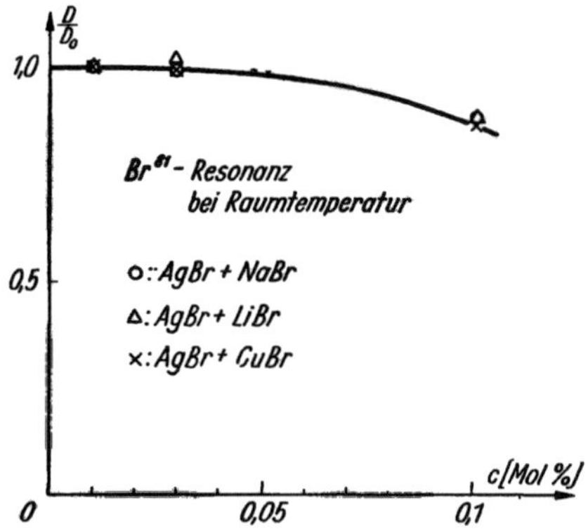

Abb. 1. Relative Linienintensitäten der Bromresonanzen im AgBr in Abhängigkeit von der Konzentration einwertiger Zusätze.

Abb. 1 zeigt, daß sowohl durch Na, Li und Cu für gleiche Konzentrationen eine gleiche Linienverbreiterung auftritt. Man muß daher annehmen, daß sich diese Fremdionen bevorzugt in Versetzungen einbauen. In diesem und den folgenden Abbildungen ist statt der Linienbreite die Intensität der Linie — das ist der Ordinatenabstand der beiden Extrema der abgeleiteten Resonanzkurve —, die unmittelbar gemessen werden kann, aufgetragen. Sie ist dem reziproken Quadrat der Linienbreite proportional. Der Index 0 bezieht sich immer auf die Linienintensität des reinen AgBr.

Beim Einbau zweiwertiger Fremdionen in das AgBr-Gitter müssen aus Neutralitätsgründen entgegengesetzt geladene gittereigene Fehlstellen in gleicher Konzentration entstehen. Zwischen diesen und den zweiwertigen Fremdionen herrscht eine Coulombsche Anziehung, der die thermische Bewegung entgegenwirkt. Es wird sich daher — genügende Beweglichkeit wenigstens einer Störstellenart vorausgesetzt — ein temperaturabhängiges Gleichgewicht zwischen dissoziierten Fehlstellen (entgegengesetzt geladene Fehlstellen mit einem Abstand von mehreren Gitterkonstanten) und assoziierten Fehlstellen (entgegengesetzt geladene Fehlstellen auf benachbarten Gitterplätzen) einstellen. Die Feldgradienten dieser Assoziate sind die von elektrischen Dipolen, nehmen also mit der Entfernung wesentlich rascher ab als die von Punktladungen und tragen daher nichts zur Verbreiterung der Linie bei. Wegen der hohen Konzentration beweglicher gittereigener Fehlstellen in diesen Kristallen ist in bestimmten Temperaturbereichen mit einer Relaxationsverbreitung zu rechnen. Neben den durch die Überschußladungen bewirkten Feldgradienten werden noch die durch Gitterverzerrungen, die je nach Einbauart (Fall 1 und 2) verschieden sind, verursachten eine Rolle spielen. Einbauart, Beweglichkeit und Assoziationsgrad der Störstellen müssen sich also in der Linienbreite bemerkbar machen.

Die ersten Untersuchungen dieser Art wurden von Cohen u. Reif [3] und von Reif [2] an Cd-dotierten AgBr angestellt. Reif fand, daß sich bei Temperaturen unter 200° K die Linienbreiten von dotierten und undotierten Kristallen kaum

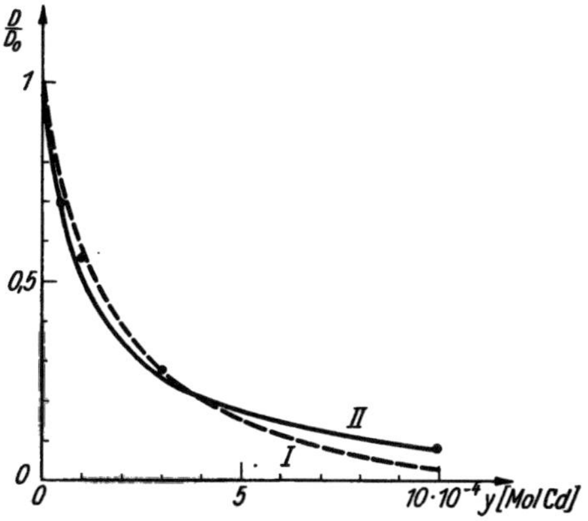

Abb. 2. Abhängigkeit der relativen Linienintensität der Br^{81}-Resonanz bei Zimmertemperatur von der Cd-Konzentration. Meßwerte (Punkte) aus [3].

Kurve I: Berechnet ohne Assoziation,
Kurve II: Berechnet mit Assoziation.

unterscheiden. Ab 200° K nimmt mit wachsender Temperatur die Linienbreite zu und erreicht bei 273° K ein Maximum. Reif deutet diese Verbreiterung als Quadrupolrelaxationsverbreiterung, hervorgerufen durch die Feldgradienten diffundierender Silberlücken, die in gleicher Konzentration wie die Cd-Ionen vorhanden sein sollen. Für diesen Fall läßt sich aus (3) die Sprungfrequenz der Silberlücken berechnen. Aus den Messungen der Ionenleitung von Teltow [4] findet man die Temperatur, für die die Sprungfrequenz den durch Gl. (3) geforderten Wert hat, zu 287° K. Das entspricht einer Differenz der Schwellenenergie von nur 0,015 eV gegenüber der von Teltow angegebenen von 0,36 eV.

Nach [2] sollte bei vollständiger Dissoziation der Störstellen die Verbreiterung proportional der Cd-Konzentration sein. Abb. 2 zeigt die von Cohen u. Reif gemessene Konzentrationsabhängigkeit der Linienintensität. Theoretisch müßte sich Kurve I ergeben. Bei einer angenommenen Assoziation erhält man Kurve II, die die Meßwerte im ganzen Konzentrationsbereich gut wiedergibt. Aus der Konzentrationsabhängigkeit der Linienintensität läßt sich eine Assoziationsenergie von 0,12 eV berechnen. TELTOW [4] erhält aus Leitfähigkeitsmessungen 0,16 eV. Berücksichtigt man noch die zusätzliche statische Verbreiterung durch die Cd-Ionen, so ergibt sich, daß der wirkliche Wert zwischen den oben angegebenen Werten liegen muß.

Während sich das Cd vorwiegend im sonst ungestörten Gitter einbaut, wie aus der fast gleichen Linienbreite von dotiertem und undotiertem AgBr unterhalb 200° K zu schließen ist (keine Erhöhung der Versetzungsdichte, vollständige Asso-

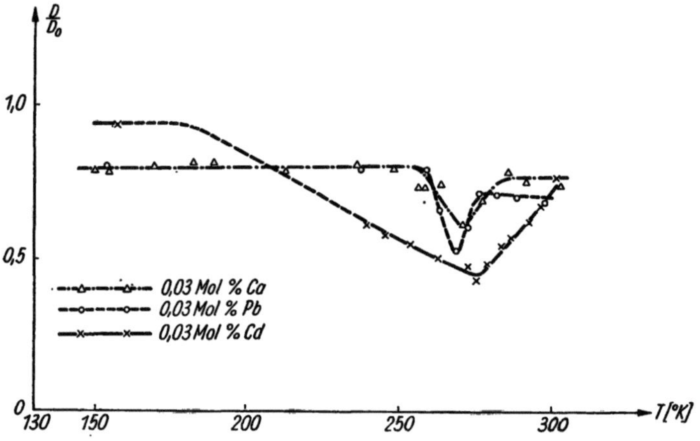

Abb. 3. Temperaturabhängigkeit der relativen Linienintensität der Br^{81}-Resonanz im AgBr mit verschiedenen zweiwertigen Kationenzusätzen.

ziation), ist dies bei anderen zweiwertigen Kationen nicht der Fall. Abb. 3 zeigt den großen Unterschied der Temperaturabhängigkeit der Linienintensität von Cd-dotierten Kristallen einerseits und Ca- bzw. Pb-haltigen Kristallen andererseits. Man muß annehmen, daß sich ein Teil der Ca- bzw. Pb-Ionen zusammen mit Silberlücken in Versetzungen einbaut und die Versetzungsdichte sowie die Zahl der „jogs" in den Versetzungen erhöht. Die von diesen Versetzungen verursachten Feldgradienten bewirken die temperaturunabhängige Verbreiterung. Der andere Teil der Ca- bzw. Pb-Ionen baut sich im Gitter ein. Die in gleicher Konzentration vorhandenen Silberlücken ergeben die Relaxationsverbreiterung bei ≈ 273° K.

Beim Einbau zweiwertigen Anionen (S^{--}, Se^{--}) in das AgBr entstehen aus Neutralitätsgründen Silberionen auf Zwischengitterplätzen und Bromionenlücken. Die relativ wenig beweglichen zweiwertigen Anionen und Bromionenlücken müßten — sofern sie dissoziiert vorliegen — eine statische Verbreiterung verursachen. Eine Relaxationsverbreiterung durch diffundierende Silberionen auf Zwischengitterplätzen wäre, entsprechend den aus Leitfähigkeitsmessungen [4] bekannten Beweglichkeiten, bei etwa 169° K zu erwarten. Wie Abb. 4 zeigt, treten beide Verbreiterungsarten auf. Kurve I wurde an einem von 400° C auf 200° C abgeschreckten Ag_2S-haltigen AgBr-Kristall gemessen, Kurve II am gleichen Kristall, nachdem er 12 Tage auf Zimmertemperatur gehalten wurde. Der Rückgang der temperaturunabhängigen statischen Verbreiterung ist auf eine langsame Einstellung des Fehlordnungsgleichgewichtes während der Lagerung bei Zimmer-

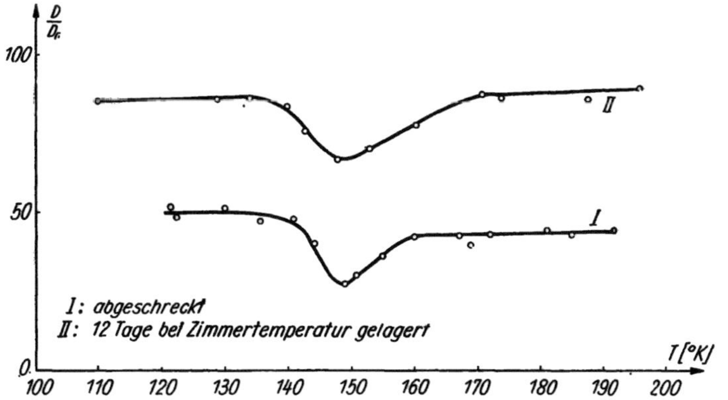

Abb. 4. Temperaturabhängigkeit der Br^{81}-Resonanz im schwefeldotierten AgBr.

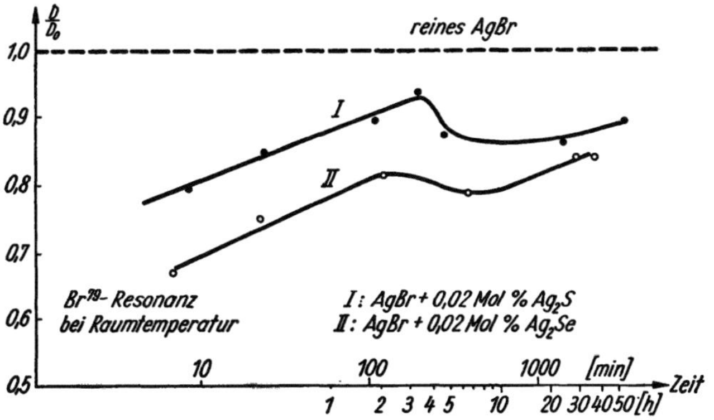

Abb. 5. Zeitliche Änderung der relativen Linienintensität der Br^{-79}-Resonanz je eines schwefel- und selenhaltigen AgBr-Kristalles bei Zimmertemperatur. Im Zeitnullpunkt wurden die Kristalle von 400° C auf 20° C abgeschreckt.

temperatur zurückzuführen. Bei der durch Ca und Pb bewirkten temperaturunabhängigen Verbreiterung, die auf Versetzungen zurückgeführt wurde, trat ein solcher Rückgang nicht auf. In schwefelhaltigen Kristallen läßt sich also wegen der geringen Beweglichkeit der Bromlücken das Fehlordnungsgleichgewicht einer höheren Temperatur, bei der ein Großteil der Fehlstellen dissoziiert vorliegt, einfrieren. Bei Zimmertemperatur erfolgt dann die Einstellung des Fehlordnungsgleichgewichtes, bei der ein Teil der Fehlstellen assoziiert, nur langsam. Diese Gleichgewichtseinstellung läßt sich ebenfalls mit der Kernresonanz nachweisen. Abb. 5 zeigt die zeitliche Zunahme der Linienintensität je eines schwefel- und selenhaltigen AgBr-Kristalles, die auf dieser Gleichgewichtseinstellung beruht.

Die sich anschließende Verbreiterung ist noch ungeklärt. Aus dem Minimum von D/D_0 der Kurve II in Abb. 4 läßt sich die Konzentration der dissoziierten Silberionen auf Zwischengitterplätzen und daraus die Assoziationsenergie annähernd berechnen. Man findet für sie 0,25 eV, also etwas größer als für die zwischen zweiwertigen Kationen und Ag-Lücken.

Durch die Kernresonanzuntersuchungen konnte einmal die Messung der Größen, die für die Bestimmung der Schwellenenergien der gittereigenen Fehlstellen und der Assoziationsenergien zwischen diesen und zweiwertigen Fremdionen maßgebend sind, auf einen den Leitfähigkeits- und Diffusionsmessungen nicht mehr zugänglichen Temperaturbereich ausgedehnt werden. Dadurch gewinnen die Zahlenwerte für diese Energien an Zuverlässigkeit. Zum anderen ließen sich Aussagen über die Art des Einbaues von Fremdionen in das Gitter sowie den Einfluß solcher Fremdionen und der thermischen Behandlung auf die Versetzungsdichte machen und Gleichgewichtseinstellungen beobachten.

Literatur

[1] Cohen, M. H. a. Reif, F., Quadrupole Effects in Nuclear Magnetic Resonance Studies in Solids, in: Seitz, F. a. Turnbull, D., Solid Stade Physics. Vol. 5. Academic Press Inc., Publishers, New York 1958.

[2] Reif, F., Phys. Rev. **100**, 1597 (1955).

[3] Cohen, M. H. a. Reif, F., Proc. Conf. Defects Cryst. Solids, **44**, Bristol 1954.

[4] Teltow, J., Ann. Phys. (6) **5**, 63 (1650); (6) **5**, 71 (1950).

Institut für Kristallphysik der Deutschen Akademie der Wissenschaften zu Berlin

Eine neue Methode zum Nachweis magnetischer Kernresonanzabsorption

von A. Derzhanski und F. Thoss

Bei den herkömmlichen Autodynverfahren arbeitet man mit Oszillatoren, deren jeweilige Schwingamplitude durch die Nichtlinearität der Kennlinie bestimmt ist. Im Gegensatz dazu läßt man bei dem vorliegenden Verfahren [1] die Amplitude zwischen zwei weit unterhalb dieses Wertes liegenden festen Niveaus pendeln.

Kurz nach dem Einschalten kann die Amplitudenänderung näherungsweise durch

$$A(t) = A(0)\, e^{-\frac{g t}{2C}} \qquad \left(\text{für } t \gg \frac{2C}{g}\right)$$

wiedergegeben werden. (Ersetzung durch einen Parallelschwingkreis mit der Kapazität C und dem Ohmschen Leitwert g.) Es erfolgt also exponentieller Anstieg oder Abfall, je nachdem, ob g negativ oder positiv ist. Da kleine Amplitudenänderungen betrachtet werden sollen, kann g mit guter Näherung als amplitudenunabhängig vorausgesetzt werden.

Der Mechanismus der Pendelung ist folgender: Ist g negativ, so steigt die Amplitude exponentiell an. Sobald sie einen bestimmten Wert erreicht hat, wird ein Regelsystem ausgelöst, das g positiv macht. Die Amplitude nimmt nun exponentiell ab, bis sie ein vorgegebenes unteres Niveau erreicht, wodurch das Regelsystem veranlaßt wird, g wieder negativ zu machen. Bezeichnet man das obere Niveau mit A_1, das untere mit A_2, so wird der Vorgang durch die Gleichungen

$$A_1 = A_2\, e^{-\frac{g_2 t_2}{2C}}, \qquad g_2 < 0,$$

$$A_2 = A_1\, e^{-\frac{g_1 t_1}{2C}}, \qquad g_1 > 0$$

beschrieben.

An Hand des Blockschaltbildes (Abb. 1) sei das erwähnte Regelsystem näher betrachtet. Die Oszillatorspannung wird zunächst verstärkt, dann gleichgerichtet. Nach dem Gleichspannungsverstärker ist sie groß genug, einen Schmidt-Trigger zu steuern. Die Verstärkung der zwischengeschalteten Glieder ist so mit den Bedingungen am Trigger abgestimmt, daß dieser, sobald der Oszillator die Amplitude A_1 erreicht, in das Niveau der niedrigeren, bei A_2 in das der höheren Ausgangsspannung kippt. Dieser Sprung wird über einen veränderlichen Spannungsteiler auf das Steuergitter des Oszillators übertragen, dessen Spannungsniveau so eingestellt ist, daß er gerade die gewünschte Änderung vom negativen zum positiven Leitwerk bewirkt (Abb. 2).

Man kann die Parameter so wählen, daß die Pendelung der Oszillatorspannung nur etwa 1% der Amplitude beträgt. Die zusätzliche Leitwertänderung beim Resonanzdurchgang beeinflußt nur die Pendeldauern t_1 und t_2, die Amplitude liegt mit den Niveaus A_1 und A_2 fest. Es ist deshalb prinzipiell unmöglich, die Absorptionssignale unmittelbar nach der Amplitudengleichrichtung, lediglich unter

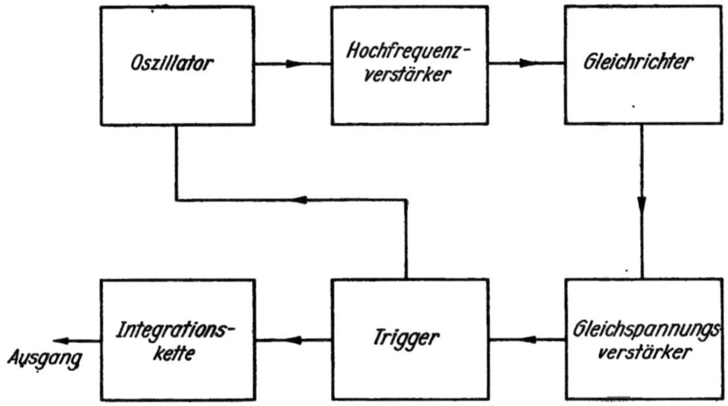

Abb. 1. Blockschaltbild.

Zwischenschaltung eines Verstärkers, zu beobachten. Es bietet sich eine elegante Nachweismethode an, die zugleich die Verstärkung des Gleichspannungsverstärkers und des SCHMIDT-Triggers ausnutzt. Lösen wir die Exponentialfunktionen nach den Exponenten auf, so ergibt sich

$$\frac{g_2 t_2}{2C} = -\ln\frac{A_1}{A_2} = -a\,, \qquad t_2 = -\frac{2Ca}{g_2}\,,$$

$$\frac{g_1 t_1}{2C} = -\ln\frac{A_2}{A_1} = a\,, \qquad t_1 = \frac{2Ca}{g_1}\,,$$

$$T = t_1 + t_2 = 2\,Ca\,\frac{g_2 - g_1}{g_2 g_1}\,.$$

Beziehen wir uns auf das untere Spannungsniveau am Trigger-Ausgang und bezeichnen die Impulshöhe mit E, so liefert die Integration der Impulse durch eine RC-Kette näherungsweise eine Spannung

$$V = E\cdot\frac{t_2}{T} = E\,\frac{g_1}{g_1 - g_2} \quad (\text{für } \Omega_{gr} \gg \Omega_{Tr})\,.$$

Darin bedeuten Ω_{gr} die Grenzfrequenz der RC-Kette, Ω_{Tr} die Trigger-Frequenz.

Führen wir einen festen mittleren Leitwerk g_0 mit

$$g_1 = g_0 + \Delta g\,, \qquad g_2 = g_0 - \Delta g$$

ein, so lautet diese Gleichung

$$V = E\,\frac{g_0 + \Delta g}{2\,\Delta g}\,.$$

Bei einem Resonanzdurchgang ändert sich g_0 und damit V. Man erhält ein Absorptionssignal, wenn $\Omega_M \ll \Omega_{Tr} \ll \omega_0$ (Ω_M: Modulationsfrequenz, ω_0: Resonanzfrequenz). Für die Empfindlichkeit ergibt sich $\frac{\partial V}{\partial g_0} = \frac{E}{2\,\Delta g}$. Sie nimmt also mit wachsender Trigger-Amplitude ab. Da bei festen Niveaus A_1 und A_2 $|g_i|\, t_i = |(g_0 \pm \Delta g)|\, t_i = 2\,c\,a = \text{const}$ $(i = 1, 2)$ gilt, kann man die Änderung der Empfindlichkeit ebensogut auf die Trigger-Frequenz beziehen.

Zur experimentellen Überprüfung der vorstehenden Überlegungen wurde eine variierte Pound-Knight-Schaltung für 12,2 MHz durch einen Gleichspannungs-

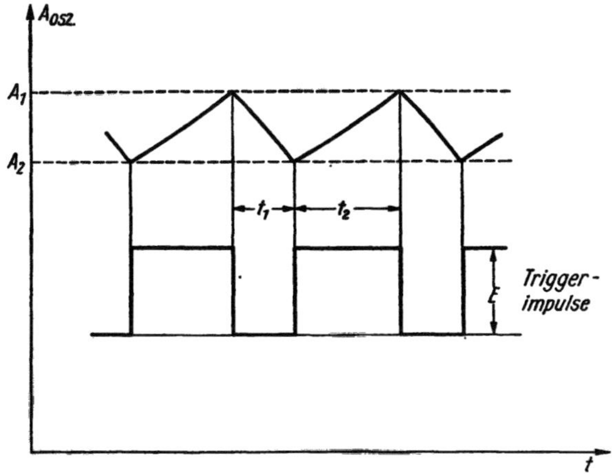

Abb. 2. Pendelung der Oszillatoramplitude, vom Trigger gesteuert.

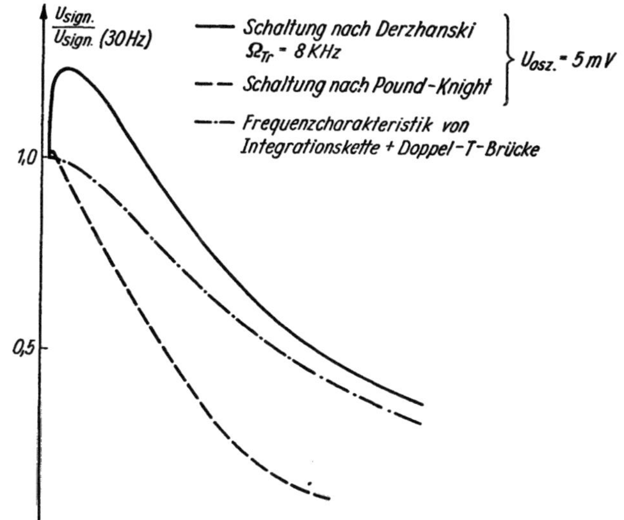

Abb. 3. Abhängigkeit der relativen Empfindlichkeit von der Modulationsfrequenz.

verstärker und einen SCHMIDT-Trigger ergänzt. Eine nach der Integrationskette eingeführte, auf die Trigger-Frequenz abgestimmte Doppel-T-Brücke beseitigte Störungen der Frequenz Ω_{Tr}. Solche der Frequenz 2 Ω_{Tr} kann man dadurch weitgehend ausschalten, daß man die Trigger-Impulse symmetrisch einstellt. Es zeigte sich, daß die Methode folgende wesentliche Vorteile hat:

1. Es lassen sich gut regelbar auch kleine Amplituden sehr stabil einstellen (erreicht wurden zunächst minimal 0,5 mV), und zwar entweder durch Änderung des Verstärkungsfaktors des Verstärkersystems oder mit Hilfe einer regelbaren Hilfsspannung, z.B. am Gleichspannungsverstärkereingang. Die Konstanz der Amplitude ist abhängig von der Stabilität der Verstärkungsfaktoren.
2. Da die Absorption beim Resonanzdurchgang keine Amplitudenänderung, sondern lediglich eine Änderung des Füllfaktors der Trigger-Impulse bewirkt, braucht man keine Rücksicht mehr auf die Einschwingzeit des Oszillators zu nehmen. Die Begrenzung der Empfindlichkeit ist bei sonst gleichen Bedingungen nahezu amplitudenunabhängig und wird hauptsächlich durch Integrationskette und Doppel-T-Brücke bedingt. Abb. 3 zeigt die Abhängigkeit der relativen Empfindlichkeit von der Modulationsfrequenz; zum Vergleich ist die entsprechende Kurve für die gewöhnliche Pound-Knight-Schaltung eingezeichnet.

Literatur

[1] DERZHANSKI, A., Comptes rendus de l'Academie Bulgare des Sciences **6**, 505 (1959).

Bulgarische Akademie der Wissenschaften, Sofia und Physikalisches Institut der Karl-Marx-Universität Leipzig

Spin-Generatoren

von E. Fechner und W. Storek, Leipzig

Wird der Ausgang eines HF-Verstärkers hinreichender Verstärkung über ein Blochsches Kreuzspulensystem auf den Eingang desselben rückgekoppelt, findet Selbsterregung statt, wenn die Resonanzbedingung für das Kernspin-System erfüllt ist, und die entsprechende Larmorfrequenz in das Durchlaßband des Verstärkers fällt.

Bei gegebenen Relaxationszeiten (Feldinhomogenität usw.) wird der notwendige Verstärkungsgrad berechnet und daraus die sich einstellende Schwingamplitude abgeleitet. Die bei der Verwirklichung dieses Prinzips auftretenden Besonderheiten werden behandelt und mit Protonen in Wasser gewonnene Erfahrungen mitgeteilt.

Es soll kurz die Wirkungsweise und der Aufbau eines Kernspin-Generators unter Benutzung einer Blochschen Kreuzspulenanordnung erläutert werden.

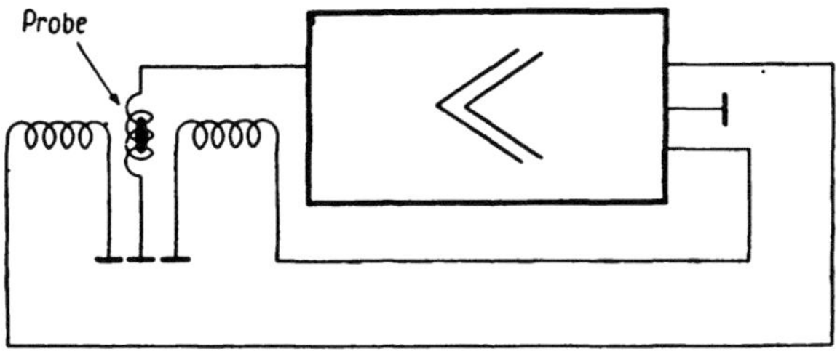

Abb. 1. Prinzipschaltbild der Anordnung.

Im Falle, daß sämtliche „Nicht-Kernspin-Rückkopplungen" d. h. rein elektronische Rückkopplungen über eine Gegeninduktivität u. a. auch innerhalb des Verstärkers nicht auftreten, befindet sich die Probe (z. B. Protonen in Wasser) innerhalb der Empfangsspule des völlig entkoppelten Kreuzspulensystems nur im H_1-Feld des „Rauschstromes" des hinreichend verstärkten Eingangsrauschens des HF-Verstärkers. Orientiert man den Probenkopf in üblicher Weise in einem statischen Magnetfeld der Stärke H_0, wobei insbesondere die Mittenfrequenz des Durchlaßbandes des HF-Verstärkers $f_0 = \frac{\gamma}{2\pi} \cdot H_0$ betragen soll, so wird sich ab einer bestimmten Verstärkung unter den bis dahin mit statistisch verteilten Phasen präzedierenden Kernspins der Probe infolge des Einwirkens des f_0-Anteils des erwähnten H_1-Feldes eine schwache Angleichung der Phasen vollziehen. Als Folge davon wird der Verstärker durch ein zunächst natürlich sehr kleines Kerninduktionssignal der Probe ausgesteuert.

Der Verstärker verhält sich dann ähnlich einem „elektronisch" selbsterregten Generator, da das verstärkte Signal in Abhängigkeit von H_0 gemäß der Larmorbeziehung $\omega_0 = \gamma H_0$ das H_1-Feld für die Probe liefert und so zu einem Aufschaukelungsprozeß Anlaß gibt. Dieser Aufschaukelungsprozeß hat hinsichtlich der erreichbaren Schwingungsamplitude des Generators natürlich eine Grenze, die durch die Abhängigkeit des Signals von der H_1-Feldstärke bei der betrachteten Frequenz gegeben wird.

H_0 sei zunächst völlig konstant.

Der als Absorption bezeichnete Anteil des Kerninduktionssignals zeigt im Fall der Resonanz ($\Delta\omega = 0$) folgende Abhängigkeit von H_1:

$$v = \chi_I \, \omega_0 \, H_1 \, T_2^* \cdot \frac{1}{1 + \gamma^2 H_1^2 \, T_1 \, T_2^*} \, ;$$

T_1 longitudinale Relaxationszeit
T_2^* wirksame transversale Relaxationszeit
γ gyromagnetisches Verhältnis der Kerne
χ_I Kernsuszeptibilität
ω_0 Kreisfrequenz der Larmorpräzession.

Dieser Ausdruck stellt den maximalen Wert der Absorption dar. Mit den von uns aus Zweckgründen gewählten Werten für den Empfangskreis folgt für den induzierten Spannungswert

$$U_{\text{sign}} \approx 0{,}6 \, \frac{H_1 \, T_2^*}{1 + \gamma^2 H_1^2 \, T_1 \, T_2^*} \, .$$

Die Bandmittenfrequenz des Verstärkers betrug 16,5 MHz. Für die Abhängigkeit der H_1-Feldstärke von der an der Sendespule des Bloch-Kopfes liegenden Spannung ergab sich

$$H_1[\text{G}] \approx 0{,}02 \, U_s \, [\text{V}] \, .$$

U_s ist hierbei der Spitzenwert der Sendespulenspannung.

Um den sich einstellenden Endwert der Schwingungsamplitude des Spin-Generators zu bestimmen, ist es notwendig, dessen Schwinglinie und Rückkopplungsgerade aufzufinden.

Im vorliegenden Falle ist U_s die Ausgangswechselspannungsamplitude. U_{sign} ist die Gitterwechselspannungsamplitude. Der Zusammenhang zwischen beiden Spannungen gemäß

$$U_{\text{sign}} = \frac{a \, U_s}{1 + b \, U_s^2}$$

genügt prinzipiell dem einer Schwinglinie.

Hierbei bedeutet

$$a = 0{,}6 \cdot 0{,}02\, T_2^*\,,$$
$$b = 4 \cdot 10^{-4}\, \gamma^2\, T_1\, T_2^*\,.$$

Zu jedem Zeitpunkt muß gelten

$$U_{\text{sign}} \cdot V = U_s, \qquad V \text{ Verstärkung}$$

$$\operatorname{tg} \psi = \frac{1}{V} = \frac{U_{\text{sign}}}{U_s}\,.$$

Diese mit dem Winkel ψ gegen die Abzisse geneigte Gerade ist die gesuchte Rückkopplungsgerade. Der Schnittpunkt beider Kurven ergibt sich zu

$$U_s = +\sqrt{\frac{a\,V}{b} - \frac{1}{b}}\,.$$

Es gibt überhaupt einen Schnittpunkt, falls $\frac{a\,V}{b} > \frac{1}{b}$ bzw. $V \geq \frac{1}{a}$.

Die notwendige Mindestverstärkung ergibt sich damit zu

$$V_{\min} = \frac{1}{a} \sim \frac{1}{T_2^*}\,.$$

Unter Nichtberücksichtigung der hier benutzten speziellen Werte für Empfangs- und Sendekreis erhält man allgemeiner

$$V_{\min} = A\,\frac{k\,T}{\varepsilon\,\gamma^2\,N\,I\,(I+1)\,h^2\,\omega_0\,T_2^*}\,.$$

Hierbei bedeuten:

- A Apparaturkonstante
- T absolute Temperatur
- k BOLTZMANNkonstante
- h PLANCKsche Konstante
- I Kernspin
- N Anzahl der Protonen/cm³
- ε Füllfaktor.

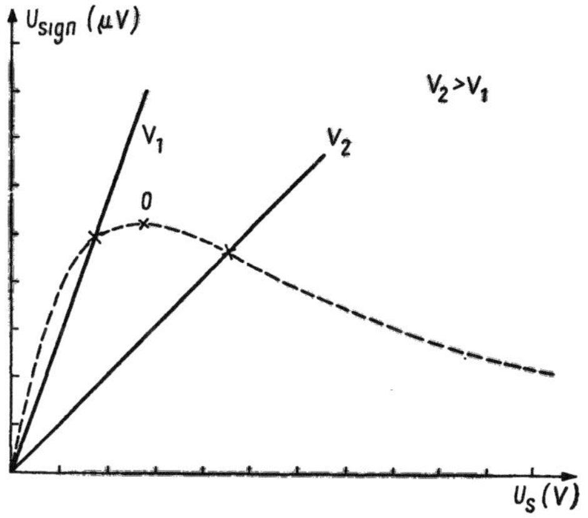

Abb. 2. Schematische Darstellung von Schwinglinie und Rückkopplungsgerade des Spin-Generators.

Der auf diese Weise erhaltene Schnittpunkt besagt:

Bei einer gegebenen Verstärkung $V > V_{\min}$ des Verstärkers gibt es eine Signalspannung, die verstärkt eine Spannung an der Sendespule hervorbringt, die durch Einwirkung über das entsprechende H_1-Feld auf die Kernspinprobe wiederum die gleiche Signalspannung hervorruft. Jener Spannungswert an der Sendespule stellt den Amplitudenendwert der Spin-Generator-Schwingung dar.

Jeder Schnittpunkt der Rückkopplungsgeraden mit der Schwinglinie ist ein Punkt stabiler Schwingungen: insbesondere sind die betrachteten Schwingungen durch einen weichen Einsatz charakterisiert.

Eine einfache Rechnung ergibt, daß für den Punkt 0 als Arbeitspunkt die Verstärkung $V_0 = 2\, V_{\min}$ betragen muß.

Man nennt den Teil *s* der jeweiligen Kurve den Sättigungsast im Gegensatz zum Teil *n*.

Der Einfluß des Signal-Rauschverhältnisses zeigt sich darin, daß es eine untere Verstärkungsgrenze $> V_{\min}$ und eine obere Grenze gibt, bei deren Einstellung gerade noch eine Schwingung nachweisbar ist.

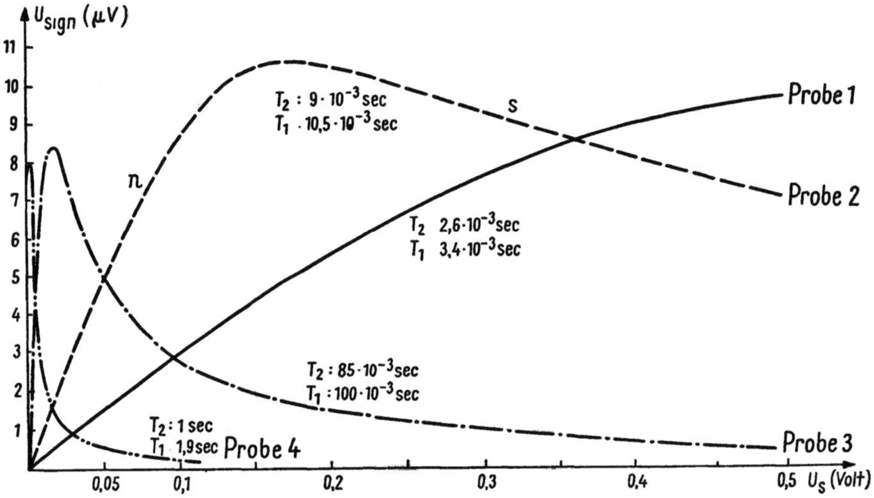

Abb. 3. Schwinglinien des Spin-Generators für verschiedene Proben.

Die untere Verstärkungsgrenze errechnet sich zu

$$V_u = V_{\min} + B\,\frac{\gamma^2 f_0\, F\, \Delta f\, k\, T\, T_1}{\varrho\, T_2^{*2}}$$

und entsprechend die obere Verstärkungsgrenze

$$V_0 = V_{\min} + C\,\frac{\varrho}{f_0\, k\, T\, \Delta f\, F\, \gamma^2\, T_1}\,;$$

B, *C* Konstanten der Apparatur
f_0 Mittenfrequenz des in Betracht kommenden Frequenzintervalles
Δf wirksame Verstärkerbandbreite
ϱ Güte des Empfangskreises
F Rauschzahl.

Der einflußreichste Parameter in der Verstärkungsbedingung ist T_2^*. In T_2^* ist zudem der Einfluß der Feldinhomogenität enthalten. Um nicht zu hohe Verstärkungsgrade fordern zu müssen, ist die Verwendung eines entsprechend homogenen Magneten erforderlich.

Ähnlich dem Fall des selbsterregten Röhrengenerators muß auch beim Spin-Generator eine Phasenbeziehung erfüllt sein, und zwar muß das Feld der Sendespule die richtige Phasenlage in bezug auf die präzedierenden Kernmomente haben, damit der „Selbsterregung" nicht entgegengearbeitet wird.

Die Frequenz des Spin-Generators ist bei gegebenen H_0 zunächst durch die LAMORbeziehung bestimmt. Desweiteren ist sie vom Phasenwinkel des Verstärkers abhängig. Die Abweichung von $\omega_0 = \gamma H_0$ für die einzelnen sich erregenden

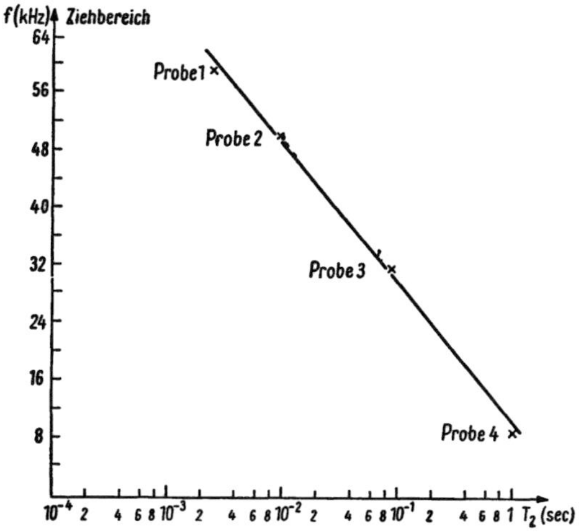

Abb. 4. Ziehbereich des Spin-Generators in Abhängigkeit von T_2.

Frequenzen ist infolge der dafür unterschiedlichen Phasendrehung des Verstärkers verschieden.

Weiterhin muß beachtet werden, daß die Zeitkonstante τ des Verstärkers kleiner als T_2^* ist, also kleiner als die Zeit, die den Zerfall der Quermagnetisierung der Probe beschreibt.

Der von uns verwendete Magnet besaß eine Güte von ca. 30 000; der Füllfaktor für die Probe betrug 0,34, das Probenvolumen selbst 67 mm³. Zusammen mit den übrigen Daten des Empfangs- und Sendekreises ergab sich eine Mindestverstärkung von $\approx 10^5$. Durch mechanisch stabilen Aufbau des BLOCH-Kopfes und speziellen Hilfsmitteln wie Grob- und Feinjustierung der Empfangsspule im H_1-Feld, sowie geeigneten Paddles und elektronischer Symmetrisierung des Sendekreises wurden Dämpfungswerte von 117 Dezibel bei der Bandmittenfrequenz erreicht.

Die Durchlaßkurve des HF-Verstärkers wurde durch Einbau eines Quarzfilters (leider war nur ein Schwingquarz vorhanden) der Dämpfungskurve des Kopfes annähernd angeglichen.

Infolge der daraus resultierenden speziellen Form der Durchlaßkurve konnte das H_0-Feld nur zu niederen Feldstärken variiert werden. Bedingt durch die Schaltung des Quarzes brach oberhalb seiner Serien-Resonanzfrequenz die Spin-

Generator-Schwingung infolge des starken Verstärkungsabfalls für diese Frequenzen ab.

Zum Nachweis der Spin-Generator-Schwingung wurde eine Mischstufe mit einem sehr gut abgeschirmten 16,5 MHz Quarzoszillator über entsprechende Pufferstufen schwach an den Spin-Generator angekoppelt. Die von uns verwendeten Proben und damit verbundenen Ziehbereiche des H_0-Feldes zeigt Abb. 4.

Unter Ziehbereich verstehen wir die Abweichung der Mischfrequenz von 0 Hz bis zum maximalen Frequenzwert. Für Proben mit einem $T_2 = 1{,}1 \cdot 10^{-4}$ [sec] und $T_2 = 5{,}5 \cdot 10^{-5}$ [sec] wurden, weil dann $V_{\min} > 10^6$ gefordert werden muß, keine Schwingungen nachgewiesen. Die durch die Verstärkungsunterschiede für die einzelnen Frequenzen bedingte Amplitudenabhängigkeit der Spin-Generator-Schwingung konnte bestätigt werden.

Diese Arbeit entstand auf Anregung von Herrn Prof. Dr. LÖSCHE. Für hilfreiche Ratschläge und Hinweise während der Durchführung der Arbeit sind wir ihm zu Dank verpflichtet.

Physikalisches Institut der Karl-Marx-Universität Leipzig

Ein Kernresonanzspektrometer für breite Linien

von E. Kleimon und G. Klee, Berlin

Im Institut für Gerätebau ist ein Kernresonanzspektrometer für breite Linien entwickelt worden. Abb. 1 zeigt das Blockschaltbild dieses Gerätes. Es entspricht in seinem Aufbau grundsätzlich den bekannten Spektrometeranordnungen.

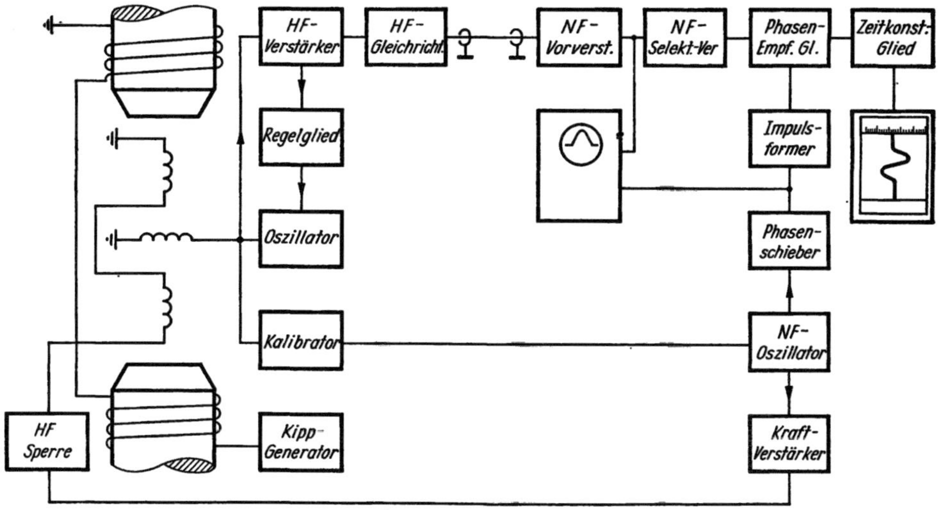

Abb. 1. Blockschaltbild eines Kernresonanzspektrometers für breite Linien.

Der HF-Oszillator (Autodynempfänger) bildet zusammen mit einem HF-Breitbandverstärker, einem HF-Gleichrichter und einem Regelglied, das die Schwingkreisspannung konstant hält, den Meßkopf, der die Probenspule trägt und mit dem nachfolgenden Schmalbandverstärker und phasenempfindlichen Gleichrichter durch ein Kabel verbunden ist. Der Meßkopf enthält außerdem noch den sog. Kalibrator zur meßbaren Nachbildung der durch die Kernresonanzabsorption bewirkten Spulendämpfung.

Breite Linien bzw. Linienaufspaltungen werden durch Änderung der Oszillatorfrequenz, schmalere Linien durch Änderungen des Magnetfeldes überstrichen. Zur Änderung der Oszillatorfrequenz wird mit Hilfe eines stark untersetzten Synchronmotors die Schwingkreiskapazität verändert; die Änderung des magnetischen Gleichfeldes wird durch ein auf den Magnetpolen angebrachtes Spulenpaar erzeugt, das von einem Strom durchflossen wird, der mit konstanter Geschwindigkeit ansteigt. Der Spulenstrom wird in dem Kippgenerator erzeugt und durch eine Kondensatoraufladung gesteuert.

Es wird ein Permanentmagnet mit einer Luftspaltinduktion von 6500 G verwendet. Der Polflächendurchmesser beträgt 150 mm, die Breite des Luftspaltes 28 mm. Die Polflächen sind optisch geschliffen, so daß sie etwa um 0,1 μ von der Ebenheit abweichen. Mit Hilfe einer pneumatischen Hochdrucksonde wurde der Abstand der Polflächen beim Ausrichten berührungslos gemessen. Die maximale Abweichung der Polflächen von der Parallelität beträgt 0,5 μ.

Um die Kopplung zwischen der Probenspule und dem Modulationsspulenpaar möglichst klein zu halten, wurde die Probenspule in einem gemeinsamen Spulenkörper senkrecht und symmetrisch zur Achse des Modulationsspulenpaares angeordnet und starr mit diesem verbunden. Die noch vorhandene Restkopplung ergab, bei differentieller Abtastung der Absorptionslinien, die bekannte störende Nullpunktsdrift des Schreibers. Die in der Literatur vorgeschlagenen Abschirmungsmaßnahmen führen, da die Abstände zwischen den Spulen und den Schirmblechen infolge des Raummangels im Luftspalt des Magneten stets klein bleiben müssen, zu einer starken Bedämpfung der Schwingkreisspule. Auch die von Pound vorgeschlagene Kompensation der Nullpunktsdrift durch Einkopplung einer NF-Spannung gleicher Frequenz mit einer Phase, die gegen die der Restkopplung um 180° verschoben ist, befriedigt nicht vollkommen, da sich die Größe der Restkopplung bei Änderung der Frequenz ebenfalls sehr leicht verändert und die Kompensation dann unwirksam ist. Im vorliegenden Fall wurde die Nullpunktsdrift durch eine in die Zuleitungen der Modulationsspulen gelegte HF-Sperre praktisch vollkommen beseitigt. Mikrofoneffekte, die ebenfalls eine gewisse Nullpunktsdrift verursachen können, wurden sorgfältig durch Festlegung der Meßsonde im Luftspalt und der NF-Strom führenden Leitungen vermieden. Abb. 2 zeigt eine geöffnete Sonde.

Als Autodynempfänger wurde ein abgewandelter Hopkins-Oszillator verwendet. Abb. 3 zeigt das Prinzipschaltbild und das Zeigerdiagramm des Oszillators.

Die Probe befindet sich hier in der Spule eines Reihenschwingkreises, der in der Kathodenleitung der Oszillatorröhre liegt. Parallel zur Spule liegt ein Kondensator, der die wirksame Induktivität und damit die Frequenz des Reihenschwingkreises zu verändern gestattet. Damit das System schwingt, muß die an das Gitter zurückgeführte Spannung eine Komponente haben, die mit dem Kathodenstrom in Phase ist. Eine solche Spannung kann an der Spule abgegriffen werden, wenn der Kathodenstrom gegen die Kathodenspannung voreilt. Um diese Phasenverschiebung zu erreichen, wird zum Reihenschwingkreis ein Kondensator parallel gelegt.

Dieser Oszillator wurde gewählt, weil er einige Nachteile vermeidet, die uns der bekannte Pound- und Knight-Oszillator zu haben scheint und darum ein höheres Signal-Rauschverhältnis erwarten läßt. Einer dieser Nachteile des Pound- und

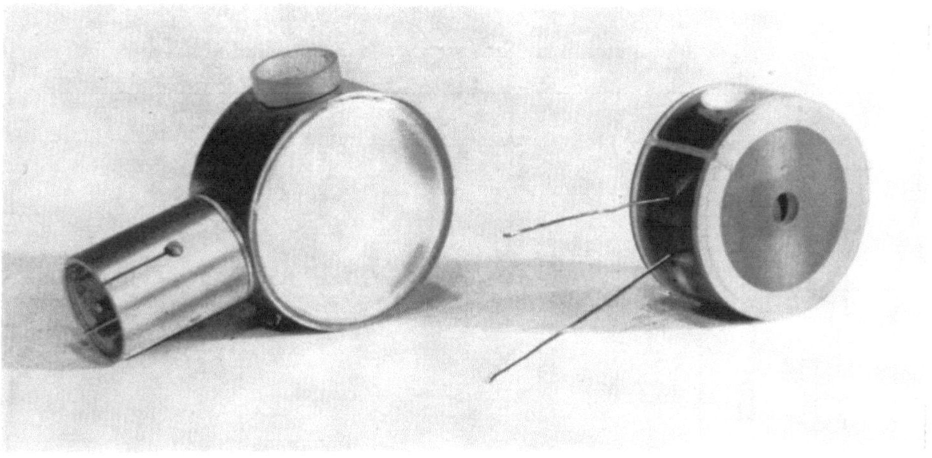

Abb. 2. Sonde und gemeinsamer Spulenkörper für Modulations- und Schwingkreisspulen.

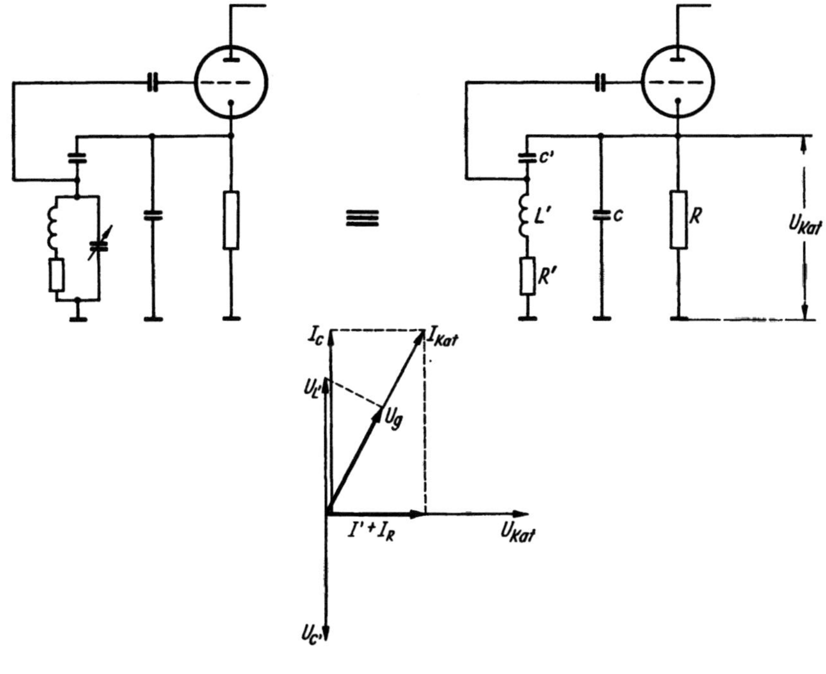

Abb. 3. Zeigerdiagramm des Oszillators.

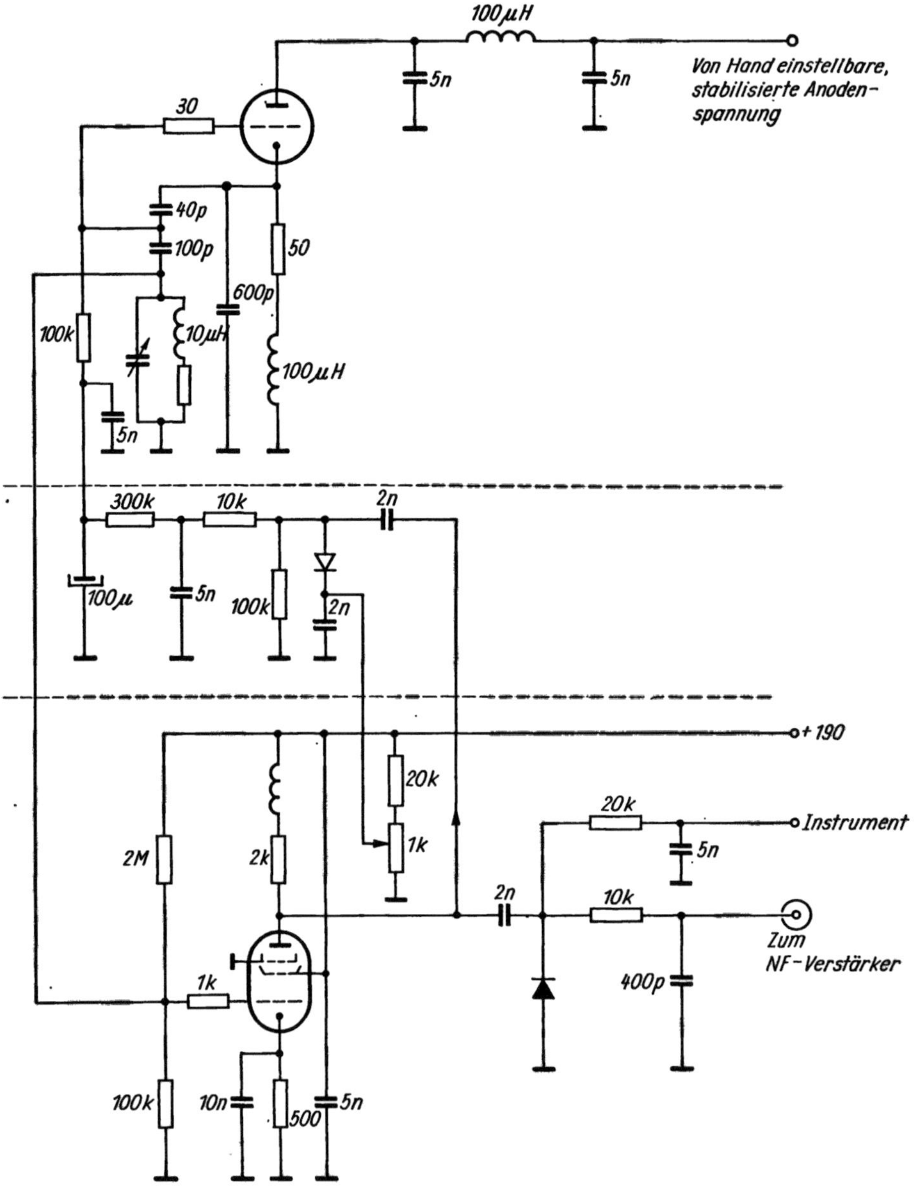

Abb. 4. Hopkins-Oszillator mit HF-Breitbandverstärker.

Knight-Oszillators ist der, daß, wenn er bei hohen Frequenzen noch einwandfrei schwingen soll, als Oszillatorrohr eine Triode großer Steilheit verwendet werden muß, wodurch das nichtlineare Oszillatorrauschen erhöht wird. Ein zweiter Nachteil ist der, daß der Rückkopplungswiderstand über den relativ kleinen Anodenwiderstand des Breitbandverstärkers an HF-Masse, d. h. parallel zum Schwingkreis liegt und diesen bedämpft.

Abb. 4 zeigt die Schaltung des Meßkopfes. Die Eingangsspannung des HF-Breitbandverstärkers wird direkt von der Schwingkreisinduktivität abgenommen. An den Verstärkerausgang sind der HF-Gleichrichter und das Regelglied angeschlossen.

Als Regelglied dient ein vorgespannter Kristallgleichrichter. Übersteigt die Amplitude der verstärkten HF-Spannung die vorgewählte Sperrspannung des Gleichrichters, so baut sich nach Maßgabe eines nachfolgenden Zeitkonstantengliedes an einem Teil des Gitterwiderstandes eine gegen Masse negative Gleichspannung auf, die den Arbeitspunkt der Oszillatorröhre so verschiebt, daß die HF-Spannung an der Probenspule auf einen der vorgewählten Sperrspannung entsprechenden Wert zurückgeht. Das Zeitkonstantenglied ist selbstverständlich so bemessen, daß die Modulation nicht ausgeregelt wird.

Die Anodenspannung der Oszillatorröhre läßt sich von Hand auf vorgewählte Werte einstellen und wird elektronisch gegen Belastungsschwankungen stabilisiert. Damit ist die Möglichkeit gegeben, jeweils optimale Schwingbedingungen und Schwingkreisspannungen einzustellen und diese bei annähernd konstanter Empfindlichkeit über längere Zeiten und über größere Frequenzbereiche einzuhalten.

Die Größe des Rauschens wird durch das nichtlineare Oszillatorrauschen bestimmt, das Kreisrauschen fällt demgegenüber nicht ins Gewicht. Als Beweis dafür kann gelten, daß beobachtungsgemäß das der Schwingkreisspannung aufmodulierte Rauschen mit kleiner werdender Schwingkreisspannung größer wird. Wäre das Kreisrauschen bestimmend, so müßte umgekehrt die Rauschmodulation mit der Schwingkreisspannung anwachsen, weil sich bei großen Schwingkreisspannungen die Krümmung der Röhrenkennlinie stärker bemerkbar macht. Der starke Anstieg der Rauschmodulation bei kleinen Schwingkreisspannungen kann dadurch erklärt werden, daß hier die Empfindlichkeit der Schwingkreisspannung gegen Änderungen der Schwingbedingungen sehr groß wird. Die Emissionsschwankungen der Oszillatorröhre bedingen Schwankungen der mittleren Steilheit und damit unregelmäßige Änderungen der Schwingbedingungen, die sich als Rauschkomponente der Schwingkreisspannung manifestieren. Die Schwankungen der Schwingkreisspannung als Folge der Steilheitsschwankungen der Röhre werden aber um so größer, je kleiner die Schwingkreisspannung wird.

Bei sorgfältiger Dimensionierung und Anordnung der Schaltelemente schwingt der Oszillator bis herab zu Schwingkreisspannungen von 1 mV stabil. Durch die hohe Empfindlichkeit des Oszillators in diesem Bereich der Schwingkreisspannung gegen Änderungen der Schwingbedingungen wächst jedoch die Rauschkomponente der Modulation in der beschriebenen Weise stärker an als die Kernresonanzkomponente, so daß sich das Signal-Rauschverhältnis verschlechtert. Erst bei Schwingkreisspannungen von etwa 10 mV tritt eine Verbesserung des Signal-Rauschverhältnisses soweit ein, daß Linienprofile ermittelt werden können.

Als HF-Gleichrichter wird eine Kristalldiode verwendet.

Dem NF-Vorverstärker folgt ein Schmalbandverstärker, der aus zwei gleichen Stufen aufgebaut ist, deren Doppel-T-Glieder sorgfältig auf die wählbaren Frequenzen des Tonfrequenzgenerators von 30, 78, 180 und 800 Hz, abgestimmt wurden. Das Hintereinanderschalten beider Stufen hat allein den Zweck, die Weit-ab-Selektion zu erhöhen, während die Bandbreite durch diese Maßnahme

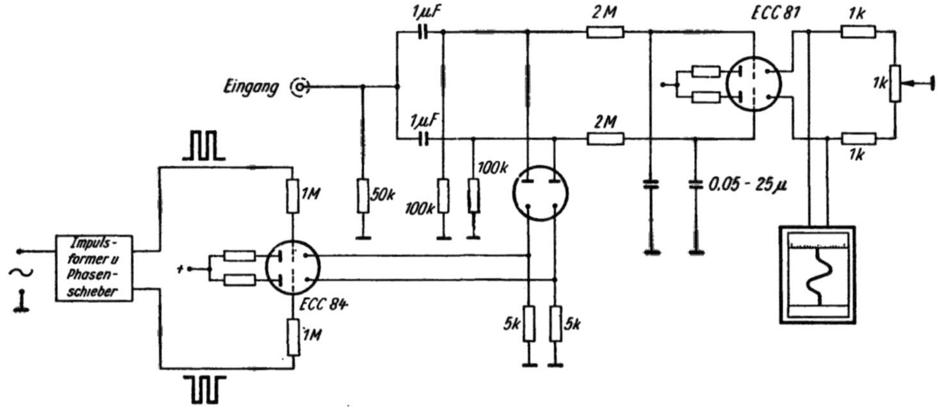

Abb. 5. Phasenempfindlicher Gleichrichter.

nicht wesentlich herabgesetzt wird. Die relative Bandbreite des Schmalbandverstärkers läßt sich in der üblichen Weise durch Verstellung der Gegenkopplung bis auf $\Delta f/f = 0{,}04$ reduzieren. Von einer weiteren Erhöhung der Schmalbandigkeit wurde im Hinblick auf die hohe Konstanz aller Filter, die dann notwendig wird, abgesehen.

In dem Gerät wird ein Lock-in-Verstärker nach Cox verwendet, den Abb. 5 zeigt.

Die Kondensatoren, die in den beiden Zweigen des Modulators liegen, und die jeweils dazugehörigen Ableitwiderstände wurden so bemessen, daß die Höhe der Spannungsimpulse, die durch das periodische Schalten der Diodenanlaufströme an den Ableitwiderständen entstehen, unterhalb einer kritischen Grenze bleiben und auch bei kleinerer Zeitkonstante keine Störungen am Schreiber verursachen.

Abb. 6 zeigt ein Probespektrum, das an pulverförmigen NaBr aufgenommen wurde.

Institut für Gerätebau der Deutschen Akademie der Wissenschaften zu Berlin

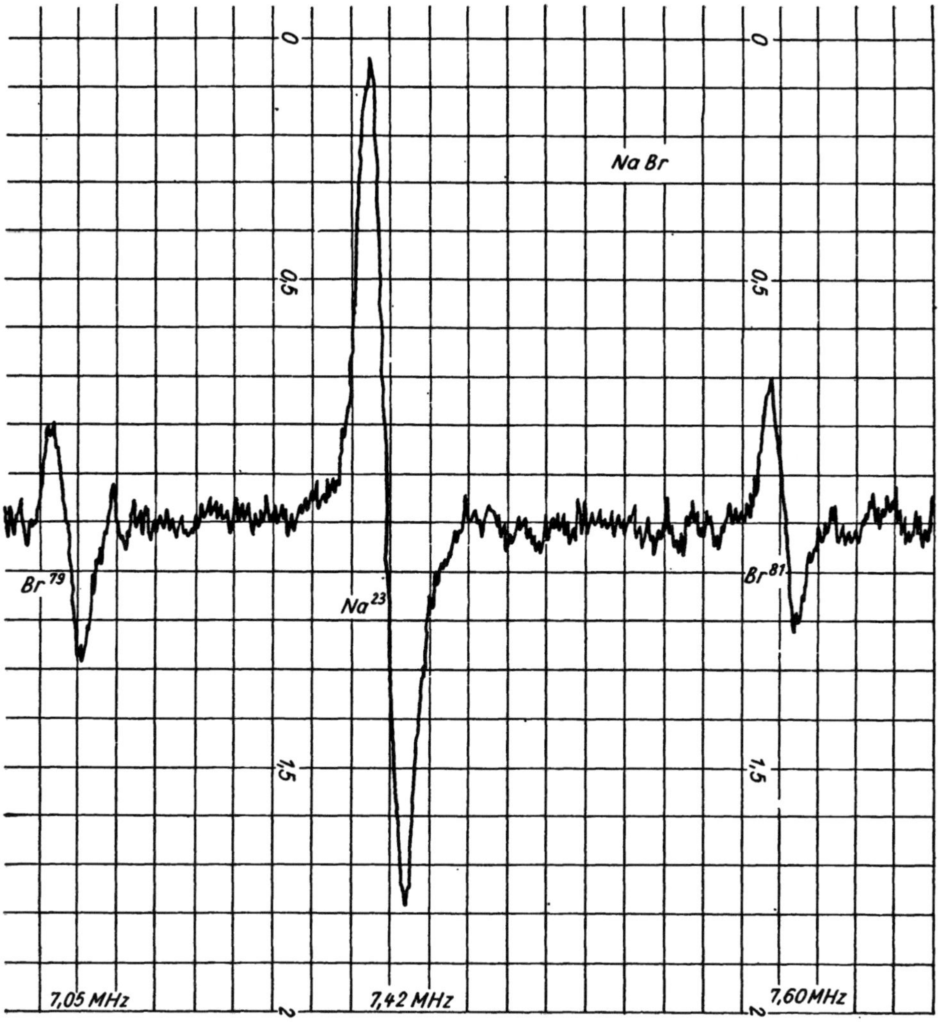

Abb. 6. Kernmagnetresonanzspektrum, aufgenommen an pulverförmigem NaBr.

Beiträge zur Präzisionsbestimmung von Spulenkonstanten mit Protonen-Magnetometern

von H. SCHMIDT, Niemegk

Die Einführung von Protonen-Magnetometern in die erdmagnetische Meßtechnik hat nicht nur zu einer entscheidenden Erweiterung und Genauigkeitssteigerung geomagnetischer Absolutbestimmungen geführt, sondern auch anderen magnetischen Meßvorhaben neue Möglichkeiten eröffnet. Eines dieser Anwendungsgebiete betrifft die Präzisionsmessung von Spulenkonstanten. Falls sich mit den zu prüfenden Spulen hohe Felder erzeugen lassen, kann man die übliche Kernresonanzmethode anwenden und den Strom ermitteln, der zu einem Magnetfeld vorgegebener Protonen-Resonanz-Frequenz führt. Handelt es sich hingegen — wie im vorliegenden Falle — um Spulen, die nur kleine Felder in der Größenordnung des Erdmagnetfeldes liefern, so erweist es sich als zweckmäßig, das Erdfeld selbst zur Eichung zu benutzen.

Bisher wurde meist eine erdmagnetische Feldkomponente bekannter Intensität unter Zuhilfenahme eines Nullindikators kompensiert. Bei diesem Verfahren muß eine richtungsmäßige Übereinstimmung von Feldkomponente, Spulenachse und Empfindlichkeitsachse des Nullindikators vorausgesetzt werden. Weiterhin ist eine absolute Nullanzeige Bedingung. Gerade in dieser Hinsicht können neuere elektronisch arbeitende Anordnungen, wie beispielsweise Saturationskern-Sonden, als Pseudo-Nullindikator wirken und eine Nullanzeige in einem nicht völlig verschwindenden Felde vortäuschen [1]. Sofern man Spulenkonstanten-Genauigkeiten von 1% als ausreichend ansieht, treten keine besonderen Schwierigkeiten auf. Strebt man höhere Genauigkeiten an, so ergeben sich sehr kritische Forderungen an die Nullindikator-Orientierung sowie an die absolute Nullanzeige, so daß es mit der klassischen Methodik schwer ist, Spulenkonstanten mit geringerer Unsicherheit als 10^{-3} zu messen.

An Eichfeldern stehen die Horizontalintensität H, die Vertikalintensität Z und die Totalintensität T zur Verfügung. Aus einfachen Orientierungsbetrachtungen folgt, daß sich für die Spulenkonstantenbestimmung T wesentlich besser als H oder Z eignet. Davon ist bisher kaum Gebrauch gemacht worden, weil T mit klassischen Methoden nicht direkt meßbar ist, sondern erst aus H bzw. Z und der Inklination errechnet wird und demzufolge größere relative Fehler als H oder Z aufweist. Der Vorteil von Protonen-Magnetometern, gerade die Totalintensität besonders genau zu ermitteln, kommt der Spulenkonstantenmessung zugute, so daß es — besonders auch im Hinblick auf die relativ unkritischen Forderungen an

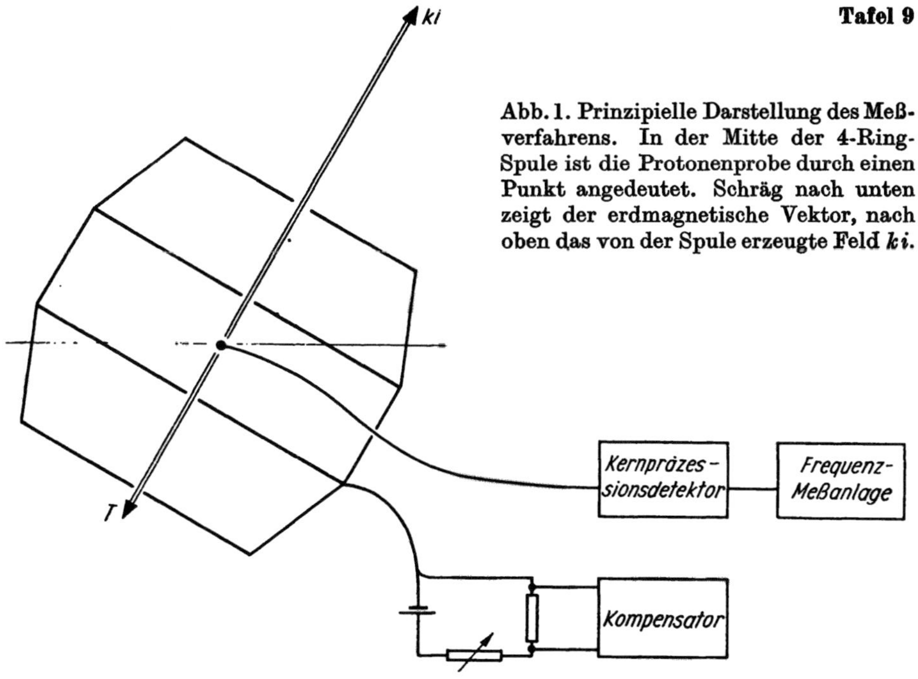

Abb. 1. Prinzipielle Darstellung des Meßverfahrens. In der Mitte der 4-Ring-Spule ist die Protonenprobe durch einen Punkt angedeutet. Schräg nach unten zeigt der erdmagnetische Vektor, nach oben das von der Spule erzeugte Feld ki.

Abb. 2. Die Spule, an der das Verfahren erprobt wurde (hergestellt vom Wissenschaftlich-Technischen Büro f. Gerätebau, Berlin).

die Orientierung des Meßkopfes — vorteilhaft ist, hierfür Magnetometer mit freier Präzession zu benutzen.

Man könnte die bisherige Nullindikatormethodik beibehalten und nur die T-Messung mit Kernpräzessions-Magnetometern vornehmen. Hierbei treten aber wiederum Anzeige- und Orientierungsfehler des Nullindikators auf. Deshalb wird grundsätzlich auf eine Nullanzeige verzichtet und die Übereinstimmung des Spulenfeldes mit der Totalintensität nicht auf den direkten Vergleich 1:1, sondern auf den 2:1 zurückgeführt, d. h., man gleicht das Spulenfeld derart ab, daß es genau dem doppelten Betrage der Totalintensität entspricht.

Auf Grund der vorstehenden Überlegungen hat sich das folgende Vorgehen als zweckmäßig erwiesen. Die Spule wird grob in die Richtung des erdmagnetischen Vektors orientiert. Vorerst erfolgt eine normale T-Messung ohne Spulenstrom, die die Präzessions-Kreisfrequenz

$$\omega_1 = \gamma_{pr}\, T \tag{1}$$

liefert. γ_{pr} bedeutet das gyromagnetische Verhältnis des Protons. Nach Einschalten des Spulenstromes i, dessen Polarität so gewählt wird, daß das Spulenfeld der Totalintensität entgegengerichtet ist, wie es die Abbildung 1 andeutet, erfolgt eine zweite Messung:

$$\omega_2 = \gamma_{pr}\, (k\, i - T)\,. \tag{2}$$

Mit k ist die Spulenkonstante bezeichnet.

Der Strom wird so lange variiert, bis sich ω_1 und ω_2 gleichen. Nach vollzogenem Abgleich ($\omega_1 = \omega_2 = \omega$) folgt die Spulenkonstante zu

$$k = \frac{2\,\omega}{\gamma_{pr}\, i}\,. \tag{3}$$

Für den Fall, daß die Spulenachse um den Winkel α falsch gegen die Richtung des erdmagnetischen Vektors orientiert ist, ergibt sich

$$k = \frac{2\,\omega \cos\alpha}{\gamma_{pr}\, i}\,. \tag{4}$$

Wie aus Fehlerbetrachtungen [2] folgt, läßt sich der Winkel α ohne weiteres so klein halten, daß eine relative Genauigkeit von 10^{-5} in k gewährleistet wird. Die Größen ω und i können ebenfalls auf 10^{-5} genau bestimmt werden, so daß letzten Endes die Unsicherheit des gyromagnetischen Verhältnisses, die bei etwa $2 \cdot 10^{-5}$ liegt [3], rein formelmäßig die Grenze für eine Absolutbestimmung von Spulenkonstanten nach dieser Methode bildet.

Wie die derzeit vorliegenden Absolutbestimmungen [3], [4] zeigen, dürfte eine geringe Abhängigkeit des γ_{pr} vom Magnetfeld bestehen, die auch durch erdmagnetisch gewonnene γ_{pr}-Werte bestätigt zu werden scheint.

Die Beziehung (4) gilt natürlich nur, wenn sich die Probe im homogenen Feld der Spule befindet. Man muß somit danach trachten, mit möglichst kleinen Probenvolumina auszukommen und die Eingangsschaltung des Kernpräzessionsdetektors entsprechend zu bemessen.

Das Verfahren wurde erstmals an der in Abbildung 2 gezeigten Fanselauschen Spule [5] ausprobiert, deren Hauptringe einen Durchmesser von etwa 70 cm haben. Wie aus Abschätzungen von KAUTZLEBEN [6] hervorgeht, folgt für eine zulässige Feldinhomogenität von 10^{-5} ein Kugelradius von 7 cm. Sicherheitshalber wurde dieser Bereich nicht voll ausgenutzt und nur eine Probe von 90 cm³ verwendet, deren Volumenelemente sich an keiner Stelle weiter als 4 cm vom Spulenmittelpunkt entfernt befinden. Daß von den Feldinhomogenitäten keine störenden Einflüsse herrührten, ging auch aus der genügend langen Abklingzeit des Präzessionssignals hervor.

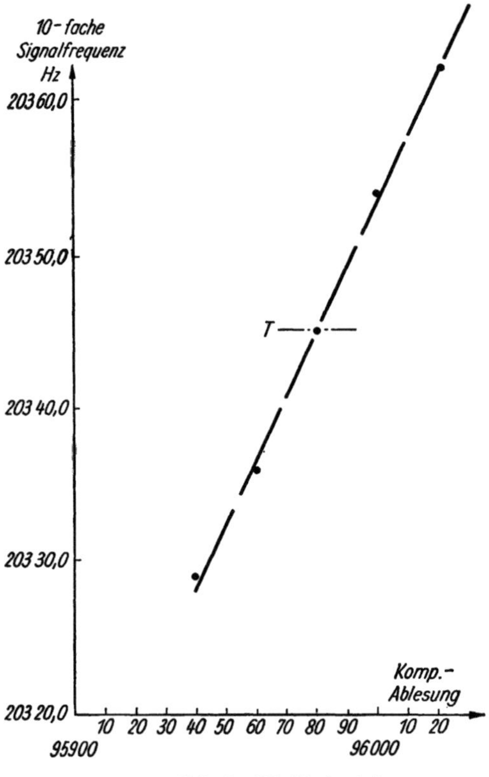

Abb. 3. Meßbeispiel.

Die Meßpraxis ergab, daß es nicht zweckmäßig ist, den Strom auf Frequenzgleichheit einzustellen, sondern daß man ihn besser in Stufen variiert und den durch die Frequenzübereinstimmung gegebenen Stromwert graphisch ermittelt. Die Abbildung 3 gibt ein Meßbeispiel. Auf diese Weise wird man frei von störenden erdmagnetischen Variationen. Eine Reduktion auf die Änderungen des geomagnetischen Feldes ist im Gegensatz zu den eingangs geschilderten klassischen Methoden unnötig.

Die aus Fehlerbetrachtungen an (4) gefolgerte Grenze von $2 \cdot 10^{-5}$ als Fehler in k läßt sich aus Gründen unterschiedlicher Erwärmung des Spulensystems sowie thermischer Hysterese-Erscheinungen praktisch nicht erreichen, sofern man nicht eine besonders sorgfältige Temperierung des Meßraumes vorsieht. Die übliche temperaturgeregelte Einschaltung von Heizkörpern genügt keinesfalls. Die nach der oben angegebenen Methode durchgeführten Bestimmungen des Temperaturkoeffizienten der Spulenkonstanten ergaben den Wert von $-2{,}5 \cdot 10^{-5}$/Grad in der Darstellung

$$k = k_0 \{1 + \beta (t - t_0)\} . \quad (5)$$

Hierin bedeuten β den Temperaturkoeffizienten, k_0 die bei der Temperatur t_0 ermittelte Spulenkonstante. Da ein ähnlicher Wert von β auch für die einzelnen Ringe als gültig angenommen werden kann, läßt sich leicht abschätzen, daß bei Temperierungen auf ± 1 Grad genau in Anbetracht thermischer Hysterese-Vorgänge eine genauere Angabe der Spulenkonstante als $1 \cdot 10^{-4}$ nicht zutreffend ist. Gründsätzlich ist natürlich bei Berücksichtigung dieser Schwierigkeiten in besonders gut geregelten Meßräumen die durch die Unsicherheit des γ_{pr} gegebene Grenze erreichbar.

Das Verfahren läßt sich mit geringen Abänderungen auch dann anwenden, wenn eine Orientierung der Spule in die Richtung des erdmagnetischen Vektors nicht exakt möglich ist.

Literatur

[1] Schmidt, H., Die Nullpunktsstabilität von Förstersonden. Freiberger Forschungshefte C 22, Serie Geophysik, Akademie-Verlag, Berlin 1956, S. 20—28.

[2] Schmidt, H., Eine neue Methode zur Präzisionsbestimmung von Spulenkonstanten mittels Kerninduktion. Erdmagn. Jahrbuch Niemegk 1957, Akademie-Verlag, Berlin 1960.

[3] Driscoll, R. L., Thomas, H. A. u. Hipple, J. A., The absolute value of the gyromagnetic ratio of the proton. Phys. Rev. 78, 339 (1950).

[4] Bender, P. L. u. Driscoll, R. L., Gyromagnetic ratio of proton reditermined. Summary Technical Rep. of NBS 2269 (1958).

[5] Fanselau, G., Die Erzeugung weitgehend homogener Magnetfelder durch Kreisströme. Z. f. Phys. 54, 260—269 (1929).

[6] Kautzleben, H., Über die Homogenität der Magnetfelder von Kreisspulen. Abh. des Geomagnet. Inst. Potsdam Nr. 21. Akademie-Verlag, Berlin 1958, S. 63—69.

Geomagnetisches Institut der Deutschen Akademie der Wissenschaften zu Berlin, Potsdam

Elektronenresonanz und chemische Bindung

von G. WEBER, Jena

Messungen der magnetischen Eigenschaften dienten von jeher dazu, die Struktur und die Bindungsverhältnisse paramagnetischer Substanzen (insbes. von Komplexverbindungen) aufzuklären.

Im Vordergrund standen früher die Bestimmungen von *Suszeptibilitäten*, die aber nur Mittelwertaussagen über diejenigen Energieniveaus der paramagnetischen Ionen ergeben, die bei der gewählten Versuchstemperatur besetzt sind. Die Genauigkeit dieser Messungen der magnetischen Momente ist wesentlich beschränkt durch die stets notwendige Diamagnetismuskorrektur.

Reichhaltigere Informationen liefern die *magnetischen Resonanzmethoden*, die in den vergangenen 15 Jahren intensiv entwickelt und angewandt worden sind. Die Beobachtung der *Elektronenresonanz*, auf deren Betrachtung dieser Vortrag beschränkt werden soll, macht direkte, präzise Untersuchungen der niedrigsten Energieniveaus eines paramagnetischen Ions möglich. Das Resonanzspektrum hängt sehr empfindlich von der Umgebung des Ions im Komplex oder Kristall (vom Ligandenfeld) ab. Man kann deshalb Aussagen über die Symmetrie der Anordnung der unmittelbaren diamagnetischen Nachbarn (Liganden) um das Ion herum und über die Art und die Stärke der Bindungen zwischen diesen und dem Ion gewinnen. Unter diesem Gesichtspunkt sollen im folgenden die Resultate der Elektronenresonanzmethode analysiert werden.

I. Meßdaten der Elektronenresonanzexperimente

Nach der allgemeinen Theorie von ABRAGAM und PRYCE [1] sind die Energieniveaus eines Ions im Kristall oder Komplex durch die Eigenwerte des folgenden HAMILTON-Operators gegeben:

$$H = H_F + V + H_{LS} + H_{SS} + \beta\, \mathfrak{H}\, (\mathfrak{L} + 2\, \mathfrak{S}) + H_N - \gamma\, \beta_N\, \mathfrak{H}\, \vec{I}\,. \qquad (1)$$

In diesem Ausdruck bestimmt H_F die Niveaus des freien, von seiner Umgebung isolierten Ions (Niveauabstand in der Größenordnung 10^5 cm^{-1}). V beschreibt die Verschiebungen und Aufspaltungen dieser Niveaus auf Grund der Wechselwirkung mit den Liganden (Ligandenfeld: elektrostatische Wechselwirkung und kovalente Bindung). Die Aufspaltungen Δ_i des Ligandenfeldes V sind in der Größenordnung von 10^3 bis 10^4 cm^{-1}. Durch den Spin-Bahn-Kopplungsanteil H_{LS} (Kopplungskonstante ζ in der Größenordnung 10^2 cm^{-1}) können weitere

Aufspaltungen hervorgerufen und Zustände verschiedener Ligandenfeldniveaus gemischt werden. H_{SS} stellt die magnetische Wechselwirkung zwischen den Elektronenspins dar (Aufspaltungen von spinentarteten Niveaus in der Größenordnung 1 cm^{-1}). Der Term $\beta \mathfrak{H} (\mathfrak{L} + 2 \mathfrak{S})$ ergibt den Effekt des äußeren, statischen Magnetfeldes $\mathfrak{H}$; er erzeugt die ZEEMAN-Niveauaufspaltungen, zwischen denen bei der Elektronenresonanz Übergänge beobachtet werden (Niveauabstände in der Größenordnung 1 cm^{-1}). H_N enthält die magnetische und elektrische Wechselwirkung zwischen den Elektronen und den Atomkernen (Größenordnung 10^{-2} cm^{-1}), und das Glied $\gamma \beta_N \mathfrak{H} \vec{I}$ beschreibt die Wechselwirkung eines Atomkerns mit dem Magnetfeld $\mathfrak{H}$.

Für die Elektronenresonanz spielt nur die unterste Gruppe der von den ersten vier Gliedern von (1) erzeugten Niveaus eine Rolle, wenn zunächst von H_N abgesehen wird. Die zugehörigen Zustände hängen im allgemeinen in komplizierter Weise von dem betreffenden Ion (Ausgangszustand von H_F), von der Symmetrie und der Stärke des Ligandenfeldes (V) und von der Spin-Bahn-Kopplung (H_{LS}) ab. Zur Beschreibung der reinen Versuchsergebnisse wird aber die Kenntnis dieser komplizierten Abhängigkeiten nicht benötigt.

Die Gruppe der niedrigsten Energieniveaus kann durch eine einzige Quantenzahl S', den effektiven Spin des Systems, charakterisiert werden, obwohl die zugehörigen Zustände eine komplizierte Mischung von Bahn- und Spinzuständen darstellen. S' ist so definiert, daß $2\,S' + 1$ die Zahl der Niveaus in der untersten Gruppe angibt. Für Temperaturen, bei denen nur diese Niveaus im wesentlichen bevölkert sind, kann das paramagnetische Ion als ein magnetischer Dipol betrachtet werden, der $2S'+1$ Einstellmöglichkeiten im Magnetfeld hat, so daß jedes Niveau zu einer solchen Orientierung gehört.

Zusammen mit den aus H_{SS} bei niedrigerer als kubischer Symmetrie folgenden Anteilen der Nullfeldaufspaltung und den Wechselwirkungen mit Atomkernen können die Niveaus der Resonanzübergänge im Magnetfeld durch den sogenannten Spin-HAMILTON-Operator **H** [2] erfaßt werden, der für rhombische Symmetrie [3]

$$\begin{aligned}\mathbf{H} = {} & \beta\,(g_z H_z S'_z + g_x H_x S'_x + g_y H_y S'_y) + D\left[S'^2_z - \frac{1}{3} S'(S'+1)\right] + E\,(S'^2_x - S'^2_y) \\ & + A_z S'_z I_z + A_x S'_x I_x + A_y S'_y I_y \\ & + P\left\{I^2_z - \frac{1}{3}\, I\,(I+1)\right\} + P'(I^2_x - I^2_y) - \gamma\,\beta_N\,\mathfrak{H}\,\vec{I}\,, \end{aligned} \tag{2}$$

für axiale Symmetrie

$$\begin{aligned}\mathbf{H} = {} & \beta\,[g_{\parallel} H_z S'_z + g_{\perp} (H_x S'_x + H_y S'_y)] + D\left[S'^2_z - \frac{1}{3} S'(S'+1)\right] \\ & + A\,S'_z I_z + B\,(S'_x I_x + S'_y I_y) + \cdots \end{aligned} \tag{2a}$$

und für kubische Symmetrie

$$\mathbf{H} = \beta\,g\,[H_z S'_z + H_x S'_x + H_y S'_y] + A\,(S'_z I_z + S'_x I_x + S'_y I_y) + \cdots \tag{2b}$$

lautet.

Die Energieniveaus findet man durch Lösung des Eigenwertproblems $\mathbf{H}\,\psi = E_0\,\psi$ wobei ψ die Wellenfunktionen von Zuständen des effektiven Spins darstellt.

Die Benutzung des Spin-HAMILTON-Operators hat den Vorteil, daß das komplizierte Verhalten der niedrigsten Energieniveaus des paramagnetischen Ions im Magnetfeld auf relativ einfache Weise durch Festlegung des effektiven Spins und einer kleinen Anzahl von Parametern g_z, g_x, g_y, D, E, A_z, A_x, A_y usw. beschrieben werden kann. Die spektroskopischen Aufspaltungsfaktoren g_z, g_x, g_y gewinnt man experimentell aus der Lage der Absorptionslinien im Magnetfeld, den Nullfeldaufspaltungsparameter D aus dem Abstand von Feinstrukturkomponenten und die A_z, A_x, A_y aus den Abständen von Hyperfeinstruktur-(Hfs)-Komponenten des Zentralkerns.

Wenn die Liganden auch zur Hfs beitragen, dann hat man (2) durch

$$\sum_k (A_z^k\,S_z'\,I_z^k + A_x^k\,S_x'\,I_x^k + A_y^k\,S_y'\,I_y^k) \tag{3}$$

zu ergänzen, wobei die Summe über alle mit den ungepaarten Elektronen in Wechselwirkung stehenden Ligandenkerne zu erstrecken ist. Die neuen Parameter A_z^k usw. können ebenfalls aus den Abständen der entsprechenden Hfs-Komponenten bestimmt werden.

Neben den Parametern des Spin-HAMILTON-Operators werden noch Halbwertsbreiten und relative Intensitäten von Resonanzlinien beim Experiment ermittelt.

Ausführliche Darstellungen der Verwendung des Spin-HAMILTON-Operators sind in [4], [5] und [6] zu finden, deshalb soll hier nicht weiter darauf eingegangen werden.

II. Auswertung der Elektronenresonanzdaten

Aussagen über die Ligandenumgebung des paramagnetischen Ions und über Art und Stärke der chemischen Bindung können aus den Elektronenresonanzdaten nur in Verbindung mit einer eingehenden, auf dem HAMILTON-Operator (1) beruhenden Theorie gemacht werden. Denn die Parameter des Spin-HAMILTON-Operators müssen mit solchen Größen verknüpft werden, die

a) die Stärke des von den Liganden erzeugten elektrostatischen Feldes oder die Art und das Ausmaß der kovalenten Bindung,
b) die Verteilung der magnetisch wirksamen Elektronen über die Komplexverbindung und
c) die Stärke der Spin-Bahn-Kopplung

zum Ausdruck bringen.

Man erhält diese Zusammenhänge durch schrittweise Anwendung des quantenmechanischen Störungsverfahrens auf den HAMILTON-Operator (1) (siehe [7]).

Der im allgemeinen sowohl bahn- als auch spinentartete Grundzustand des freien Ions, von dem man ausgeht, spaltet durch die Einwirkung des Ligandenfeldes V in eine von dessen Symmetrie abhängige Anzahl Terme auf.

Als Beispiel sei die Aufspaltung der $3d$-Schale der Übergangsmetalle der Eisenreihe in einem sehr starken kubischen Ligandenfeld (O_h-Symmetrie der Ligandenumgebung) mit schwächerer trigonaler Komponente (D_3-Symmetrie) erwähnt (Abb. 1). Es ergeben sich eine um Δ aufgespaltene Unterschale, die 6 Elektronen aufnehmen kann, und 2 höher gelegene Niveaus. Die Wellenfunktionen dieser Zustände sind bei reiner elektrostatischer Wechselwirkung nur aus den Wellenfunktionen des freien Zentralions aufgebaut. Wenn kovalente Bindung vorliegt, dann sind sie noch mit Ligandenfunktionen gemischt.

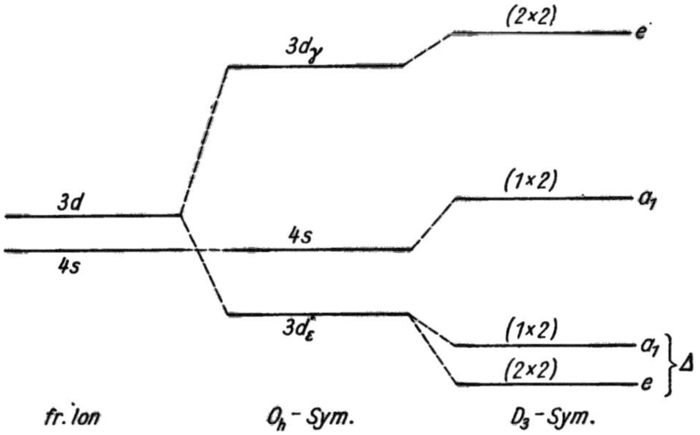

Abb. 1. Die Ein-Elektronen-Niveaus der 3*d*- und 4*s*-Schale in einem starken kubischen Ligandenfeld mit schwächerer trigonaler Komponente (Bezeichnung der Niveaus bei O_h-Symmetrie nach BETHE, bei D_3-Symmetrie nach MULLIKEN). Die Zahlen über den Niveaustrichen geben die Bahn- und Spinentartung an.

Wird zur Beschreibung der kovalenten Bindung die einfache LCAO-MO-Methode verwendet, so ergeben sich z. B. für den Fall, daß das Zentralion von 6 Liganden trigonal-antiprismatisch (D_3-Symmetrie) umgeben ist (vgl. die in Abb. 2 angegebene schematische Darstellung von Trisdipyridyl-Komplexen), für die beiden tiefsten Niveaus (a_1, e) der Abb. 1 die Wellenfunktionen:

$$\left.\begin{array}{l} \left.\begin{array}{l} \Psi_0^1 = -\cos\varepsilon\, N_{2\pi}\left[\frac{1}{\sqrt{6}}(2\,d_{\xi\eta} - d_{\eta\zeta} - d_{\zeta\xi}) + \delta_2\pi_{\mathrm{III}}\right] + \sin\varepsilon\, N_{2\sigma}\,[d_{\zeta^2} - \gamma_2\,\sigma_{\mathrm{III}}] \\ \Psi_0^2 = -\cos\varepsilon\, N_{2\pi}\left[\frac{1}{\sqrt{2}}(d_{\eta\zeta} - d_{\zeta\xi}) + \delta_2\pi_{\mathrm{II}}\right] + \sin\varepsilon\, N_{2\sigma}\,[d_{\xi^2-\eta^2} - \gamma_2\,\sigma_{\mathrm{II}}] \end{array}\right\}(e) \\ \Psi_1^1 = -\cos\alpha\, N_{1\pi}\left[\frac{1}{\sqrt{3}}(d_{\xi\eta} + d_{\eta\zeta} + d_{\zeta\xi}) + \delta_1\pi_{\mathrm{I}}\right] + \sin\alpha\, N_{1\sigma}[(4s) - \gamma_1\,\sigma_{\mathrm{I}}]\ (a_1)\,. \end{array}\right\}(4)$$

Sie enthalten als Parameter die Mischungskoeffizienten der (3*d*)- und (4*s*)-Funktionen, die Mischungskoeffizienten γ_1, γ_2 bzw. δ_1, δ_2 für die kovalenten σ- bzw. π-Bindungen und in den Normierungsfaktoren $N_{1\sigma}, N_{2\sigma}, N_{1\pi}, N_{2\pi}$ noch Überlappungsintegrale zwischen den Zentralionfunktionen und den Liganden-σ- und -π-Funktionen. (σ_{I}, σ_{II}, σ_{III} bzw. π_{I}, π_{II}, π_{III} sind Linearkombinationen entsprechender Funktionen der Liganden.)

Die weitere Durchführung der Störungsrechnung mit dem Glied H_{LS} von (1) vermischt nun wiederum die Zustände der Elektronenschale mit niedrigster Energie, und als neue Parameter kommen die Spin-Bahn-Kopplungskonstante ζ und die die Stärke des Ligandenfeldes charakterisierenden Ligandenfeld-Aufspaltungen Δ_i hinzu.

Wenn die im obigen Beispiel (Abb. 1) erwähnte Unterschale mit nur 5 Elektronen besetzt ist ($3d^5$-Konfiguration eines stark gebundenen Komplexes [6]), dann resultieren durch die Spin-Bahn-Kopplung 3 KRAMERS-Dubletts, deren relative Lagen durch ζ und Δ im wesentlichen bestimmt sind (Abb. 3).

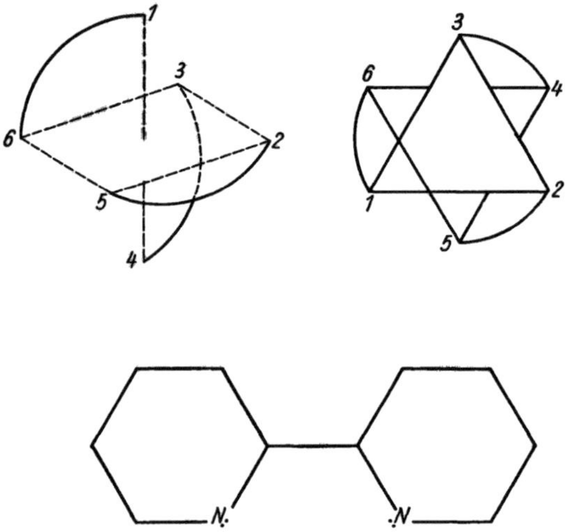

Abb. 2. Schematische Darstellung von Trisdipyridyl-Komplexen. (Die zwischen 1,6 usw. gezeichneten Bogen im oberen Teil der Abb. sollen die Lage der Dipyridyl-Molekeln (unterer Teil der Abb.) veranschaulichen; die Zentralionen sind nicht eingezeichnet.)

In die neuen Wellenfunktionen gehen aber ζ und Δ nur im Verhältnis ζ/Δ ein, und wenn die Zustände mehrerer Niveaus gemischt werden, treten entsprechend mehr Verhältnisse ζ/Δ_1, ζ/Δ_2 usw. auf.

Im Falle $S' > 1/2$ ergeben sich in der 2. Näherung der Störungsrechnung mit H_{LS} und in 1. Näherung mit H_{SS} die den Gliedern $D\,[S_z'^2 - 1/3\,S'\,(S'+1)] + E\,(S_x'^2 - S_y'^2)$ des Spin-HAMILTON-Operators entsprechenden Nullfeldaufspaltungen. So erhält man die Verknüpfungen zwischen den Meßwerten D und E der Elektronenresonanz und den Verhältnissen ζ/Δ_i sowie den Parametern der kovalenten Bindung.

Im nächsten Schritt der Störungsrechnung ergibt der Operator $\beta\,\mathfrak{H}\,(\mathfrak{L} + 2\,\mathfrak{S})$ die Aufspaltung in ZEEMAN-Niveaus, aus deren Abständen in bekannter Weise der gesuchte Ausdruck für den g-Faktor (g_x, g_y, g_z oder $g_{||}$, $g_{\perp}$) folgt.

Da in den meisten Fällen die kovalente Bindung der magnetisch wirksamen Elektronen selbst schwach ist, sind die Verhältnisse ζ/Δ_i die wichtigsten Parameter in g. Bei reiner elektrostatischer Wechselwirkung sind sie auch die einzigen Parameter. Häufig lassen sich die experimentellen g-Werte jedoch nur durch die Annahme von kovalenter Bindung (also durch Berücksichtigung der entsprechenden weiteren Parameter im Ausdruck für g) richtig erfassen. Sogar bei solchen ausgesprochen ionenhaft erscheinenden Komplexen wie $[M(H_2O)_6]$ (mit M = Übergangsmetall der Eisenreihe) hat OWEN [8] festgestellt, daß optische Absorptionskoeffizienten und Elektronenresonanzergebnisse nur in Einklang gebracht werden können, wenn schwache kovalente Bindung angenommen wird. (Für $[M(H_2O)_6]^{2+}$ ist die Aufenthaltswahrscheinlichkeit eines der ungepaarten Elektronen bei den Liganden wegen σ-Bindung ungefähr 0,2 und für $[M(H_2O)_6]^{3+}$ ungefähr 0,3 durch σ-Bindung und 0,1 durch π-Bindung.)

Zur Auswertung der g-Faktor-Formeln wird meistens der Wert des freien Ions für ζ angenommen, da ζ hauptsächlich durch die Steilheit des effektiven Potentials in unmittelbarer Umgebung des Zentralions bestimmt wird. Wenn aber Liganden mit „einsamen Elektronenpaaren" (z. B. Dipyridyl) vorhanden sind, dann kann wegen starker dativer σ-Bindung durch diese Elektronen die Steilheit des effektiven Potentials wesentlich erhöht werden und eine bedeutende Zunahme von ζ resultieren, wie weiter unten bei den Trisdipyridyl-Komplexen festgestellt werden wird.

Wenn die magnetisch wirksamen Elektronen selbst stark an der Bindung beteiligt sind, so äußert sich das oft wegen des JAHN-TELLER-Effektes [9] in einem großen Niveauabstand Δ, der der Wirkung eines starken Ligandenfeldes niederer Symmetrie entspricht. Auch darauf wird bei den Trisdipyridyl-Komplexen nochmals eingegangen.

Die Parameter A_z, A_x, A_y bzw. A_z^k, A_x^k, A_y^k der magnetischen Hfs-Wechselwirkung mit dem Zentralkern bzw. mit Ligandenkernen ergeben sich durch Fortführung der Störungsrechnung mit den magnetischen Anteilen von H_N in (1). Dabei hat man 2 Glieder, die FERMIsche Kontaktwechselwirkung von s-Elektronen und die Dipol-Dipol-Wechselwirkung zwischen Elektronen- und Kernspins zu unterscheiden:

$$2\,\beta\,\beta_N \frac{\mu_I}{I}\left\{\frac{8\,\pi}{3}\,\delta(\mathfrak{r})\,\mathfrak{s}\,\vec{I} + \frac{3(\mathfrak{r}\,\mathfrak{s})\,(\mathfrak{r}\,\vec{I})}{r^5} - \frac{\mathfrak{s}\,\vec{I}}{r^3}\right\}. \tag{5}$$

Die anisotrope Dipol-Dipol-Wechselwirkung mittelt sich bei gelösten Proben heraus. Bei Einkristalluntersuchungen tritt sie aber in Erscheinung.

Bemerkenswert ist, daß bei den Ionen der Eisenreihe die teilweise recht großen Hfs-Aufspaltungen wider Erwarten nicht durch diese Dipol-Dipol-Wechselwirkung der d-Elektronen mit dem Zentralkern erklärt werden konnten. ABRAGAM und PRYCE [1] schlugen daher die Annahme einer Konfigurationswechselwirkung $[(3d)^n$ mit $(3s\,3d^n\,4s)]$ und WOOD und PRATT [10] sowie HEINE [11] die Annahme von Austauschpolarisation der inneren s-Elektronen des Ions zur Erklärung der Diskrepanzen vor. Beide Vorschläge bedeuten Hinweise auf feinere Eigenschaften des Grundzustandes des Ions, die sich bei den g-Faktoren nicht bemerkbar machen.

Zu den Liganden-Hfs-Parametern können 3 Anteile beitragen, die wertvolle Informationen über die Art der chemischen Bindung liefern:

$$A_z^k = A_s^k + A_\sigma^k\,(3\cos^2\Theta_{z\sigma} - 1) + A_\pi^k\,(3\cos^2\Theta_{z\pi} - 1) \tag{6}$$

mit A^k_s = Anteil der isotropen Kontakt-Wechselwirkung über σ-Bindung und Konfigurationswechselwirkung;

A^k_σ = Anteil von σ-Elektronen und direkter Wechselwirkung zwischen dem Elektron in der Umgebung des Zentralions und dem Ligandenkern;

A^k_π = Anteil der π-Elektronen.

Indem Aufnahmen bei verschiedenen günstigen Orientierungen des Einkristalls vorgenommen werden, können die Bestandteile A^k_s, A^k_σ und A^k_π der Liganden-Hfs-Aufspaltungen ermittelt und damit Aussagen über die Aufenthaltswahrscheinlichkeit der ungepaarten Elektronen in s-, σ- und π-Zuständen der Ligandenatome gewonnen werden [12], [13]. Da aber Konfigurationswechselwirkungen zwischen π-, σ- und s-Zuständen den isotropen Anteil erhöhen können, erscheint eine Unterscheidung zwischen einem σ- und einem π-Bindungsanteil aus Liganden-Hfs-Messungen etwas fragwürdig.

Die Kenntnis der relativen Intensitäten von Hfs-Linien ist sehr wichtig für die Entscheidung, wieviel äquivalent gebundene Liganden gleicher Art vorhanden sind, da die von ihnen erzeugten Hfs-Linien sich in charakteristischer Weise überlagern.

Der Vollständigkeit halber sei noch auf einige Möglichkeiten hingewiesen, auch aus den gemessenen Halbwertsbreiten der Resonanzlinien Aussagen über die chemische Bindung zu erlangen, falls eine Trennung der einzelnen Effekte, die die Linienbreite beeinflussen, gelingt.

Nach der von Kramers abgeleiteten Formel für die Spin-Gitter-Relaxationszeit (vgl. z. B. [4]), in die ζ, Δ und die Temperatur T eingehen, können evtl. Abschätzungen der Werte von ζ und Δ im Vergleich zu kT vorgenommen werden.

Wenn trotz starker Ionenkonzentration in der festen Substanz relativ schmale Linien gefunden werden, so ist anzunehmen, daß Austauschverengung begünstigt durch kovalente Bindung vorliegt, und besonders schmale Linien können durch Delokalisierungsverengung hervorgerufen sein, die hauptsächlich bei Substanzen mit einem ausgedehnten System zusammenhängender π-Bindungen auftritt (vgl. [14]).

Weiterhin kann in solchen Fällen, in denen eine Auflösung von Liganden-Hyperfeinstrukturen nicht gelingt, aus der Breite der unaufgelösten Linien eine obere Grenze für die Aufenthaltswahrscheinlichkeit der ungepaarten Elektronen bei den Liganden ermittelt werden (vgl. z. B. [15]).

Alle in die Meßgrößen D, E, g, A, A^k eingehenden Parameter können wegen ihrer Vielzahl natürlich durch Elektronenresonanzmessungen allein nicht bestimmt werden. Wenn aber einige dieser Parameter durch anderweitige Messungen oder gesonderte theoretische Untersuchungen wenigstens abgeschätzt sind, so lassen sich doch an relativ komplizierten Verbindungen wertvolle Resultate erzielen, wie an Hand der folgenden Beispiele gezeigt werden soll.

III. Einige ausgewählte Beispiele

Die folgenden Beispiele, die zur Erläuterung der vorherigen Betrachtungen dienen sollen, sind so ausgewählt und angeordnet, daß sie von den offensichtlichsten Erscheinungen zu feineren Aussagen fortschreiten.

1. Valenzzustände paramagnetischer Übergangsmetallionen in diamagnetischen Kristallen [16], [17].

Für die Feststellung der Valenzzustände paramagnetischer Übergangsmetallionen, die sich in sehr geringer Konzentration (als Verunreinigungen) in diamagnetischen Kristallen befinden, ist die Elektronenresonanz eine hoch empfindliche Methode. Mit Hilfe der beigefügten Tabelle 1, für die g-Faktoren einiger $(3d)^n$-Konfigurationen aus der Zusammenstellung von Orton [17] entnommen sind, ist

Tabelle 1

$3d^3$	$(S' = 3/2)$	V^{2+}	in	MgO	$g = 1{,}9803$
		Cr^{3+}	in	MgO	$= 1{,}9800$
			in	ZnF_2	$\begin{cases} g_{\parallel} = 1{,}976 \\ g_{\perp} = 1{,}958 \end{cases}$
$3d^5$	$(S' = 5/2)$	Cr^{+}	in	NaF	$g = 2{,}000$
		Mn^{2+}	in	NaF	$= 2{,}015$
			in	CaF_2	$= 2{,}001$
			in	ZnF_2	$= 2{,}002$
			in	MgO	$= 2{,}0014$
		Fe^{3+}	in	MgO	$= 2{,}0037$
$3d^6$	$(S' = 1/2)$	Fe^{2+}	in	ZnF_2	$g = 8{,}97$
$3d^7$	$(S' = 1/2)$	Fe^{+}	in	NaF	$g = 4{,}344$
			in	MgO	$= 4{,}15$
		Co^{2+}	in	NaF	$\begin{cases} g_x = 4{,}3 \\ g_y = 3{,}3 \\ g_z = 5{,}7 \end{cases}$
			in	MgO	$g = 4{,}278$
			in	CaF_2	$\begin{cases} g_{\parallel} \sim 6{,}6 \\ g_{\perp} \approx 3{,}40 \end{cases}$
			in	ZnF_2	$\begin{cases} g_x = (2{,}6) \\ g_y = 6{,}05 \\ g_z = 4{,}1 \end{cases}$
$3d^8$	$(S' = 1)$	Co^{+}	in	NaF	$g = 2{,}31$
		Ni^{2+}	in	MgO	$= 2{,}225$
$3d^9$	$(S' = 1/2)$	Ni^{+}	in	NaF	$\begin{cases} g_{\parallel} = 2{,}766 \\ g_{\perp} = 2{,}114 \end{cases}$
		Cu^{2+}	in	MgO	$g = 2{,}190$

zu erkennen, daß für jede Konfiguration der g-Faktor, sehr grob gesehen, denselben Wert hat. Er ist in diesen Fällen hauptsächlich eine Eigenschaft des betreffenden Ions. Wenn die $3d$-Schale mehr als halb gefüllt ist, wird g (teilweise bedeutend) größer als der Wert für einen freien Spin (2,0023), und für die noch nicht halb gefüllte Schale gilt $g < 2{,}0023$. Dies zeigt, daß $\Delta g = g - 2{,}0023$ im wesentlichen durch die Spin-Bahn-Kopplung bestimmt ist, da diese einen entsprechenden Vorzeichenwechsel hat ($\zeta < 0$ für $n > 5$, $\zeta > 0$ für $n < 5$).

Bei starker Bindung zwischen dem Ion und seiner Umgebung (vgl. 3. unten) ergeben sich für die Konfigurationen $(3d)^5$ bzw. $(3d)^6$ die effektiven Spins $S' = 1/2$ bzw. 0; solche Fälle sind in der Tabelle nicht aufgeführt worden (unter 3. und 4. kommen wir darauf zurück).

Wenn also die Ionenart bekannt ist, kann aus der genäherten Größe des g-Faktors der Valenzzustand erschlossen werden. Zur Identifizierung der Ionenart kann häufig die Hfs herangezogen werden.

Es sei noch vermerkt, daß einige der in der Tabelle aufgeführten besonderen Valenzzustände (z. B. Cr^+, Fe^+, Co^+) durch Röntgen-, Gamma- oder Elektronenbestrahlung erzeugt wurden.

2. Symmetrie und Struktur von Komplexen.

Wenn die Abhängigkeit des g-Faktors von der Orientierung des Kristalls gegen die Magnetfeldrichtung bekannt ist, ergeben sich Aussagemöglichkeiten über das Ligandenfeld.

Die Untersuchungen an $[Cu(H_2O)_6]^{2+}$ in $(NH_4)_2$ Cu, $Zn(SO_4)_2 \cdot 6\,H_2O$ sollen hier kurz besprochen werden, da sie deutlich zeigen, daß die Anisotropie temperaturabhängig sein kann. Bei 290° K wurde $g_{\|} = 2{,}05$; $g_{\perp} = 2{,}26$ [18] und bei 90° K wurde $g_{\|} = 2{,}44$; $g_{\perp} = 2{,}05$ [19] gemessen. Diese Meßwerte sind theoretisch deutbar durch die Annahme, daß für 290° K die 6 H_2O-Liganden genähert an den Ecken eines gestauchten Oktaeders ($g_{\|} \sim 2$; $g_{\perp} = 2 + 6\,|\zeta|/\Delta$) und für 90° K an den Ecken eines verlängerten Oktaeders ($g_{\|} = 2 + 8\,|\zeta|/\Delta_1$; $g_{\perp} = 2 + 2\,|\zeta|/\Delta_2$) sitzen, in dessen Mittelpunkt das Cu-Ion liegt.

3. Komplexe mit Zentralion- und Liganden-Hfs.

Als Standardbeispiel darf hier wohl das von Griffiths, Owen und Ward [20], [21] genauer studierte $[IrCl_6]^{2-}$ in $(NH_4)_2$ [Ir, Pt, Cl_6] angesehen werden. Man fand für die $(5d)^5$-Konfiguration $S' = 1/2$, was auf starke Bindung hindeutet. Der g-Faktor war isotrop und gleich 1,775. Wenn das Magnetfeld parallel zu einer (Cl Ir Cl)-Achse wirkte, dann ergab sich eine recht übersichtliche Hfs von 16 Komponenten mit sehr charakteristischen Intensitätsverhältnissen. Sie konnte als Überlagerung der Hfs des Ir-Kerns ($I = 3/2$, 4 Linien) und zweier Cl-Kerne ($I = 3/2$, 7 Linien) mit einem Aufspaltungsverhältnis $A/A^k = 3$ beschrieben werden.

Zur theoretischen Erklärung nahm Stevens [12] an, daß das Loch der $5d_\varepsilon$-Unterschale des Ir-Ions teilweise von einem Elektron der Cl^--Liganden besetzt wird. Dies entspricht einer π-Bindung zwischen dem Zentralion und den Liganden. Etwa zu 5% ist dann bei einem Cl-Kern ein ungepaartes Elektron in $3p_\pi$-Wellenfunktionen vorhanden. So konnte die Liganden-Hfs und auch die Reduzierung des g-Faktors auf 1,775 gedeutet werden.

Interessante Aussagen über die Bindung zwischen Zentralion und Liganden ergeben sich auch aus der Hfs der unter 1. betrachteten dotierten CaF_2- und Zn F_2-Kristalle. Für $[MnF_8]^{6-}$ in CaF_2 (vgl. [22], [23]) wurde 0,3% $2s$-Charakter für ein magnetisch wirksames Elektron an jedem F-Kern festgestellt, während für

$[Mn\,F^6]^{4-}$ in ZnF_2 entsprechend 0,5% 2*s*-Charakter vorliegen soll [13] (in ZnF_2 etwas festere Bindung, da auch geringerer Abstand zwischen Zentralion und Liganden).

Aus unterschiedlichen Zentralkern-Hfs-Aufspaltungen, wenn das Zentralion mit verschiedenen Liganden umgeben wird, kann evtl. auch auf eine unterschiedliche kovalente Bindung geschlossen werden. So zeigte sich beim Übergang von CaF_2 zu $CdCl_2$ und ZnS als Gastsubstanz für Mn eine Abnahme der Mn-Hfs-Abstände und damit vermutlich eine Zunahme der kovalenten Bindung beim Übergang von Fluorid zu Chlorid und Sulfid.

4. Trisdipyridyl-Komplexe $[CrDipy_3]^+$, $[VDipy_3]$, $[TiDipy_3]^-$.

An diesen Beispielen soll demonstriert werden, welche Erkenntnisse aus den feineren Unterschieden der *g*-Faktoren und der Hfs folgen.

Experimentell sind von diesen Komplexen, deren Aufbau schematisch in Abb. 2 dargestellt ist, durch Messungen von ELSCHNER [24], [25] für polykristalline Pro-

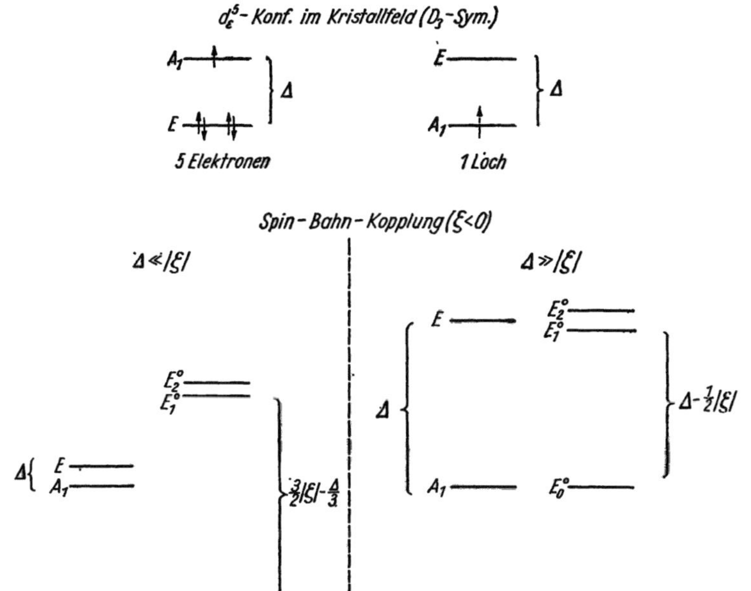

Abb. 3. Lage der 3 KRAMERS-Dubletts der d_ε^5-Konfiguration bei trigonalem Kristallfeld. Die paramagnetische Elektronenresonanz erfolgt im Dublett E_0^0.

ben die *g*-Faktoren (1,993 für den Cr-, 1,980 für den V- und 2,007 für den Ti-Komplex) und die Halbwertsbreiten und für Lösungen in Pyridin Hyperfeinstrukturen bekannt. Alle 3 Komplexe haben die Elektronenkonfiguration $(3\,d_\varepsilon)^5$ (d_ε bedeutet die Unterschale der Zustände a_1 und *e* von Abb. 1, die den Mittelteil (Zustände $2a_1$ und $3e$) der in Abb. 4 dargestellten qualitativen, vollständigen

Niveauschemata der Trisdipyridyl-Komplexe wiedergibt, wie man sie auf Grund einer LCAO-MO-Theorie erwartet) und den effektiven Spin $S' = 1/2$. Theoretische Untersuchungen haben ergeben, daß für die Cr- und V-Komplexe $\Delta/|\zeta| \ll 1$ und für den Ti-Komplex $|\zeta|/\Delta \ll 1$ sein muß. Weiterhin sollte für die erste Gruppe, deren g-Faktoren $< 2{,}0023$ sind, eine Mischung der $3d_{z^2}$- und der $4s$-Funktion des Zentralions, die auf Grund der trigonalen Symmetrie (Punktgruppe D_3, z-Richtung als dreizählige Achse) möglich ist, und starke kovalente σ-Bindung vorliegen.

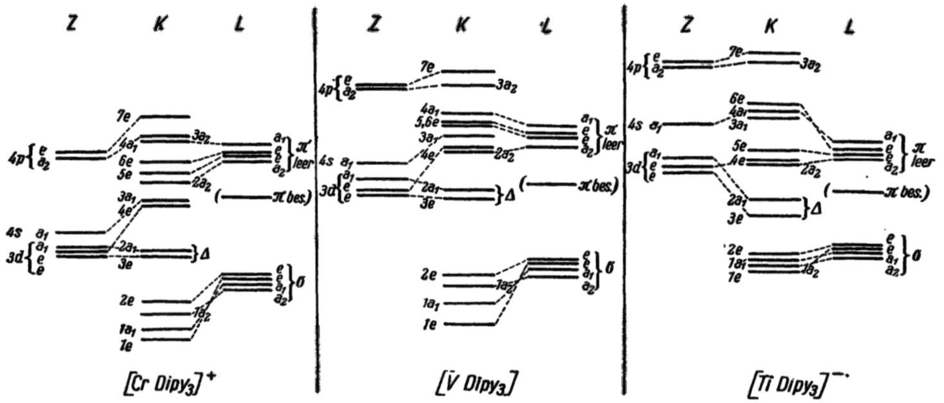

Abb. 4. Niveauschemata der Trisdipyridyl-Komplexe (qualitativ nach der LCAO-MO-Theorie). In der Spalte Z stehen die Ein-Elektronen-Niveaus des Zentralions, unter L diejenigen der Dipyridyl-Liganden und unter K die Niveaus des Komplexes. Die magnetisch wirksamen 5 Elektronen besetzen die Zustände $2a_1$ und $3e$; die Zustände $1e$ bis $2e$ sind von den 12 σ-Elektronen besetzt.

An der σ-Bindung sind die magnetisch wirksamen Elektronen der d_ε-Schale hauptsächlich über den $4s$-Anteil ihrer Wellenfunktion beteiligt (vgl. Formel (4)). Doch dieser Anteil genügt, sowohl die Zentralkern- als auch die Liganden-N^{14}-Hfs zu deuten. Bei $[Cr\,Dipy_3]^+$ befindet sich ungefähr zu 5% ein ungepaartes Elektron bei einem der 6 N^{14}-Kerne der Dipyridyl-Liganden. Die Stabilisierung dieser Cr- und V-Komplexe erfolgt hauptsächlich durch die dative σ-Bindung der „einsamen Dipyridyl-Elektronenpaare" mit den $3d_\gamma$-, $4s$- und $4p$-Zuständen. Sie sind auch, wie schon erwähnt wurde, für die offensichtlich große Spin-Bahn-Kopplungskonstante verantwortlich, die ein Mehrfaches der thermischen Energie ($k\,T = 200\ \mathrm{cm}^{-1}$) betragen sollte; womit $\Delta/|\zeta| \ll 1$ und zum Teil auch die relativ schmale Linie der Pulverproben zusammenhängt.

Beim $[TiDipy_3]^-$ ergeben sich andere Bindungsverhältnisse. Die $4s$-Beimischung und die σ-Bindung scheinen schwach zu sein; dafür liegt aber eine erhebliche Stärke der π-Bindung zwischen unbesetzten (lockernden) Dipyridyl-Zuständen und den Zuständen (a_1, e) des Zentralions vor. Das ungepaarte Elektron gelangt über die π-Bindung in das π-Zustandssystem aller 3 Dipyridyl-Liganden. Dies hat eine große Austauschwechselwirkung und Delokalisierungsverengung zur

Folge, wodurch die recht schmale Resonanzlinie der polykristallinen Probe erklärlich wird.

Das ungepaarte Elektron kann zwar mit allen H- und N-Kernen der Dipyridyl-Liganden in Wechselwirkung treten. Die zu erwartenden Abstände der Hfs-Linien sind aber viel zu klein, als daß eine Auflösung der Struktur möglich wäre. Daß aber in Lösung die Halbwertsbreite der Linien des Ti-Komplexes mit entsprechenden Linien der Cr- und V-Komplexe genähert übereinstimmt, kann als Bestätigung dieser Auffassung gelten.

Schließlich sei noch erwähnt, daß $|\zeta|/\Delta \ll 1$ sich aus der großen trigonalen Aufspaltung Δ der d_ε-Schale ergibt. Wegen der starken π-Bindung der d_ε-Elektronen kommt der hohe Wert von Δ durch Wirkung des JAHN-TELLER-Effektes [9] zustande.

5. Freie aromatische Radikale.

Obwohl die Untersuchungen freier Radikale mit Hilfe der paramagnetischen Elektronenresonanz einen sehr breiten Raum in der Literatur einnehmen, soll hier nur kurz darauf eingegangen und im übrigen auf die Monographie von INGARM [14] verwiesen werden.

Die Aufnahme von Hfs und deren Analyse ist vorherrschend. Freie Radikale werden meistens in nicht kristalliner Phase und in Lösung untersucht; dann wird nur die isotrope, mit s-Zuständen verknüpfte Hfs beobachtet, woraus ein Überblick über die Verteilung des ungepaarten Elektrons im Radikal zu gewinnen ist.

Für aromatische Radikale, bei denen das ungepaarte Elektron über das π-Zustandssystem verteilt ist, wurde zwischen der Protonen-Hfs-Aufspaltung A_i und der Aufenthaltswahrscheinlichkeit des ungepaarten Elektrons (d. h. der Spindichte ϱ_i) beim i-ten C-Atom, an das das betreffende H-Atom gebunden ist, Proportionalität festgestellt. Die erzeugte Hfs-Aufspaltung A_i kann durch

$$A_i = Q\,\varrho_i \tag{7}$$

dargestellt werden. Q läßt sich nach WEISSMAN [26], MCCONNELL [27], JARRETT [28] und BERSOHN [29] auf Grund einer Konfigurationswechselwirkung zwischen π- und σ-Zuständen des C-Atoms theoretisch ermitteln. Die Protonen-Hfs der Aromaten beweist also die Konfigurationswechselwirkung zwischen π- und σ-Zuständen.

Für Q ergibt sich theoretisch nach JARRETT [28] ungefähr 28 Oe; experimentell findet man für das negative Benzolion $Q = 22{,}5$ Oe.

Nach (7) sollte bei allen aromatischen Radikalen mit einem ungepaarten Elektron im π-Zustandssystem die gesamte Ausdehnung des Hfs-Spektrums, d. h. der Abstand der äußersten Linien, höchstens Q betragen oder kleiner sein.

Es gibt aber Fälle (z. B. Triphenylmethyl [30] und Perinaphthenyl [31]), bei denen die Ausdehnung des Hfs-Spektrums wesentlich größer ist. Dies konnte von MCCONNELL und CHESNUT [32], [33] durch Berücksichtigung von π-π-Wechselwirkung erklärt werden. Es ergibt sich dann vornehmlich bei den C-Atomen des aromatischen Radikals, bei denen nach der einfachen HÜCKELschen Theorie die

Spindichte null ist (Knoten der Wellenfunktion), eine negative Spindichte durch Störung der Paarung bei den bindenden π-Elektronen durch den ungepaarten Spin. In gleichem Maße wie die negative Spindichte anwächst, vergrößert sich aber auch die positive Spindichte, so daß weiterhin

$$\sum_i \varrho_i = 2\,S \tag{8}$$

erhalten bleibt. Die gesamte Hfs-Aufspaltung wird jedoch vergrößert, da sie durch

$$\sum_i A_i = Q \sum_i |\varrho_i| \tag{9}$$

gegeben wird.

Abschließend sei noch auf das Problem der Hyperkonjugation eingegangen. Mulliken, Rieke und Brown [34] haben darauf hingewiesen, daß durch geeignete Mischung der H-1s-Funktionen einer Methylgruppe, die an ein olefinisches oder aromatisches System gebunden ist, eine direkte Wechselwirkung zwischen den π-Elektronen des Systems und den H-Elektronen möglich wird. Das konjugierte System wird also erweitert (Hyperkonjugation). Diese Auffassung konnte durch die Hfs der Elektronenresonanzspektren geeigneter freier aromatischer Radikale (z. B. Tolu-p-Benzosemichinon [35]) eindrucksvoll bestätigt werden. Das ungepaarte Elektron ist genähert mit den drei Methyl-Protonen so stark wie mit den direkt an das aromatische System gebundenen Protonen gekoppelt (erst bei größerer Auflösung zeigt sich eine weitere Unterteilung der Linien, weil die Äquivalenz nicht exakt ist).

Literatur

[1] Abragam, A. u. Pryce, M. H. L., Proc. Roy. Soc. A **205**, 135 (1951).
[2] Pryce, M. H. L., Proc. Phys. Soc. A **63**, 25 (1950).
[3] Gordy, W., Handbuch d. Physik, Bd. XXVIII (1957), Sect. 16,
[4] Ingram, D. J. E., Spectroscopy at Radio and Microwave Frequencies, London 1955.
[5] Bleaney, B. u. Stevens, K. W. H., Rep. Progr. Phys. **16**, 109 (1953).
[6] Bowers, K. D. u. Owen, J., Rep. Progr. Phys. **18**, 304 (1955).
[7] Pryce, M. H. L., Nuovo Cim. Suppl. Nr. 3, 817 (1957).
[8] Owen, J., Proc. Roy. Soc. A **227**, 183 (1955).
[9] Öpik, U. u. Pryce, M. H. L., Proc. Roy. Soc. A **238**, 425 (1957).
[10] Wood, J. H. u. Pratt, G. W., Phys. Rev. **107**, 995 (1957).
[11] Heine, V., Phys. Rev. **107**, 1002 (1957).
[12] Stevens, K. W. H., Proc. Roy. Soc. A **219**, 542 (1953).
[13] Tinkham, M., Proc. Roy. Soc. A **236**, 549 (1956).
[14] Ingram, D. J. E., Free Radicals, London 1958, S. 128.
[15] Baker, J. M., Hayes, W. u. O'Brien, M. C. M., Proc. Roy. Soc. A **254**, 273 (1960).
[16] Bagguley, D. M. S. u. Owen, J., Rep. Progr. Phys. **20**, 304 (1957).
[17] Orton, J. W., Rep. Progr. Phys. **22**, 204 (1959).
[18] Bagguley, D. M. S. u. Griffiths, J. H. E., Proc. Phys. Soc. A **65**, 594 (1952).
[19] Abragam, A. u. Pryce, M. H. L., Proc. Roy. Soc. A **206**, 164 (1951).
[20] Griffiths, J. H. E., Owen, J. u. Ward, I. M., Proc. Roy. Soc. A **219**, 526 (1953).
[21] Griffiths, J. H. E. u. Owen, J., Proc. Roy. Soc. A **226**, 96 (1954).
[22] Baker, J. M., Bleaney, B. u. Hayes, W., Proc. Roy. Soc. A **247**, 141 (1958).
[23] Elschner, B., Tagungsbericht „Optik aller Wellenlängen", Akademie-Verlag, Berlin 1959, S. 74.

[24] ELSCHNER, B. u. HERZOG, S., Arch. des sci. (Genève) **11**, fasc. spéc., 160 (1958).
[25] ELSCHNER, B., Habil.-Schrift, Jena, 1959.
[26] WEISSMAN, S. I., J. Chem. Phys. **25**, 890 (1956).
[27] McCONNELL, H. M., J. Chem. Phys. **24**, 764 (1956).
[28] JARRETT, H. S., J. Chem. Phys. **25**, 1289 (1956).
[29] BERSOHN, R., J. Chem. Phys. **24**, 1066 (1956).
[30] WEISSMAN, S. I. u. SOWDEN, J. C., J. Amer. Chem. Soc. **75**, 503 (1953).
[31] SOGO, P. B., NAKAZAKI, M. u. CALVIN, M., J. Chem. Phys. **26**, 1343 (1957).
[32] McCONNELL, H. M. u. CHESNUT, D. B., J. Chem. Phys. **27**, 984 (1957).
[33] McCONNELL, H. M. u. CHESNUT, D. B., J. Chem. Phys. **28**, 107 (1958).
[34] MULLIKEN, R. S., RIEKE, C. A. u. BROWN, W. G., J. Amer. Chem. Soc. **63**, 41 (1941).
[35] VENKATARAMAN, B. u. FRAENKEL, G. K., J. Chem. Phys. **23**, 588 (1955).

Theoretisch-Physikalisches Institut der Friedrich-Schiller-Universität Jena
(Direktor: Prof. Dr. K. Schuster)

Anwendung der paramagnetischen Elektronenresonanz in der Chemie

von W. Wojewodski, Moskau

I. Einführung. Grundlagen der Methode

Die paramagnetische Elektronenresonanz (EPR) wurde im Jahre 1944 von E. K. Sawoiski [1] begonnen; er folgerte, daß die paramagnetischen Teilchen, die sich im konstanten Magnetfeld H befinden, fähig sind, Hochfrequenzenergie zu absorbieren, wenn diese Felder senkrecht zueinander gerichtet sind und wenn die Bedingung erfüllt ist

$$\hbar\,\omega = g\,\mu_B\,H\;; \tag{1}$$

darin ist ω die Frequenz des Hochfrequenzkreises, μ_B Bohrsches Magneton und g der Faktor der spektroskopischen Aufspaltung, der im Falle freier Atome mit dem Landé-Faktor übereinstimmt.

Das Vorhandensein oder das Fehlen der EPR-Spektren bei der untersuchten Probe kann dem Chemiker schon eine sehr nützliche Information geben.

Bei der Erforschung chemischer Prozesse auf dieser Grundlage können Schlußfolgerungen über den Radikal- oder Ionenradikal-Mechanismus gemacht werden; bei der Erforschung des Aufbaues verschiedener Komplexe oder fester Stoffe, die komplizierte Atome mit unpaarigen Elektronen in den inneren Hüllen enthalten, kann das Fehlen des EPR-Signals als ein Hinweis auf die Eigenart der Elektronenstruktur dieser Atome dienen. Die Anwendung der EPR-Methode erlaubt, die unpaarigen Elektronen in komplizierten organischen Verbindungen mit Kettenbindungen festzustellen, in denen thermische Erregung und Triplettzustand scheinbar schon bei niedrigen Temperaturen vorkommen können.

Andererseits erlaubt diese Methode, den Paramagnetismus in komplizierten Kettensystemen [3], [4] ohne deren Erregung in den Triplettzustand zu entdecken.

Die Radikale wurden durch Einwirkung ionisierter Bestrahlung auf Festkörper und eingefrorene Flüssigkeiten entdeckt [5]. Mit Hilfe dieser Methode wurde die Möglichkeit gezeigt, quantitative Diffusionsmessungen auszuführen, die Kinetik der elementaren Prozesse mit Beteiligung der Radikale in Flüssigkeiten [6] und in der festen Phase [7] zu bestimmen und freie Radikale, die bei fermentierten Prozessen gebildet werden, zu untersuchen [8].

Eine sehr wichtige Charakteristik des EPR-Absorptionssignals ist die Lage im Feld, woraus die Größe g in Gleichung (1) bestimmt werden kann (g-Faktor). Aus der Größe des g-Faktors lassen sich oft definierte Aussagen über die Lage des unpaarigen Elektrons im zu untersuchenden paramagnetischen Teilchen und über den Bindungscharakter machen.

Der andere Weg zur Erforschung der Eigenschaften des paramagnetischen Teilchens ist die Analyse der EPR-Signalform. Für symmetrische Linien wird die Form durch die Abhängigkeit der Intensität der Absorption von der Frequenz oder von der Stärke des Magnetfeldes ($J = f(\omega)$ oder $f(H)$) und des Einheitsparameters, der in diese Abhängigkeit eingeht, bestimmt. Als solch einen Parameter wählt man gewöhnlich die Linienbreite in der halben Höhe (Halbwertsbreite) oder den Abstand zwischen den Punkten der maximalen Neigung. Bei Fehlen der Austauschwechselwirkungen oder der Translationseffekte, die verbunden sind mit schneller Wanderung unpaariger Elektronen, wird die Linienform nach dem GAUSSschen Gesetz geschrieben

$$J = J_0 \exp.\left(-\frac{\Delta\omega^2}{2\,\Delta\omega_{0h}^2}\right). \tag{2}$$

$\Delta\omega$ ist der Abstand vom Linienzentrum und $\Delta\omega_{0h}$ ist die Hälfte der Halbwertsbreite. Bei Vorhandensein von Austauschwechselwirkung oder Translationseffekten mit der Frequenz ω_e größer als die Linienbreite schreibt sich die Grundform des Signals nach der LORENTZ-Formel

$$J = J_0\left(1 + \frac{\Delta\omega^2}{\Delta\,\omega_{0l}^2}\right)^{-1}. \tag{3}$$

$\Delta\omega_{0l}$ hat dieselbe Bedeutung wie $\Delta\omega_{0h}$ in der Gleichung (2). VAN VLECK zeigte, daß

$$\Delta\omega_{0l} \approx \Delta\omega_{0h}^2/\omega_e\,. \tag{4}$$

Hieraus folgt, daß die Austauschwechselwirkung zur Verengung des mittleren Teiles der Linie führt. Es hat den Anschein, daß an den Grenzen der Linie, wo $|\Delta\omega| > \omega_e$ ist, das Signal eine GAUSSform erhält. Neulich wurde eine einfache graphische Methode zur Bestimmung von ω_e mit Hilfe von umgebildeten Liniengleichungen (2) und (3) vorgeschlagen [10].

Das Vorhandensein von Austauschverengung der Linien dient für den Chemiker als Beweis des Daseins wirklich schneller (mit der Frequenz ω_e) Bewegungen unpaariger Elektronen im System. Dieser Effekt äußert sich durch sogenannte Übertragung des Reaktionszentrums an die Kette der gekoppelten Verbindungen.

Die verhältnismäßig kleine Linienbreite des EPR-Signals der LORENTZform von verschiedenen Kohlen, ungeachtet der außerordentlich hohen Konzentration unpaariger Elektronen, verweist eindeutig auf das Vorhandensein einer großen Anzahl hochverketteter Systeme. Wie bekannt ist, befindet sich diese Folgerung in voller Übereinstimmung mit chemischen und Röntgenstruktur-Untersuchungen der Kohle [11]. Die Analyse der experimentellen Werte zeigt, daß die Elektronen-Austauschfrequenz zwischen benachbarten kondensierten Systemen in Kohle in der Größenordnung 10^7 sec^{-1} ist. Ein anderes Beispiel der Austauscherscheinung sind die EPR-Linien unpaariger Elektronen in γ-bestrahlten Eiweißstoffen, wo dank der Entlokalisierung der Elektronen durch ein regelmäßiges Netz von Zwischenketten-Wasserstoffverbindungen sich die EPR-Linien auf 1/10 verengen im Vergleich zu den EPR-Linien unpaariger Elektronen in einzelnen γ-bestrahlten Aminosäuren [12].

Gesonderte Werte für die Identifizierung des Baues komplizierter Radikale und paramagnetischer Komplexe hat die Untersuchung sogenannter Hyperfeinstruktur-Spektren der paramagnetischen Elektronenresonanz ergeben, die hervorgerufen werden durch Wechselwirkung der magnetischen Momente des unpaarigen Elektrons mit den magnetischen Momenten der Kerne, die in diesen Teilen enthalten sind. Wie Gordy [13] zeigte, könnte die Kernhyperfeinaufspaltung in Festkörpern und Flüssigkeiten kaum unter zusätzlicher Berücksichtigung des S-Zustandes in der Wellenfunktion des unpaarigen Elektrons beobachtet werden. Die Zahl der Komponenten der Hyperfeinstruktur, die Größe der Aufspaltung, die Verteilung der Intensität unter den Komponenten erlauben in vielen Fällen nicht nur Aussagen über Einzelheiten des chemischen Baues zu machen, sondern auch über die Dichte-Verteilung des unpaarigen Elektrons zwischen den verschiedenen Atomen im Inneren des Teilchens, über die Elektronenstruktur des Atoms mit dem gegebenen magnetischen Kern und sogar über die Wechselwirkung der paramagnetischen Teile mit dem umgebenden Medium.

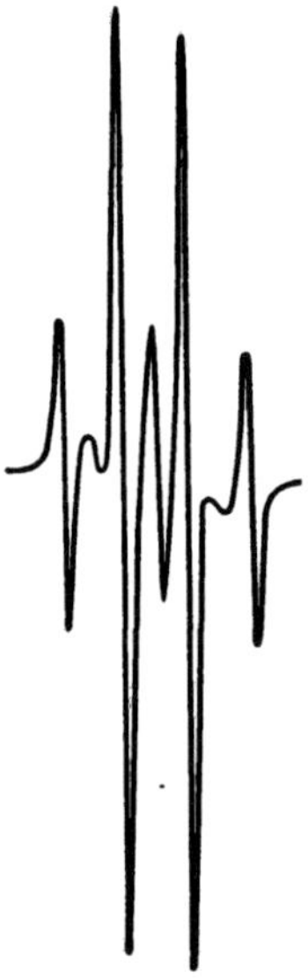

Abb. 1. Das EPR-Spektrum des Methyl-Radikals (in bestrahltem Polyaluminiummethylsiloxan).

Als ein sehr einfaches Beispiel zur Interpretation der EPR-Hyperfeinstrukturspektren kann das Spektrum des Methylradikals dienen.

In Abb. 1 wird das Spektrum des Radikals vorgeführt (die erste Ableitung der Linienabsorption), das in unserem Laboratorium durch Bestrahlung des Polyaluminiummethylsiloxan ($-OSi(CH_3)_2O-Al-O-Si(CH_3)_2-O-Si(CH_3)_2-O-$) erhalten und im Laboratorium K.A. Andrianov (Akad. Wiss. UdSSR) mit ultraviolettem Licht bei 77°K synthetisiert wurde. Analoge Spektren wurden früher von Matheson und Smaller [14] durch Bestrahlung von festem Methan mit γ-Strahlen bei 4,2°K erhalten.

Wie aus der Abbildung ersichtlich ist, setzt sich das Spektrum aus vier einzelnen Komponenten mit dem Intensitätsverhältnis 1:3:3:1 zusammen, die voneinander gleichen Abstand haben.

Die beobachtete Struktur des Spektrums zeigt, daß das Moment μ_s des unpaarigen Elektrons (welches den Spin $S = 1/2$ besitzt) mit den drei gleichen Kernmomenten μ_i, von denen jedes den Spin $I = 1/2$ besitzt, wechselwirkt.

Jede Wechselwirkung wird wirklich zu der Erscheinung in den zu untersuchenden Systemen der vier Teilchentypen führen, da diese unterschiedliche effektive magnetische Momente besitzen:

$$\mu_s + 3\mu_i \quad (a) \qquad \mu_s - \mu_i \quad (c)$$

$$\mu_s + \mu_i \quad (b) \qquad \mu_s - 3\mu_i \quad (d)$$

Wenn $\mu_i \ll \mu_s$ (z. B. um das Zehnfache kleiner), dann sind die Größen dieser Effektivmomente gleich und das Spektrum muß aus vier nicht sehr voneinander entfernten Komponenten bestehen.

Aus einfachen statistischen Überlegungen ist es klar, daß die Wahrscheinlichkeit der Erfüllung des Zustandes (b) und (c) genau um dreimal größer als die Wahrscheinlichkeit der Erfüllung des Zustandes (a) und (d) ist.

Daraus folgt, daß zwei zentrale Komponenten des Multipletts entsprechend große Intensitäten besitzen müssen. Aus diesem Grunde kann das in Abb. 1 dargestellte Spektrum im untersuchten System nur durch das CH_3-Radikal hervorgerufen werden, weil nur in diesem Teilchen sich ein Elektron in gleicher Lage zu den drei Wasserstoffatomen, von denen ein jedes den Kernspin 1/2 besitzt, befindet.

Obgleich die ausführliche Analyse der Spektren mit Hyperfeinstruktur auch manchmal wesentliche Schwierigkeiten vorweist — insbesondere im Falle gleichzeitiger Wechselwirkung des unpaarigen Elektrons mit den nicht gleichen und nicht durch Lage äquivalenten Kernen (H, D, N, F), auch bei Überlagerung der Spektren einiger Radikale und bei ungenügend guter Aufspaltung (wenn die Breite der einzelnen Komponenten gleich oder größer als der Abstand zwischen den Linien ist) — erhalten wir schließlich in den Fällen, wo diese Analyse möglich ist, bedeutend vollständigere Kenntnisse über die Struktur der Radikale, als die, mit welchen die Chemie bis zu dieser Zeit operiert hat.

Besonders wichtig scheint der Umstand, daß zugleich mit der Präzision unserer Darstellung über den Bau der Radikale und über die Lokalisierung freier Valenzen, was ja im Prinzip, obgleich mit großen Schwierigkeiten auch z. B. mit chemischen Methoden zu bestimmen möglich war, die EPR es gleichfalls noch erlaubt, ein volles Bild der Anordnung des unpaarigen Spins vom Radikal zu geben und in einer Reihe Fälle die Frage über die Austauschfrequenz zwischen den Elektronen und benachbarten paramagnetischen Teilchen zu lösen.

Betrachten wir jetzt einige konkrete Beispiele der Arbeiten, die in den letzten Jahren in unserem Laboratorium bei Anwendung der EPR für die Lösung chemischer Probleme ausgeführt worden sind.[1])

2. Die Untersuchungen des Baues paramagnetischer Teilchen

Von allen Untersuchungsobjekten sind die Untersuchungen der negativen aromatischen Ionenradikalen interessant, die beim Elektronenübergang von Alkali-Metallen in einigen Äther-Verbindungen zu aromatischen Molekülen entstehen. In letzter Zeit erschien eine große Anzahl Arbeiten über die neuen Reaktionen bei

[1]) In dem vorliegenden Artikel wurden die letzten Resultate, die mit dieser Untersuchungsmethode im Gebiet der heterogenen Katalyse erhalten wurden, nicht betrachtet, sondern werden als Originalartikel veröffentlicht.

Beteiligung dieser Teilchen [15] und deshalb hat die genaue Festsetzung ihrer Strukturen ein anscheinend bedeutendes Interesse für die moderne Chemie.

Von S. P. SOLODOVNIKOV und W. M. TSCHIBRIKIN [16] wurden die EPR-Spektren der negativen Ionenradikale des Benzols und dessen Vertretern erforscht, die bei der Lösung entsprechender Moleküle in Dimethoxy-Äthan bei Vorhandensein von metallischem Kalium erhalten wurden. Die Spektren einiger Verbindungen dieses Typs wurden auch in der Arbeit von TUTTLE und WEISSMAN vorgeführt [17].

Das Spektrum der negativen Ionen des Benzols besteht aus sieben voneinander gleich weit entfernten Komponenten mit der Intensitätsverteilung nach dem

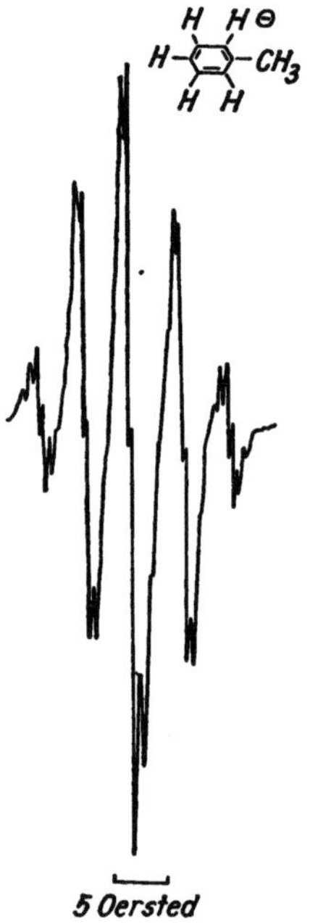

Abb. 2. Das EPR-Spektrum des negativen Ionen-Radikals des Toluols.

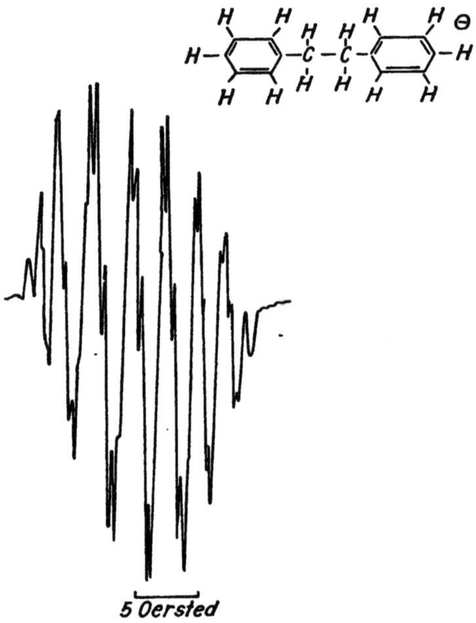

Abb. 3. Das EPR-Spektrum des negativen Ionen-Radikals von Dibenzyl.

binominalen Gesetz 1:6:15:20:15:6:1. Dieses Resultat deutet darauf hin, daß das unpaarige Elektron gleichmäßig im ganzen Benzolring verteilt ist und mit allen sechs Atomen des Wasserstoffs gleich wechselwirkt. Dieses Resultat ist genügend offensichtlich, aber die vom Toluol-Ion erhaltenen Werte sind schon weniger zu begreifen. In diesem Falle, wie auch bei einer Reihe anderer monoalkyler Derivate des Benzols besteht das Spektrum nur aus fünf Komponenten mit der Intensitätsverteilung 1:4:6:4:1 (s. Abb. 2). Daraus folgt, daß in negativen Ionen der Gesamtformel $(R—C_6H_5)^-$ der unpaarige Spin mit den vier äquivalenten Wasserstoffatomen wechselwirkt. Aus der Betrachtung der Strukturformel folgt, daß der unpaarige Spin in der Hauptsache in der ortho- und meta-Stellung des Phenylringes lokalisiert ist, und daß die para-Stellung in der radikalen Reaktion nicht aktiv sein muß.

Interessante Ergebnisse wurden bei Erforschung der Ionen der allgemeinen Formel: $(Ph(CH_2)_nPh)$ erhalten.

Im Ion des Diphenyl-Methan ($n = 1$), wie es auch zu erwarten ist, verteilt sich das freie Elektron zu gleichen Teilen zwischen beiden aromatischen Ringen und auf Rechnung der acht äquivalenten Wasserstoffe in ortho- und meta-Stellung und es ergibt ein Spektrum, das aus neun Komponenten besteht. Um vieles interessanter ist, daß ein solches Aussehen auch beim Spektrum des Ions von 1,2 Diphenyl-Äthan ($n = 2$) beobachtet wird (Abb. 3). Dies scheint eine vollständige Aussage darüber zu sein, daß auch die Gruppe $-CH_2-CH_2-$ den schnellen Übergang des unpaarigen Elektrons von einem Phenylring zum anderen nicht vollständig ausschließen kann, insofern würde das Spektrum im Falle der Lokalisierung des freien Spins an einem Ring offenbar aus 5 Linien bestehen. Aus der Größe der Hyperfeinstruktur-Aufspaltung, die in Frequenzen ausgedrückt wird, folgt, daß die untere Grenze der Austauschfrequenz 10^7 sec^{-1} beträgt. Interessant, daß diese Größe annähernd gleich der Austauschfrequenz der unpaarigen Spins zwischen den aromatischen Gittern in Kohlen ist (siehe oben), bei denen der Austausch anscheinend durch seitliche aliphatische Ketten stattfindet, welche die einzelnen Glieder untereinander verbinden [11].

Bei $n = 3$ (im Ion 1,3 Diphenylpropan) ist die Austauschfrequenz um vieles kleiner, so daß der Wasserstoff beider Ringe unmöglich als äquivalent bezüglich des unpaarigen Spins anzunehmen ist, der sich nur an einem Ring lokalisiert; dies führt zu einem Spektrum, das aus fünf Linien besteht, analog dem Spektrum $(RPh)^-$. Dieses Resultat schließt selbstverständlich nicht die Möglichkeit des Elektronenüberganges zwischen den Ringen mit Frequenzen kleiner 10^7 sec^{-1} aus. Es wäre möglich, sich davon zu überzeugen, wenn man die Messungen bei noch längeren Wellen durchführt.

Ganz nutzbar ist die Anwendung der EPR für die Strukturbestimmung paramagnetischer Teilchen und Radikale dann, wenn es im voraus nicht möglich war, Aussagen zu machen, welche Umsetzungen in der Substanz entstehen. Dies ist besonders bedeutend, wenn der Prozeß der Radikalbildung durch Einwirkung von ionisierender Strahlung oder Lichtbestrahlung auch in der festen Phase entsteht. Die letzte Ausführung schließt praktisch vollständig die gewöhnlichen chemischen Methoden aus, weil es dafür nötig wäre, die Probe in die flüssige oder gasförmige Phase überzuführen, und dabei verschwinden grundsätzlich alle Radikale. Die EPR-Methode erlaubt es, die Frage über den Bau dieser Radikale zu lösen, ohne das zu untersuchende System zu zerstören.

Oben wurde an einem Spektrum bewiesen, daß bei Bestrahlung der Polyaluminiummethylsiloxane der Bruch der Si–C-Verbindungen mit Bildung freier Methylradikale stattfindet.

Bei Bestrahlung von Teflon (Polytetrafluoräthylen) mit γ-Strahlen von C^{60} wurde ein ziemlich kompliziertes Spektrum festgestellt [18], es gelang, dieses als Überlagerung von zwei Quintupletts mit binominalen Verteilungen der Intensitäten zu deuten. Aus diesem Grund ist es möglich, anzunehmen, daß dieses bis zu 300°C (im Vakuum) stabile Radikal mit der Formel

$$\sim CF_2–CF_1–\dot{C}F–CF_2–CF_2 \sim \qquad (I)$$

übereinstimmt.

Die Entstehung des Dubletts wird durch die Wechselwirkung mit dem Fluor-Atom in α-Lage hervorgerufen ($I_F = 1/2$). Die Aufspaltung jeder Komponente des Dubletts in fünf Komponenten ist mit der Spinwechselwirkung mit den vier äquivalenten Atomen vom Fluor in den β–CH_2-Gruppen verbunden.

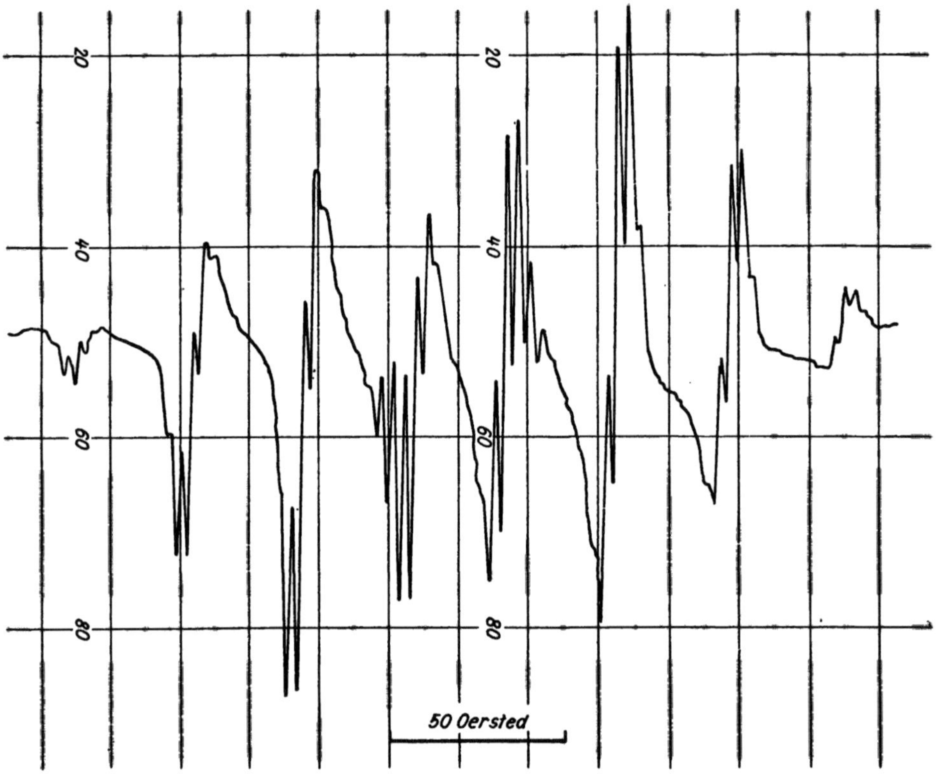

Abb. 4. Das EPR-Spektrum des Radikals im bestrahlten Telfon (im Vakuum).

Interessant ist die Aufschlüsselung des EPR-Spektrums im bestrahlten Polyäthylen [19]. Durch Bestrahlung bei niederen Temperaturen wurde ein Spektrum beobachtet, das aus einer geraden Komponentenzahl besteht (das deutet auf eine ungerade Zahl der Wasserstoff-Atome hin, mit denen das unpaarige Elektron wechselwirkt) mit der Aufspaltung von ungefähr 25 Oersted, die für alkalische Radikale charakteristisch ist (siehe Beispiel Abb. 1). Durch Auftauen oder durch Bestrahlung bei Zimmertemperatur wurde ein bedeutend schmaleres Spektrum mit einer Aufspaltung von ungefähr 14—15 Oersted beobachtet, das besonders Wesentliche daran ist die ungerade Komponentenzahl. Aus diesen Gründen, aber gleichfalls auch aus einer Reihe anderer ergänzender Ergebnisse, wurde die Aussage gemacht, daß bei tiefen Temperaturen ein Bruch der C–H-Verbindung entsteht und sich ein alkalisches Radikal bildet:

$$-CH_2-CH_2-\dot{C}H-CH_2-CH_2- . \qquad \text{(II)}$$

Damit entsteht gleichzeitig, wie gut bekannt ist [2], eine molekulare Abtrennung (ohne Entstehung von Radikalen) des molekularen Wasserstoffes mit Bildung zweier Bindungen. Bei Zimmertemperatur findet scheinbar eine Wanderung der freien Valenzen statt,

$$\sim CH_2-\dot{C}H-CH_2-CH_2-CH_2 \sim \cdots\cdots\rightarrow \sim CH_2-CH_2-CH_2-CH-CH_2 \sim ,$$

die zur Lokalisierung in energetisch vorteilhafterer alkalischer Lage führen:

$$\sim CH_2-\dot{C}H-CH=CH-CH_2 \sim .$$

In diesem Radikal, dessen Struktur sich sehr genau in der Formel

$$\sim CH_2-\dot{C}H \cdots CH \cdots \dot{C}H-CH_2 \sim \qquad \text{(III)}$$

widerspiegelt, ist der unpaarige Spin zu gleichen Teilen zwischen den zwei Atomen des Kohlenstoffes angeordnet; das führt dazu, daß die Aufspaltung in der Hyperfeinstruktur bedeutend kleiner wird, als im Falle des Radikals (II). Außerdem, sofern die Festigkeit des unpaarigen Spins im Zentralatom überaus klein ist, wird an der Aufspaltung die gerade Zahl der Wasserstoff-Atome teilnehmen, und dies führt zur ungeraden Linienzahl der Hyperfeinstruktur.

Auf diese Art und Weise ist es möglich, den Bau von zwei Radikaltypen im bestrahlten Polyäthylen zu bestimmen.

Die Analyse der EPR-Spektren erlaubt nicht nur, diese oder jene Aussagen über die Strukturformel zu machen, sondern auch ausführliche Strukturcharakteristiken zu bestimmen. So bildet sich bei Wechselwirkung des Radikals (I) mit dem Sauerstoff ein Superoxyd-Radikal

$$\begin{array}{c} O-\dot{O} \\ | \\ \sim CF_2-CF-CF_2 \sim . \end{array} \qquad \text{(IV)}$$

Die Analyse der Temperaturabhängigkeit der Spektrenform dieses Radikals erlaubte, den Winkel $C-O-\dot{O}$ zu bestimmen [21]. Dies wurde auf folgende Art getan. Aus Abb. 5 ist zu ersehen, daß beim Übergang von Zimmertemperatur zu 77°K sich das Aussehen des Spektrums stark ändert. Dieser Übergang ist vollständig umkehrbar, weil sich beim wiederholten Gefrieren und Auftauen die Konzentration der paramagnetischen Teilchen nicht ändert. Dies zeigt, daß wir in diesem Falle nur irgendwelche Veränderungen in den inneren Bewegungen der Radikalgruppe haben, die zu beobachtbaren Verände-

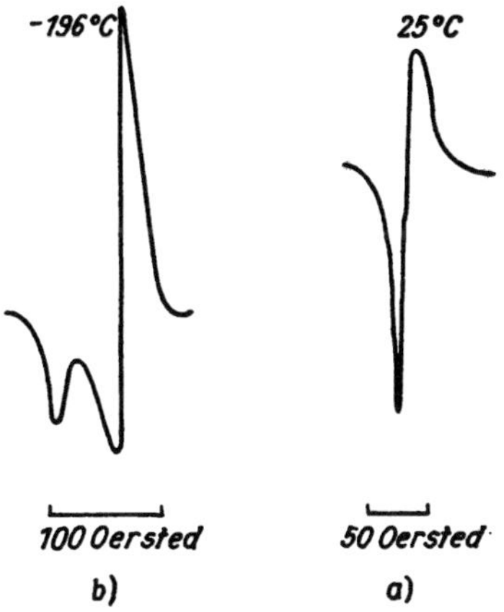

Abb. 5. Das EPR-Spektrum des Superoxyd-Radikals im bestrahlten Teflon (a) bei 25°C, b) bei 196°C.

rungen im Spektrum führen. Es wurde aus diesem Grund angenommen, daß diese Änderungen durch ein Einfrieren der gebremsten Rotation der O–Ȯ-Gruppe in bezug auf die Richtung der C–O-Bindung bedingt werden. Die auf Grund dieser Hypothesen durchgeführte Rechnung führte zum völlig vernünftigen Wert für die Größe des Winkels C–O–Ȯ, gleich 75 ± 15°. Die ungefähre Größe von 75° erhält man auch bei Betrachtung der BRIEGLEB-Atom-Modelle für Radikale dieser Art.

Die Hypothese darüber, daß die Änderung des Spektrums mit der Temperatur bedingt ist durch das Einfrieren der Bewegung der O—O·-Gruppe, wird dadurch bestätigt, daß in einer Teflon-Probe mit parallel orientierten Ketten, die bei Zimmertemperatur untersucht wurde, die Anisotropie der Rotation beim Einfrieren verschwindet [22].

3. Die Untersuchung der Umwandlungen freier Radikale

Betrachten wir die Möglichkeiten, die die EPR-Methode bei Erforschung der elementaren Reaktionen freier Radikale zeigt. Die wesentliche Empfindlichkeitsgrenze ($\sim 3 \cdot 10^{13}$ cm^{-3}) erlaubt vorläufig nicht, die Verwandlung der Radikale im Verlauf gewöhnlich schneller radikaler Prozesse und radikaler Kettenprozesse in der Gas- und flüssigen Phase zu untersuchen, bei denen die höchste Konzentration nicht größer als 10^{11}—10^{12} cm^{-3} ist. Schließlich gelang es schon in einigen Fällen, insbesondere bei Erforschung der Reaktion an einer genügenden, auf diese oder jene Art speziell zusammengesetzten Radikalmenge, eine Reihe neuer Resultate zu erhalten.

N. J. BUBNOV, F. S. DJATSCHKOWSKI und A. J. SCHILOV [23] beobachteten die Wechselwirkungsreaktion des Triphenylchlormethyl mit Lithiumäthyl. Im Verlauf dieser Reaktion wurde anfangs eine plötzliche Konzentrationserhöhung der Triphenylmethyl-Radikale registriert, die danach bis zum Gleichgewicht abfiel. Dieses Ergebnis zeigt eindeutig die Entstehung freier Radikale $(Ph)_3C\cdot$ bei der untersuchten Wechselwirkung; das war die erste unmittelbare Bestätigung der Ideen von N. N. SEMENOV [24] über die Möglichkeit zur Bildung von Radikalen durch bimolekulare Reaktionen zwischen den Molekülen. Aus der Analyse der kinetischen Kurven für das Radikal $(Ph)_3C\cdot$ gelang es, bei verschiedenen Temperaturen die Aktivierungsenergie dieses neuen Elementarzustandes abzuschätzen; sie ist gleich 4—5 kcal/Mol.

Die Messung der kinetischen Kurven und der Gleichgewichtslagen für das Radikal $(Ph)_3C\cdot$ erlauben es, auch in erster Näherung die Aktivierungsenergie der Rekombination dieser Radikale und ihre Reaktionswärme abzuschätzen [25]. Die auf diese Art erhaltenen Größen stimmen praktisch mit den Werten überein, die früher durch indirekte chemische Methoden erhalten wurden ($E \approx 7000$ cal/Mol, $Q \approx 11\,200$ cal/Mol).

Ausführliche kinetische Untersuchungen der Reaktion der Radikale in der festen Phase wurden am oben beschriebenen Beispiel der Umwandlung des fluoralkalischen Radikals (I) in ein Superoxyd-Radikal (IV) ausgeführt [26], [27]. In diesem

Falle war die Genauigkeit überaus hoch wegen der praktisch vollständigen Umkehrbarkeit des Prozesses bis zu Temperaturen, die nahe der Schmelztemperatur liegen (320°), und weil beide Radikale sehr gute, vollkommen verschiedene Spektren ergeben. Als Ergebnis dieser Untersuchung wurden die Ausdrücke für die Gleichgewichtskonstanten $\dot{R} + O_2 \rightleftharpoons \dot{R}O_2$ und für die Geschwindigkeitskonstanten für beide Reaktionsrichtungen erhalten. Diese Ausdrücke sind in Tabelle 1 angeführt.

Tabelle 1

$\dot{R} + O_2 \rightleftharpoons \dot{R}O_2$	$K = 10^{+23}\, e^{\frac{-14\,000}{RT}}$ cm³ sec⁻¹
$\dot{R}O_2 \rightarrow \dot{R} + O_2$	$K_1 = 10^{-8}\, e^{\frac{-20\,000}{RT}}$ cm³ sec⁻¹
$\dot{R} + O_2 \rightarrow \dot{R}O_2$	$K_2 = 10^{-15}\, e^{\frac{-6\,000}{RT}}$ cm³ sec⁻¹

Die Betrachtung dieser Ausdrücke zeigt, daß die Abbruchsenergie der Verbindung im Superoxyd-Teflon-Radikal (C–OO) 14 kcal/Mol beträgt und daß die Gleichgewichtskonstante annähernd dieselben Exponenten wie auch für die Mehrheit der Gasreaktionsangliederung hat. Die Aufmerksamkeit ist auf die bedeutende Größe der Aktivierungsenergie des Angliederungsprozesses und auf die kleinen Werte der Exponenten in den Geschwindigkeitskonstanten gerichtet. Scheinbar sind beide Anomalien mit dem Umstand verbunden, daß wir es im Falle der Verbindungsreaktion nicht mit freier Wanderung der reagierenden Moleküle durch das Volumen zu tun haben, sondern mit stark erschwerter Diffusion der O_2-Moleküle zu starren Radikalen. Folglich gilt anstatt der gewöhnlichen Geschwindigkeitskonstanten für bimolekulare Reaktion

$$K = f\sigma^2 v\, e^{-\frac{E}{RT}} \approx f \cdot 10^{-10}\, e^{-\frac{E}{RT}} \frac{\mathrm{cm}^3}{\mathrm{sec}}$$

(σ — Moleküldurchmesser, v — Wärmegeschwindigkeit, f — Formfaktor).

Wir müssen den Ausdruck benutzen

$$K = f D \lambda\, e^{-\frac{E}{RT}},$$

mit D als Diffusionskoeffizient, λ als effektive freie Weglänge, die in unserem Falle gleich dem mittleren zwischenatomaren Abstand ist (d. h. von der Größenordnung 10^{-8} cm). Mit den ersten Messungen [26] wurde gezeigt, daß für die Diffusion des Sauerstoffes und Teflons

$$D \approx 2 \cdot 10^{-4} \cdot e^{-\frac{4600}{RT}} \frac{\mathrm{cm}^2}{\mathrm{sec}}$$

ist. Wird dieser Ausdruck in die Formel für K eingesetzt, so finden wir

$$K_2 \approx f \cdot 2 \cdot 10^{-12} \cdot e^{-\frac{4600 + E}{RT}} \frac{\mathrm{cm}^3}{\mathrm{sec}}.$$

Vergleichen wir mit dem experimentellen Ausdruck für K_2, der in der Tabelle aufgeführt wird, so erhalten wir

$$f \approx 2 \cdot 10^{-3} \quad \text{und } E_2 \approx 1400 \text{ cal/Mol}.$$

Dies steht in voller Übereinstimmung mit den gewöhnlichen Werten für Radikal-Reaktionen.

Für die Lösung einer Reihe neuer Aufgaben, die mit der kinetischen Radikal-Umsetzung verbunden ist, scheint in methodischer Beziehung die Schaffung stabil arbeitender Anlagen hoher Empfindlichkeit wesentlich, die es erlauben, die Messungen bei der Einwirkung ionisierter Bestrahlung oder des ultravioletten Lichtes durchzuführen [30]. Soweit uns bekannt ist, wurden solche Arbeiten woanders nicht veröffentlicht. Schon nach den ersten Versuchen zeigte sich, daß die Untersuchung beim Bestrahlungsverlauf es erlaubt, bedeutend vollständigere Kenntnis über den Mechanismus der primären Prozesse zu erhalten als bei der früher angewandten Methode [5] der vorherigen Bestrahlung. Dies ist damit verbunden, daß beim Bestrahlungsverlauf sehr oft mehrfache Prozesse stattfinden, die zur wesentlichen Veränderung der Spektren führen.

Auf diesem Weg wurde auch endgültig der Übergang der Radikale II in Radikale III bei Bestrahlung des Polyäthylens bestätigt (siehe oben) [19].

Die Kompliziertheit der Berechnung sekundärer Prozesse wurde auch bei tiefen Temperaturen beobachtet. So z.B. gelang es bei der Durchführung der EPR-Messungen im Verlauf der Bestrahlung mit ultraviolettem Licht am System $C_2H_5OH + H_2O_2$ bei 77°K [31] zu bestimmen, was eine Reihe von Autoren [32], [33] vorher schon beobachtet hatten, daß an diesem System das Spektrum der EPR schlecht zu reproduzieren geht. Es besteht aus fünf schlecht zu unterscheidenden Komponenten, wie sie im Grundspektrum des Methylradikals vorgewiesen werden, dem die Zentrallinie überlagert ist, die nur nach Ausschalten der Bestrahlung erscheint. Bei wiederholtem Ein- und Ausschalten des Lichtes gelang es vollständig, den Übergang des Singuletts in ein Quadruplett zu registrieren, außerdem hat die Dunkelreaktion den Vorrang. Dies wurde durch folgenden Fotolysen-Mechanismus formuliert:

$$\left.\begin{array}{l} H_2O_2 + h\nu \rightarrow 2\,\dot{O}H \\ \dot{O}H + CH_3CH_2OH \rightarrow H_2O + CH_3CH_2O^{\cdot} \\ CH_3CH_2O^{\cdot} + h\nu \rightarrow [^{\cdot}CH_3 + CH_2O] \end{array}\right\} \text{unter Lichteinwirkung}$$

$$[\dot{C}H_3 + CH_2O] \rightarrow CH_3CH_2O^{\cdot} \quad \} \text{ bei Dunkelheit.}$$

Das Symbol $[^{\cdot}CH_3 + CH_2O]$ bedeutet, daß sich in einer „Zelle" [34] das Radikal $^{\cdot}CH_3$ und das Molekül CH_2O befinden. Unter Lichteinwirkung wird das Gleichgewicht $CH_3CH_2\dot{O} \rightleftharpoons \dot{C}H_3 + CH_2O$ nach rechts verschoben und wir beobachten ein Quadruplett vom Radikal $^{\cdot}CH_3$. Beim Ausschalten des Lichtes geht die umgekehrte Wechselwirkung vor sich und es wird ein teilweiser Übergang des Quadrupletts in eine einzelne Linie des Äthoxyl-Radikals beobachtet. Bei Aufnahme eines solchen Schemas müssen die Radikale $^{\cdot}CH_3$ im Dunkeln wirklich durch den vorrangigen Prozeß verschwinden.

4. Schluß

Aus der angeführten kurzen Übersicht der Arbeiten in den letzten Jahren durch Anwendung der EPR-Methode zur Untersuchung der Radikale folgt, daß diese Methode gegenwärtig die aussichtsreichste Art der Untersuchung freier Radikale in kondensierten Systemen ist. Nach einigen Jahren wird es diese Methode erlauben, eine große Anzahl von Aufgaben zu lösen, die bisher durch Benutzung alter Methoden nicht ausgeführt werden konnten. Das Gebiet ihrer Anwendung wird sich jederzeit ausdehnen, und es gibt allen Grund zu zeigen, daß in den nächsten Jahren damit noch große Erfolge errungen werden.

Literatur

[1] Завойский, Е. К., Докторская диссертация, фиан. (Sawoiski, J. K., Dissertation Phys. Inst. Akad. Wiss.) 1944.

[2] Jokozawa, J. u. Mijashita, J., J. Chem. Phys. 25.

[3] Matsunaga, J., Canad. J. of Chem. 37, Nr. 5, 1003 (1959).

[4] Мошковский, Ю. Ш., Дан. (Moschkowski, J. Sch., Ber. Akad. Wiss.) 1959 im Druck;
Берлин, А. А., Блюменфельд, Л. А., Черкашин, М. И., Калмансон, А. Э., Сельская, О. С., „Высокомолекулярные соединения“. (Berlin, A. A., Blumenfeld, L. A., Tscherkaschin, M. J., Kalmanson, A. E., Selskaja, O. S., „Hochmolekulare Verbindungen“) 1, Nr. 9, 1361 (1959).

[5] Ingram, D., Free Radical as studied by Electron Spin Resonance, London 1958.
Gordy, W. u. Cormic, Mc., J. Am. Chem. Soc. 78, 3243 (1956).

[6] Дьячковский, Ф. С., Бубнов, Н. Н., Шилов, А. Е., Дан. (Djatschkowski, F. S., Bubnov, N. N., Schilov, A. E., Ber. Akad. Wiss.) 122, 629 (1958).

[7] Цветков, Ю. Д., Лебедев, Я. С., Воеводский, В. В., „Высокомолекулярные соединения“. (Zwetkov, J. D., Lebedev, J. S., Wojewodski, W. W., „Hochmolekulare Verbindungen“) 1, Nr. 10, 1519 (1959); 1, Nr. 12 (1959) im Druck.
Воеводский, В. В., „Труды симпозиума по стабилизации свободных радикалов“, США. (Wojewodski, W. W., Arbeiten des Symposiums über Stabilisation freier Radikale, S. J. A.) Washington, Sept. 1959.

[8] Commoner, B. u. Townsend, J., Nature 174, 689 (1954).

[9] van Vleck, J. H., Supple. Nuovo Cimento VI, Nr. 3, 817 (1957).

[10] Тихомирова, Н. Н., Воеводский, В. В., „Оптика и спектроскопия“. (Tichomirowa, N. N., Wojewodski, W. W., „Optik und Spektroskopie“) Dez. 1959, im Druck.

[11] Тихомирова, Н. Н., Лукин, Б. В., Разумова, Л. Л., Воеводский, В. В. ДАН. (Tichomirowa, N. N., Lukin, B. W., Rasumowa, L. L., Wojewodski, W. W., Ber. Akad. Wiss.) 122, 264 (1958).

[12] Блюменфельд, Л. А., Калмансон, А. Э., ДАН. (Blumenfeld, L. A., Kalmanson, A. E., Ber. Akad. Wiss.) 117, 72 (1957).

[13] Горди, В., Применение спектроскопии в химии (Gordy, W., Anwendung der Spektroskopie in der Chemie) 1959.

[14] Smaller, B. u. Matheson, M. S., J. Chem. Phys. 28, 1169 (1958).

[15] BIRCH, A. J. u. SMITH, H., Quart. Rev. **12**, 17 (1958).

[16] Воеводский, В. В., Солодовников, С. П., Чибрикин, В. М., ДАН СССР.
(WOJEWODSKI, W. W., SOLODOVNIKOV, S. P., TSCHIBRIKIN, W. M., Ber. Akad. Wiss. UdSSR).

[17] TUTTLE, T. R. a. WEISSMAN, I., JACS **80**, Nr. 20, 5342 (1958).

[18] Цветков, Ю. Д., Бубнов, Н. Н., Лазуркин, Ю. С., Макульский, М. А., Воеводский, В. В., ДАН.
(ZWETKOV, J. D., BUBNOV, N. N., LASURKIN, J. S., MAKULSKI, M. A., WOJEWODSKI, W. W., Ber. Akad. Wiss.) **122**, 1053 (1958).

[19] Корицкий, А. Г., Молин, Ю. Н., Шамшев, В. Н., Бувен, Н. Я., Воеводский, В. В., „Высокомолекулярные соединения".
(KORITZKI, A. G., MOLIN, J. N., SCHAMSCHEV, W. N., BUBEN, N. J., WOJEWODSKI, W. W., „Hochmolekulare Verbindungen") **1**, Nr. 8, 1182 (1959).

[20] Словохотова, Н. А., Карпов, В. Л., Сб. работ по радиационной химии, ДАН СССР.
(SLOWOCHOTOWA, N. A., KARPOW, W. L., Arbeit über Strahlungschemie, Akad. Wiss. UdSSR) (1955) S. 196

[21] Молин, Ю. Н., Цветков, Ю. Д., ЖФХ
(MOLIN, J. N., ZWETKOV, J. D, J. phys. Chem.) **33**, 1668 (1958).

[22] Семенов, Н. Н., „Основные проблемы химической кинетики", Доклад на 8-м Менделеевском сбезде, Москва
(SEMENOV, N. N., Grundprobleme der chemischen Kinetik, Vortrag vom 8. Mendelejew-Kongreß) Moskau 1958.

[23] Бубнов, Н. Н., Дьячковскуй, Ф. С., Шилов, А. Б., ДАН.
(BUBNOV, N. N., DJATSCHKOWSKI, F. S., SCHILOV, A. B., Ber. Akad. Wiss.) **123**, 870 (1958).

[24] Семенов, Н. Н., „О некоторых проблемах химической кинетики, АН-СССР.
(SEMENOV, N. N., Über einige Probleme chemischer Kinetik, Akad. Wiss. UdSSR) 1958.

[25] siehe [6].

[26] Цветков, Ю. Д., Лебедев, Я. С., Воеводский, В. В., „Высокомолекулярные соединения".
(ZWETKOV, J. D., LEBEDEV, J. S., WOJEWODSKI, W. W., „Hochmolekulare Verbindungen") **1**, Nr. 10, 1519 (1959).

[27] Цветков, Ю. Д., Лебедев, Я. С., Воеводский, В. В., „Высокомолекулярные соединения".
(ZWETKOV, J. D., LEBEDEV, J. S., WOJEWODSKI, W. W., „Hochmolekulare Verbindungen") **1**, Nr. 12 (1959).

[28] Семенов, А. Г., Бубнов, Н. Н., П.Т.Э.
(SEMENOV, A. G., BUBNOV, N. N., Versuchsg. und exp. Techn.) Nr. 1, 92 (1959).

[29] Молин, Ю. Н., Корицкий, А. Г., Бубен, Н. Я., Воеводский, В. В., ДАН.
(MOLIN, J. N., KORITZKI, A. G., BUBEN, N. J., WOJEWODSKI, W. W., Ber. Akad. Wiss.) **123**, 882 (1958).

[30] Бубнов, Н. Н., Цепалов, В. Ф., Шляпинтох, В. Я., ЦАН сер. физ.
(BUBNOV, N. N., ZEPALOV, W. F., SCHLJAPINTOCH, W. J., Zeitschr. Akad. Wiss. der Phys.) **23**, 1265 (1959).

[31] Бубнов, Н. Н., Воеводский, В. В., Фок, И. В., Шелимов, Б., Доклад на совещании по парамагнитному резонансу, Казань.
(BUBNOV, N. N., WOJEWODSKI, W. W., FOK, I. W., SCHELIMOV, B., Vortrag zur Tagung über paramagnetische Resonanz, Kasan) 1959.
Воеводский, В. В., „Труды симпозиума по стабилизации свободных радикалов" США.
(WOJEWODSKI, W. W., Arbeiten des Symposiums über Stabilisation freier Radikale S. J. A.) Washington, Sept. 1959.

[32] INGRAM, D. u. FUJIMOTO, M., Trans. Far. Soc. **54**, 1304 (1958).

[33] LIVINGSTON, R., Intern. Congress of Radiat. Research Burlington USA, Aug. 1958.

[34] FRANCK, J. u. RABINOVITCH, E., Trans. Far. Soc. **70**, 120 (1934).

Institut für chemische Physik, Akademie der Wissenschaften d. UdSSR, Moskau.

Paramagnetische Resonanz des Mn^{IV} im $SrTiO_3$. Beobachtung „verbotener" $\Delta(M + m) = 0$ Übergänge

von K. A. Müller, Genf

Wir haben kürzlich über paramagnetische Resonanzexperimente an Proben berichtet, die aus einem mit Mangan dotierten $SrTiO_3$-Einkristall herausgeschnitten worden waren [1]. Die beobachtete Resonanz wurde vierwertigen Manganatomen mit der Konfiguration $3\,d^3 = (d\varepsilon^3)\,(d\gamma^0)$ zugeschrieben, welche auf Titangitterplätzen im $SrTiO_3$ eingebaut sind und einen effektiven Spin $S = 3/2$ besitzen. Wir haben in Referenz 1 die verschiedenen Gründe dargelegt, welche uns dazu führten, diese Annahme als die praktisch einzige in Frage kommende zu betrachten. Wegen des Kernspins $I = 5/2$ des zu fast 100% natürlich vorhandenen Isotopes Mn^{55} werden sechs Gruppen von Linien mit einer Hyperfeinaufspaltungskonstanten $A' = 75 \pm 1$ Gauß beobachtet. Der g-Faktor beträgt $g = 1{,}994 \pm 0{,}001$ und zeigt in Verbindung mit der gemessenen optischen Absorption eine starke kovalente Bindung des Mangans mit den es oktaedrisch umgebenden sechs Sauerstoffatomen an. Aus diesem Grund haben wir die Bezeichnung Mn^{IV} gewählt.

Wir teilten in Referenz 1 auch mit, daß wir bei den Temperaturen der flüssigen Luft und des flüssigen Stickstoffes 5 Linien resp. Liniengruppen, welche ungefähr in der Mitte zwischen den sechs Haupthyperfeingruppen liegen, beobachtet hatten. Ein Teil dieser relativ sehr schwachen Linien waren sowohl für Magnetfelder parallel den [100], [110] als auch [111] Richtungen sichtbar. Wir haben sie dort schon verbotenen Übergängen zugeschrieben, bei denen der Kernspin seine Quantenzahl ändert. Wir möchten nun hier über die quantitative Auswertung dieser, $\Delta(M + m) = 0$ Übergängen zugehörigen, schwachen Linien berichten und zeigen, daß es gerade damit gelingt, mit Sicherheit nachzuweisen, daß die Resonanzen durch das Mn^{IV} verursacht sind. Mit M beschreiben wir die Elektronenspin- und mit m die Kernspinquantenzahl.

Anderson und Piette [2], welche etwas früher im Chelat Vanadylacetylacetonat $\Delta(M + m) = 0$ Übergänge beobachteten, zeigten sowohl experimentell als auch theoretisch, daß diese Übergänge durch ein hochfrequentes Magnetfeld, das parallel zum äußeren Magnetfeld liegt, induziert werden. Sie berechneten ebenfalls die relativen Intensitäten dieser Linien gegenüber den erlaubten bei gleicher Amplitude des Hochfrequenzfeldes.

Das VO^{++}-Ion hat einen effektiven Spin $S = 1/2$ ($I = 7/2$) [3]. Da in unserem Falle der effektive Spin $S = 3/2$ ist, haben wir für den Hamilton-Operator der Form

$$\mathfrak{H} = g\,\beta\,H\,S + A\,S\,I \qquad (1)$$

für beliebige Werte des Elektronenspins S und des Kernspins I, das Verhältnis der Intensität $J_{M,m}^{M+1,m-1}$ der verbotenen Übergänge $M \leftrightarrow M+1, m \leftrightarrow m-1$, welche durch ein parallel zum konstanten Magnetfeld liegenden Hochfrequenzfeld induziert werden, zur Intensität $J_{M,m}^{M+1,m}$ der erlaubten Übergänge $M \leftrightarrow M+1$, $\Delta m = 0$, welche durch ein senkrecht zum konstanten Magnetfeld liegenden Hochfrequenzfeld gleicher Amplitude induziert werden, errechnet. Wir benützten Wellenfunktionen, die mittels Störungsrechnung erster Ordnung ermittelt wurden und erhalten

$$J_{M,m}^{M+1,m-1} / J_{M,m}^{M+1,m} = (I+m)(I-m+1) \cdot \left(\frac{A'}{H_0}\right)^2. \tag{2}$$

m läuft von I bis $-I+1$; es bedeuten $A' = \frac{A}{g\beta}$ die Hyperfeinaufspaltungskonstante in Gauß, $H_0 = \frac{h\nu}{g\beta}$ das durch den g-Faktor und die Frequenz ν des angelegten Mikrowellenfeldes gegebene Resonanzmagnetfeld bei Abwesenheit der $I\,S$ Koppelung.

Für *einen bestimmten* Übergang $M \leftrightarrow M+1$ erhalten wir im Falle des Mn^{55} mit $I = 5/2$ als Verhältniszahlen der verbotenen Linien untereinander die Werte 5:8:9:8:5. Abb. 1 zeigt ein Resonanzspektrum, das bei der Temperatur der flüssigen Luft in Richtung [111] aufgenommen wurde und bei dem 5 schwache Linien zwischen den sechs starken im angegebenen Verhältnis gut sichtbar sind. Es handelt sich um die verbotenen Linien des Überganges $M = -1/2 \leftrightarrow +1/2$; dies geht aus der Lage der Linien hervor, die theoretisch bis zur zweiten Ordnung berechnet wurden und in der Abbildung neben den erlaubten ebenfalls eingezeichnet sind. Auf die Berechnung gehen wir weiter unten näher ein. Diese 5 verbotenen $M = -1/2 \leftrightarrow +1/2$ zugehörigen Übergänge waren für sämtliche Magnetrichtungen bezüglich der Kristallachsen beobachtbar. Bei allen Aufnahmen zeigte sich, daß die oben angegebenen Verhältniszahlen der Linien trotz des nicht gerade sehr großen Signal- zu Rauschverhältnisses erstaunlich gut stimmte.

Auch das Verhältnis der mittleren verbotenen zu den erlaubten Linien, das nach Formel (2) $8\left(\frac{A'}{H_0}\right)^2$ beträgt und bei der benützten Wellenlänge der Hochfrequenzstrahlung von 3,2 cm den Wert $3{,}7 \times 10^{-3}$ ergibt, wurde geprüft. Die ermittelten Werte waren befriedigend.

Um unser Resultat sicher zu stellen, wiesen wir bei Zimmertemperatur, wo es mit unserer neuen sehr empfindlichen Apparatur kürzlich ebenfalls gelang die $\Delta(M+m) = 0$ Übergänge zu beobachten, nach, daß die schwachen Linien tatsächlich durch ein Resonanzfeld, welches parallel zum äußeren Magnetfeld liegt, erzeugt werden. Die neue Apparatur arbeitet wie die früher benützte ebenfalls bei 3,2 cm Wellenlänge.

Damit die beobachteten Linien den einzelnen M Übergängen zugeordnet werden können, haben wir die Lage der $\Delta(M+m) = 0$ Linien für den HAMILTON-Operator (1) bis zur zweiten Ordnung errechnet:

Für eine Störung $A\,S\,I$ des Operators $g\,\beta\,H\,S$ erhält man analog der Rechnung von Lacroix [4] die Energieniveaus

$$E_{M,m} = g\beta H_z M + A\,M\,m + \frac{A^2}{2\,g\,\beta\,H_0}\{I(I+1)M - S(S+1)m + M^2 m - M m^2\}, \tag{3}$$

woraus man für die Resonanzmagnetfelder $H_{M,m}^{M+1,m}$ der erlaubten Übergänge $M \leftrightarrow M+1$, $\Delta m = 0$ die bekannte Formel von Bleaney [5]

$$H_{M,m}^{M+1,m} = H_0 - A'\,m - \frac{A'^2}{2\,H_0}\{I\,(I+1) - m^2 + m\,(2\,M+1)\} \tag{4}$$

erhält. (Bei Bleaney ist der letzte Term mit $+\,m\,(2\,M-1)$ angegeben, da er den Übergang $M-1 \leftrightarrow M$ betrachtet.) M läuft von $S-1$ bis $-S$, m von I bis $-I$.

Für die Resonanzmagnetfelder $H_{M,m}^{M+1,m-1}$ der verbotenen Übergänge $M \leftrightarrow M+1$, $m \leftrightarrow m-1$ erhalten wir

$$H_{M,m}^{M+1,m-1} = H_0 - A'\,m + A'\,(M+1) - \frac{A'^2}{2\,H_0}\{I\,(I+1) + S\,(S+1) - M^2 - m^2 + 4\,M\,m - 3\,M + 3\,m - 2\}. \tag{5}$$

Hier läuft M ebenfalls von $S-1$ bis $-S$, aber m von I bis $-I+1$. Aus unserer Formel (5) ist ersichtlich, daß die Elektronenspinquantenzahl M bereits in erster Ordnung eingeht und die Linien bei halbzahligem Spin S um etwa $A'/2$ gegenüber den erlaubten verschoben sind. Im Ausdruck zweiter Ordnung ist im Gegensatz zur Formel von Bleaney nun auch ein konstanter Summand $S\,(S+1)$ enthalten. Die Beobachtung der verbotenen Übergänge erlaubt somit bei hinreichender Genauigkeit der Magnetfeldmessung, eine direkte Bestimmung des Spins S einer Resonanz noch im Falle halbzahliger Spins bei denen alle Übergänge außer dem $M = -1/2 \leftrightarrow +1/2$ ausgeschmiert sind! Für einen solchen Übergang reduziert sich unsere Formel zu

$$H_{-1/2,m}^{+1/2,m-1} = H_0 - A'\,m + \frac{A'}{2} - \frac{A'^2}{2\,H_0}\left\{I\,(I+1) + S\,(S+1) - m^2 + m - \frac{3}{4}\right\}; \tag{6}$$

m läuft auch hier von I bis $-I+1$.

Im Hamilton-Operator (1) haben wir die Wechselwirkung des Kernspins I mit dem äußeren Magnetfelde H, welche $-g_N\beta_N H I$ beträgt, weggelassen. Dieser Term ergibt für die Resonanzmagnetfelder der verbotenen Übergänge (Formeln (5) resp. (6)) in erster Ordnung eine konstante Verschiebung $-\frac{g_N\beta_N}{g\beta}H_0$, die in unserem Falle $-1{,}4$ Gauß beträgt.[1])

[1]) Wir möchten Herrn R. Neubert, der uns auf diesen zusätzlichen Term aufmerksam machte, bestens danken, da die durch diesen Term bewirkte Verschiebung der Linien knapp aber feststellbar außerhalb unserer Fehlergrenze liegt.

Die mit Formel (6) errechneten Linienpositionen stimmen für einen Spin $S = 3/2$ innerhalb der Fehlergrenze mit den beobachteten überein. Für einen Spin $S = 5/2$ (Mn^{2+}) wird dagegen eine Abweichung der theoretisch berechneten Positionen von den beobachteten gegen tiefere Magnetfelder festgestellt, deren Gesamtsumme über alle 5 Linien 20 Gauß ergibt, bei einem Gesamtfehler von 5 Gauß (1 Gauß pro Linie). Durch Bestimmung des effektiven Spins S zu 3/2 ist es somit gelungen zu zeigen, daß wir die Resonanz des Mn^{IV} beobachtet haben.

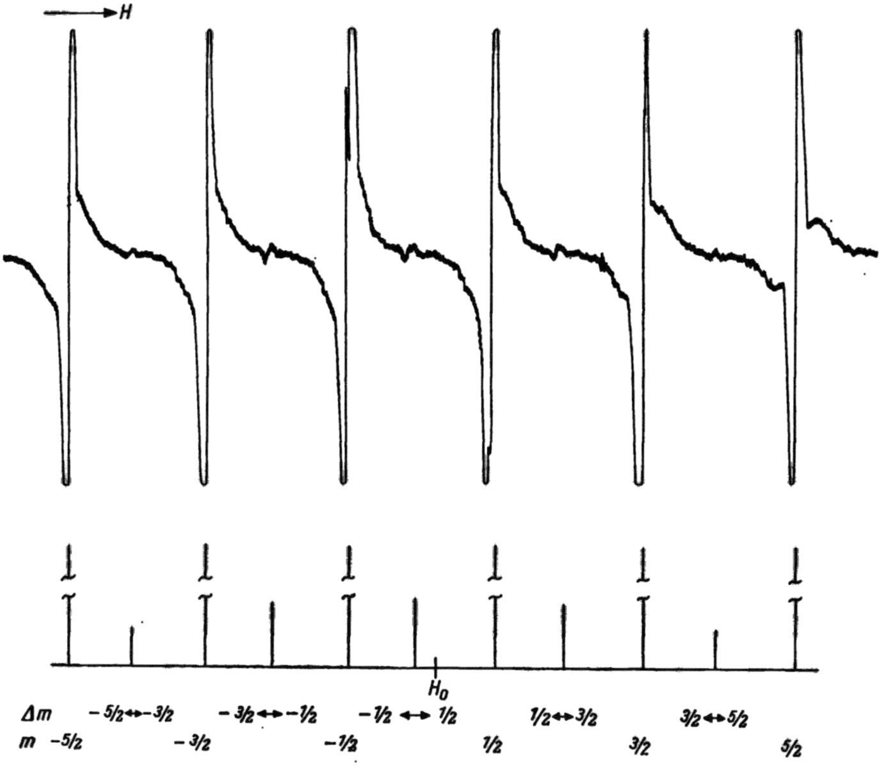

Abb. 1. Paramagnetisches Resonanzspektrum von Mn^{IV} in $SrTiO_3$ aufgenommen für ein Magnetfeld parallel zur [111]-Richtung bei der Temperatur der flüssigen Luft und bei 3,2 cm Wellenlänge. Die eingezeichneten theoretischen Linien der erlaubten $\Delta m = 0$ und der verbotenen $\Delta (M + m) = 0$ Übergänge für den Fall $M = -1/2 \leftrightarrow +1/2$ wurden mit den Konstanten $|A'| = 75$ Gauss und $g = 1{,}994$ errechnet.

Bei der in Abb. 1 wiedergegebenen Resonanz in Richtung [111], wo die bei der Temperatur der Aufnahme im Kristall vorhandenen tetragonalen Domänen [6] keine zusätzliche Verschiebung der $M = \pm 1/2 \leftrightarrow \pm 3/2$ Linien zur Folge haben, ist folgendes bemerkenswert: Es sind einerseits sechs sehr scharfe Hyperfeinlinien, und andererseits, am gleichen Orte breite und dementsprechend schwächere Linien sichtbar. Dies läßt uns vermuten, daß die lokalen Gitterverzerrungen und deren Verteilung die $M = \pm 3/2 \leftrightarrow \pm 1/2$ Linien für diese Magnetfeldrichtung stark verbreitern und die scharfen Linien dem Übergang $M = -1/2 \leftrightarrow +1/2$ angehören. Die Verzerrungen führen wir auf den kleineren Atomradius des vierwertigen Mangans, der mit 0,52 Å angegeben wird [7], gegenüber dem vierwertigen Titan mit einem solchen von 0,63 Å zurück. Unsere obige Hypothese wird verstärkt: Erstens durch die Tatsache, daß keine $\Delta(M+m) = 0$, $M = \pm 1/2 \leftrightarrow \pm 3/2$ Übergänge sichtbar sind; zweitens, daß für den Fall scharfer erlaubter $\Delta m = 0$, $M = \pm 1/2 \leftrightarrow \pm 3/2$ Übergänge für die $m = 5/2$ und $-5/2$ Linien eine etwa 2 mal 4 Gauß betragende Aufspaltung resp. Verbreiterung der Linien durch den Term $m\,(2\,M+1)$ sichtbar sein sollte. Die von uns in Referenz 1 für die Analyse der Zimmertemperatur-Aufnahmen gemachte Annahme eines axialen Feldes in den Richtungen [100], [010] oder [001] ist somit nicht hinreichend.

Literatur

[1] Müller, K. A., Phys. Rev. Letters **2**, 341 (1959).
[2] Anderson, W. A. u. Piette, L. H., J. Chem. Phys. **30**, 591 (1959).
[3] Bowers, K. D. u. Owen, J., Rep. Progr. Phys. **18**, 304 (1955).
[4] Lacroix, R., Helv. Phys. Acta **30**, 374 (1957).
[5] Bleaney, B., Physica **17**, 175 (1951).
[6] Müller, K. A., Helv. Phys. Acta **31**, 173 (1958).
[7] Goldschmidt, V. M., Internationale Tabellen zur Bestimmung von Kristallstrukturen. Gebrüder Borntraeger, Berlin 1935, Vol. 2.

Battelle Institut, Genf, Schweiz

Paramagnetische Elektronenresonanz von Silberhalogeniden mit Zusätzen zweiwertiger Anionen

von I. Ebert, Berlin-Adlershof

Durch die Bestrahlung schwefel-, selen- und tellurhaltiger Silberhalogenidkristalle bei Temperaturen unterhalb — 60° C entsteht eine Reihe photochemischer Reaktionsprodukte, die zum Teil paramagnetisch sein werden und sich durch ihre Elektronenspinresonanz nachweisen lassen müßten.

Für diesen Versuch wurde eine 10 cm-Apparatur in Koaxialtechnik benützt, ähnlich derjenigen, die S. Koepp im HHI für Schwingungsforschung der DAdW entwickelt hat. Die untersuchten Mischkristalle waren polykristallin und enthielten im allgemeinen 0,03 Mol% zweiwertiger Anionen. Sie wurden bei Temperaturen zwischen — 70 und — 100° C mit Licht der Wellenlänge 436 mμ bestrahlt, und ihre Elektronenspinresonanz wurde bei — 180° C gemessen, da die durch die Bestrahlung entstandenen Zentren bei dieser Temperatur sicher stabil sind.

Unbestrahlte, dotierte und thermisch verschieden vorbehandelte Kristalle zeigten keine zusatzabhängige Resonanz. In bestrahlten Mischkristallen, die von ca. 400° C auf Raumtemperatur abgeschreckt worden waren, fanden wir eine breite, nahezu gaußkurvenförmige Resonanzlinie, deren g-Wert je nach dem Zusatz zwischen 2,01 und 2,21 lag. Die untersuchten Mischkristalle sind mit den g-Werten und Linienbreiten ihrer Resonanzen in der Tab. 1 angeführt.

Tabelle 1

Kristallart	g-Wert	Abstand der Stellen extremaler Ableitungen
$AgBr + Ag_2S$	2,017 ± 0,005	70 ± 5 Oersted
$AgBr + Ag_2Se$	2,12 ± 0,015	70 ± 10 Oersted
$AgBr + Ag_2Te$	2,21 ± 0,03	(107 ± 15) Oersted
$AgCl + Ag_2S$	2,014 ± 0,005	46 ± 7 Oersted
$AgCl + Ag_2Se$	2,082 ± 0,015	60 ± 10 Oersted

Die Linien waren häufig unsymmetrisch. Da wir für AgBr(Te)-Mischkristalle nur unsymmetrische Linien erhielten, wurde ihre Breite in der Tabelle eingeklammert.

Da alle g-Werte größer als $g_0 = 2{,}0023$ sind, handelt es sich wahrscheinlich um Defektelektronen. Die starke Abhängigkeit vom Zusatz und die geringere vom Wirtskristall läßt vermuten, daß für die Resonanzen Chalkogenionen verantwortlich sind, die ein oder zwei Elektronen durch die Bestrahlung verloren haben. Die Abtrennung zweier Elektronen kann man auch durch vollständiges Durchbromieren schwefelhaltiger Silberbromidmischkristalle erreichen. Solche Kristalle zeigten keine der hohen Schwefelkonzentration entsprechende Resonanz.

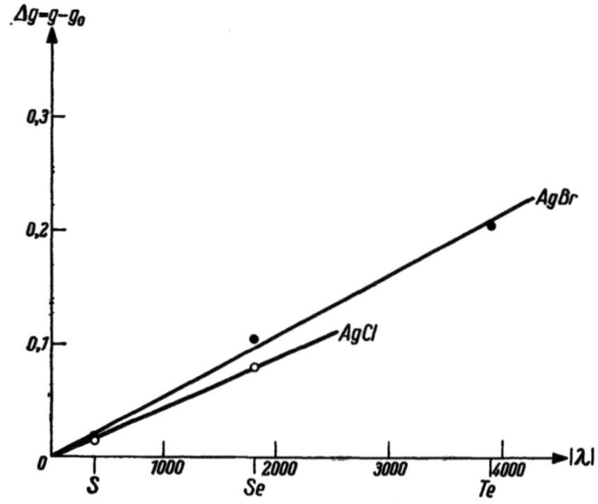

Abb. 1. Gemessene Verschiebung des g-Wertes in Abhängigkeit von der extrapolierten Spin-Bahn-Kopplungskonstante.

Die Resonanz wird also sicher von einwertigen Chalkogenionen herrühren. Für nicht zu große Spin-Bahn-Kopplung und für nichthomöopolare Verbindungen ist die Abweichung Δg des gemessenen g-Wertes von g_0 in erster Näherung proportional der Spin-Bahn-Kopplungskonstante λ und indirekt proportional dem Abstand ΔE der Energien zwischen Grundzustand und erstem angeregten Zustand: $\Delta g \sim \lambda/\Delta E$.

Die Spin-Bahn-Kopplungskonstanten sind für einwertige Chalkogenionen nicht bekannt. Man kann sie aber aus der Reihe derer von Ionen, auf die der spektroskopische Verschiebungssatz anwendbar ist, extrapolieren. Trägt man die Verschiebung Δg über den so gewonnenen λ-Werten für einwertige Chalkogenionen auf, so erhält man für jedes Wirtsgitter eine Gerade (Abb. 1). Das entspricht oben angegebener Beziehung, wenn sich die ΔE für die verschiedenen Zusatzionen nicht sehr unterscheiden, was man auch erwarten kann. Daß der Δg-Wert für Tellurionen mit ihrer relativ großen Spin-Bahn-Kopplungskonstante ($\approx 3900\ \mathrm{cm}^{-1}$) auch auf der Geraden liegt, dürfte in diesem Zusammenhang mehr zufällig sein.

Einwertige Chalkogenionen besitzen sicher wie die Halogenatome einen $^2P_{3/2}$-Zustand. Da dieser eine dreifache Bahnentartung aufweist, die durch das kubische Kristallfeld der Silberhalogenide nicht aufgehoben werden kann, muß man annehmen, daß sich die Resonanzzentren in einem zusätzlichen elektrischen Feld niederer Symmetrie befinden, das etwa durch benachbarte Überschußladungen — z. B. durch Silberionen auf Zwischengitterplätzen oder Halogenlücken — oder durch den JAHN-TELLER-Effekt hervorgerufen werden kann.

Die genaue Größe beider Einflüsse ist schwer zu berechnen. Es soll daher nur das Ergebnis einer groben Abschätzung der Aufspaltung des $^2P_{3/2}$-Zustandes angegeben werden, die unter Vernachlässigung aller Polarisationseffekte nur durch das COULOMB-Feld einer Punktladung e im Abstand b vom Chalkogenion hervorgerufen wird. Man erhält für die Energiedifferenz

$$\Delta E = \frac{3\,e^2}{5\,b^3}\,\overline{r^2}\,. \tag{1}$$

$\overline{r^2}$ ist dabei der bei der Integration über den Radialanteil der Wellenfunktion auftretende Mittelwert von r^2. Setzt man die Wurzel daraus näherungsweise gleich 1,5 Å, der ungefähren Größe des Ionenradius, so erhält man für assoziierte Silberionen auf Zwischengitterplätzen etwa 1,3 eV und für Halogenionenlücken etwa 0,3 eV.

Die Verschiebung des g-Wertes ergibt sich zu $\Delta g_\perp = -\frac{2\lambda}{\Delta E}$ und $\Delta g_\parallel = 0$. Berechnet man hiermit ΔE aus den gemessenen g-Werten und extrapolierten λ-Werten mit Hilfe der Beziehung $g^2_{\text{gemessen}} = (1/3)\,g^2_\parallel + (2/3)\,g^2_\perp$, so erhält man Werte in der Größenordnung von 4 eV (Tab. 2).

Tabelle 2

Mischkristall	$\Delta g_\perp$	ΔE/cm^{-1}	ΔE/eV
AgBr + Ag_2S	0,022	30400	3,76
+ Ag_2Se	0,174	20800	2,56
AgCl + Ag_2S	0,018	37000	4,6
+ Ag_2Se	0,123	29400	3,64

Die Werte sind für Chlorid größer als für Bromid, wie es Gleichung 1 verlangt, da die Abstände b in AgCl kleiner als in AgBr sind. Wenn jedoch $\sqrt{\overline{r^2}}$ proportional dem Ionanradius gesetzt wird, so erhält man für Schwefel- und Selenzusatz nicht die richtige Abhängigkeit. Die Energiedifferenzen sind nach Tab. 2 für Selenzusatz kleiner als für Schwefelzusatz, während der Ionenradius vom Schwefel zum Selen sicher zunimmt. Da wir zur Erklärung der Linienbreiten für Schwefelzusatz annehmen müssen, daß die Elektroneneigenfunktion auch zu einem Bruchteil die benachbarten Silberionen überdeckt, läßt sich die Diskrepanz vielleicht dadurch erklären, daß die Überlappung der Silberionen für die verschiedenen Zusätze verschieden stark ist.

Die richtige Größenordnung für ΔE erhält man nur, wenn man assoziierte Silberionen auf Zwischengitterplätzen als Ursache des zusätzlichen Feldes annimmt, doch ist es fraglich, ob diese sehr beweglichen Fehlstellen mit den einwertigen Zusatzionen assoziieren. Dagegen scheint es nach Resonanzmessungen von

Tucker [1] an AgCl, das mit zweiwertigen Kupferionen dotiert ist, durchaus möglich, daß der Jahn-Teller-Effekt eine Aufspaltung der richtigen Größenordnung verursacht.

Genaue Aussagen über die Struktur der Zentren lassen sich erst machen, wenn die Symmetrie des g-Tensors bekannt ist; denn das elektrische Feld für benachbarte Silberionen auf Zwischengitterplätzen hat [111]-Richtung, der Jahn-Teller-Effekt muß sich durch eine Symmetrieachse in [100]-Richtung bemerkbar machen. Leider ist die Löslichkeit der untersuchten Zusätze in AgBr und AgCl so gering, daß an Einkristallen nur die Andeutungen von Resonanzen gefunden wurden, die keine Aussagen, auch nicht qualitativer Art, zuließen.

Die Linienbreite muß durch verschiedene Einflüsse hervorgerufen werden. Bei anisotropem g-Wert tritt in Polykristallen eine Anisotropieverbreiterung ein. Diese könnte für die vom Schwefel- zum Tellurzusatz wachsende Linienbreite verantwortlich sein, kann jedoch nicht die gesamte Linienbreite hervorrufen, da dann die Unterschiede der Linienbreiten für die einzelnen Zusätze durch die großen Unterschiede der g-Werte wesentlich größer sein müßten.

Für die Anisotropieverbreiterung spricht auch die häufig gemessene Unsymmetrie der Linien, speziell die für Tellurzusatz.

Für Schwefelzusatz ist die Anisotropie nur gering, und die Linienbreite muß eine andere Ursache haben. Der Einfluß von Dipol-Dipol-Wechselwirkung könnte nur von paramagnetischen Verunreinigungen herrühren; denn die Konzentrationen photochemischer Reaktionsprodukte sind zu gering. Aber auch die Konzentrationen der Verunreinigungen liegen nach spektroskopischen Messungen in der Größenordnung von 10^{-5} Mol, während man für die gemessenen Breiten bei einem g-Wert von 2 und einem Spin $S = 1/2$ etwa 10^{-2} Mol Spins annehmen müßte.

Der Unterschied in den Linienbreiten der Schwefelresonanzen von Chlorid und Bromid deutet darauf hin, daß vielleicht eine Hyperfeinwechselwirkung von der Art wie bei den F-Zentren in Alkalihalogeniden vorhanden ist. Die Hauptisotope der Chalkogenionen besitzen keine magnetischen Kernmomente, jedoch die Kerne der umgebenden Silber- und Halogenionen. Da die magnetischen Momente der Bromkerne größer sind als die der Chlorkerne, wäre die größere Linienbreite im Bromid verständlich.

Aus den Breiten für Schwefelzusatz ist es nach Kip, Kittel, Levy und Portis [2] möglich, unter den einschränkenden Bedingungen, daß die Hyperfeinstrukturkonstante für S-Elektronen auch für die Halogenionen richtig ist und die Konstanten für die Silberionen im Bromid und Chlorid gleich sind, und mit dem ungefähren Verhältnis der Konstanten für Brom und Chlor die Quadrate der Eigenfunktionen an den umgebenden Ionen auszurechnen. Man erhält

$$|\psi\,(\mathrm{Ag})|^2 \approx 2\cdot 10^{24}\ \mathrm{cm}^{-3}\,,$$

$$|\psi\,(\mathrm{Hal})|^2 \approx 1\cdot 10^{23}\ \mathrm{cm}^{-3}\,.$$

Das ist etwa die gleiche Größenordnung wie für Farbzentren in Kaliumhalogeniden.

Überlegt man sich, wie eine Resonanzlinie mit diesen Werten aussieht, so findet man, daß sie aus 7 Einzellinien besteht, die man bei Einkristallen gut auflösen müßte.

Alle hier gebrachten Abschätzungen stützen sich auf nicht sehr genaue Meßresultate (bedingt durch die geringe Konzentration der Resonanzzentren) und beruhen nur auf Vermutungen über die Struktur der Zentren. Wir hoffen, in absehbarer Zeit nach Messungen an Einkristallen mit einer empfindlicheren Apparatur weitergehende Aussagen machen zu können.

Literatur

[1] Tucker, R. F. Jr., Phys. Rev. **112**, 725 (1958).
[2] Kip, A. F., Kittel, C., Levy, R. A. and Portis, A. M., Phys. Rev. **91**, 1066 (1953).

Institut für Kristallphysik der Deutschen Akademie der Wissenschaften, Berlin-Adlershof

Elektronenresonanz-Untersuchungen am synthetischen Rubin

von G. Wiederhold, Jena

Die paramagnetische Elektronenresonanz vom Rubin rührt bekanntlich [1] von den Cr^{3+}-Ionen her, die isomorph im Korund-(Al_2O_3)-Grundgitter eingelagert sind. Bei einem Winkel von $\Theta \sim 55°$ zwischen Magnetfeld und Kristallachse

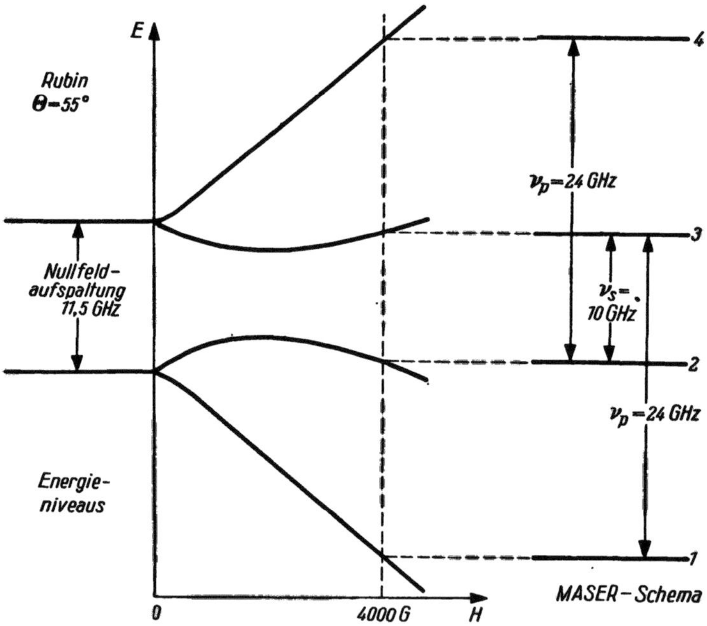

Abb. 1. Energieniveaus vom Cr^{3+} im Korundgitter.

erfolgt eine symmetrische Aufspaltung des Grundzustandes der Cr^{3+}-Ionen in vier Zeeman-Niveaus (Abb. 1). Strahlt man in den so orientierten Rubinkristall bei einem Magnetfeld $H \sim 4000$ G ein starkes Mikrowellenfeld der Frequenz $\nu_p \sim 24$ GHz ein und sättigt damit die Übergänge von $1 \leftrightarrow 3$ und $2 \leftrightarrow 4$, so wird das Niveau 3 stärker bevölkert als das Niveau 2. Ein zweites schwaches Mikrowellenfeld der Frequenz $\nu_s \sim 10$ GHz kann dann durch induzierte Emission verstärkt werden (Prinzip eines 4-Niveau-MASERs). Die Leistung P, die der Kristall an das Mikrowellenfeld der Frequenz ν_S abgibt, beträgt

$$P \sim \frac{\nu_s}{k\,T} \left|\langle 3\,|M|\,2\rangle\right|^2 \overline{H}_s^2\, F\, N\, T_2\,. \tag{1}$$

Hierin bedeuten:

T = Temperatur,

$\langle 3\,|M|\,2\rangle$ = Matrixelement des Überganges $3 \leftrightarrow 2$,

$\overline{H}_s$ = mittl. magnetische Feldstärke des Mikrowellenfeldes der Frequenz ν_s,

F = Pumpfaktor (abhängig von der Mikrowellenpumpleistung, den Relaxationsprozessen und den Abständen der Energieniveaus),

N = Spindichte,

T_2 = Spin-Spin-Relaxationszeit.

Es interessiert nun für die optimale Dimensionierung eines MASERs, wie die abgegebene Leistung P von der Spindichte N, d. h. von der Cr-Konzentration abhängt. Da die Chromkonzentration in erster Näherung nur die Spin-Spin-Relaxationszeit T_2 beeinflußt, läßt sich Gleichung (1) vereinfacht schreiben

$$P = \text{const}\ N\, T_2\,. \tag{2}$$

Eine evtl. Abhängigkeit des Pumpfaktors F von N wird weiter unten betrachtet.

Wir haben nun untersucht, wie das Produkt $N\,T_2$ von der Cr-Konzentration abhängt.

Für diese Messungen verwendeten wir synthetische Rubine, die im VEB Elektrochemisches Kombinat Bitterfeld hergestellt worden waren. Die Elektronenresonanz dieser Rubine wurde in einem Brückenspektrometer bei 90° K und 300° K untersucht. Da aus Messungen von Pashinin und Prokhorov [2] bekannt ist, daß die Relaxationszeit T_1 bei 300° K etwa $1{,}4 \cdot 10^{-7}$ sec beträgt und keinen wesentlichen Beitrag zur Linienbreite liefert, konnten alle T_2-Messungen bei Zimmertemperatur durchgeführt werden.

Die Orientierung der Kristalle im Magnetfeld erfolgte, indem die Koinzidenz der Elektronenresonanz-Signale der Übergänge $1 \leftrightarrow 2$ und $3 \leftrightarrow 4$ beobachtet wurde. Der gewünschte Winkel $\Theta \sim 55°$ ließ sich mit einer Genauigkeit von $\pm 2°$ einstellen. T_2 wurde aus der Funktion $g(\omega)$ bestimmt, die das Linienprofil beschreibt, um einen evtl. Einfluß der Cr-Konzentration auf die Linienform auszuschließen. $g(\omega)$ gewinnt man üblicherweise, indem man die Fläche der Absorptionslinie auf eins normiert.

Der Cr-Gehalt der Proben wurde für eine Konzentration durch chemische Analyse und durch Wägung bestimmt. Für die anderen Konzentrationen wurde er aus der Größe des paramagnetischen Resonanzsignales ermittelt.

In dem untersuchten Konzentrationsbereich von 0,005—0,5 Gew.-% Cr ergaben unsere Messungen ein T_2 von $7{,}5 \cdot 10^{-9}$ sec — $1{,}3 \cdot 10^{-9}$ sec (Abb. 2). Die Linienbreite zwischen den Punkten maximaler Neigung wurde in dem gleichen Bereich zwischen 20 Oe und 70 Oe gemessen.

In Abb. 3 ist das Produkt NT_2 über der Cr-Konzentration aufgetragen. Man findet eine Kurve, die bei etwa 0,4 Gew.-% Cr-Gehalt ein Maximum besitzt. Der gestrichelte Teil der Kurve wurde aus der Extrapolation von T_2 nach höheren Cr-Konzentrationen gewonnen. Der linke Pfeil in Abb. 3 gibt die Cr-Konzentration an, die die Rubinkristalle derjenigen MASER enthalten, die bei 4° K arbeiten [3]. Sie beträgt etwa 0,05 Gew.-% Cr. In den von DITCHFIELD und FORRESTER [4],

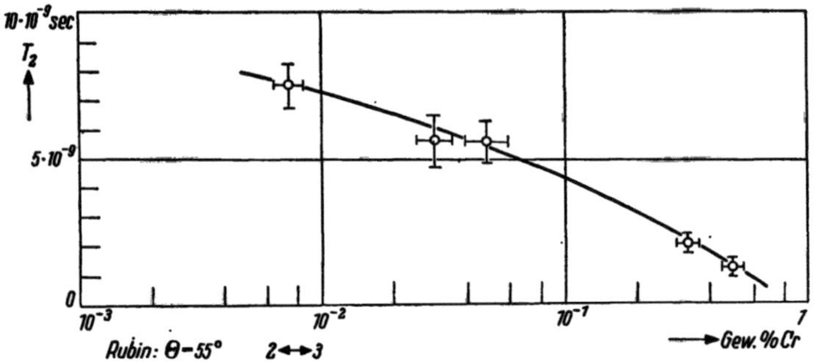

Abb. 2. Spin-Spin-Relaxationszeit T_2 in Abhängigkeit von der Cr-Konzentration.

sowie von MAIMAN [5] beschriebenen MASER, für deren Kühlung flüssiger Stickstoff ausreicht, werden Rubine mit Cr-Konzentrationen zwischen 0,1 und 0,2 Gew.-% Cr verwendet (rechter Pfeil). Für alle diese Konzentrationen liegt das Produkt NT_2 unter seinem maximalen Wert.

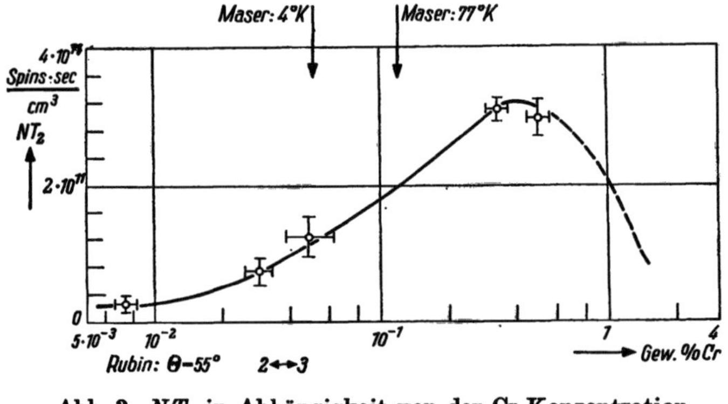

Abb. 3. NT_2 in Abhängigkeit von der Cr-Konzentration.

MAIMAN [5] fand allerdings bei Rubinen, die mehr als 0,1% Cr enthalten, eine erhebliche Abnahme des Pumpfaktors F, die einen MASER-Betrieb u. U. unmöglich macht, wenn die Temperatur von 90° K auf 4° K erniedrigt wird. Für MASER, die mit flüssiger Luft oder mit Trockeneis gekühlt werden, sollte man nach der von uns aufgenommenen Kurve für NT_2 vermuten, daß sich Rubine mit höheren Cr-Konzentrationen als die bisher verwendeten evtl. günstiger erweisen. Versuche, die den Einfluß der Cr-Konzentration auf den Pumpfaktor F klären sollen, sind in Vorbereitung.

Weiterhin wurden die dielektrischen Eigenschaften der Rubinkristalle bei $\lambda = 3{,}2$ cm untersucht. Sie hängen bei den von uns verwendeten geringen Cr-Konzentrationen nur vom Korund-Grundgitter ab.

Die Dielektrizitätskonstante wurde in einer Reflexionsanordnung aus dem stehenden Wellenverhältnis bestimmt. In Übereinstimmung mit anderen Autoren [6] ergab sich ein $\varepsilon \sim 10{,}5$. Die Anisotropie des ε-Tensors konnte nicht gemessen werden, da geeignet orientierte Rubinkristalle nicht zur Verfügung standen.

Der dielektrische Verlustwinkel vom Rubin wurde aus Dämpfungsmessungen an einem rechteckigen Hohlraumresonator ermittelt. Wir haben ein $\mathrm{tg}\,\delta \sim 4 \cdot 10^{-4}$ gemessen.

In der Zwischenzeit wurden ähnliche Messungen der Konzentrationsabhängigkeit des Produktes NT_2 von MANENKOV und FEDOROV [7] veröffentlicht.

Abschließend möchte ich Herrn Prof. Dr. B. ELSCHNER für anregende und klärende Diskussionen bei dieser Arbeit danken. Herrn Dr. ESPIG vom VEB Elektrochemisches Kombinat Bitterfeld danke ich für die bereitwillige Herstellung der von uns gewünschten Rubine.

Literatur

[1] MANENKOV, PROKHOROV, J. exp. theor. Phys., Moskau **28**, 762 (1955).
SARIPOV, SHAMONIN, J. exp. theor. Phys., Moskau **30**, 291 (1955).
GEUSIC, Phys. Rev. **102**, 1252 (1956).
[2] PASHININ, PROKHOROV, J. exp. theor. Phys., Moskau **34**, 777 (1958).
[3] MAKHOV, KIKUCHI, LAMBE, TERHUNE, Phys. Rev. **109**, 1399 (1958).
ALSOP, GIORDMAINE, MAYER, TOWNES, Proc. IRE **47**, 1062 (1958).
[4] DITCHFIELD, FORRESTER, Phys. Rev. Let. **1**, 448 (1958).
[5] MAIMAN, J. Appl. Phys. **31**, 222 (1960).
[6] v. HIPPEL, Dielectric Materials and Applications. New York, London 1954.
[7] MANENKOV, FEDOROV J. exp. theor. Phys., Moskau **38**, 1042 (1960).

Physikalisches Institut der Friedrich-Schiller-Universität Jena
(Direktor: Prof. Dr. W. Schütz)

Der Einfluß der Anisotropie des g-Faktors der Elektronenspinresonanz auf die Linienform von polykristallinen Substanzen

von O. Ristau und G. Schoffa, Berlin-Buch

Zahlreiche Substanzen sind nur in ihrer polykristallinen Form zugänglich. Es ist daher nicht möglich, die Variation des g-Faktors vom Winkel, d. h. die Anisotropie, wie üblich am Einkristall zu messen.

Man könnte zunächst annehmen, daß die Anisotropie in polykristallinen Proben sich infolge der statistischen Verteilung der Einzelkristalle überhaupt nicht auswirkt, es sei denn sie führt zur Linienverbreiterung. Dies ist aber nicht der Fall. Insbesondere bei achsialer Symmetrie, die angenähert oft zutrifft, wird die Linie stark verformt, wobei die Lagen der einzelnen g-Faktoren, d. h. $g_\perp$ und $g_\parallel$ noch zu erkennen sind.

Die Tatsache, daß die Anisotropie nicht einen statistisch gemittelten g-Faktor ergibt, beruht darauf, daß zwar die Winkel, unter denen die einzelnen Mikrokristalle betrachtet werden, statistisch verteilt sind, aber nicht die g-Faktoren, weil diese mit dem Winkel über eine trigonometrische Funktion verknüpft sind.

Bereits 1950 hat Bleaney die Winkelabhängigkeit des g-Faktors wie folgt angegeben

$$g^2(\alpha) = g_\perp^2 \cos^2\alpha + g_\parallel^2 \sin^2\alpha\,. \tag{1}$$

Eine vollständige Beschreibung der Kurvenform bei Anwesenheit der Anisotropie ist erst neulich von Searl, Smith und Wyard gegeben worden. Ihre Berechnungen erstrecken sich jedoch nur auf Substanzen mit sehr geringer Anisotropie, da sie eine vereinfachte Formel für die Abhängigkeit des g-Faktors vom Winkel verwendeten:

$$g(\alpha) = g_\perp \cos^2\alpha + g_\parallel \sin^2\alpha\,.$$

Diese Formel gilt nur für geringe Variation des g-Faktors. Wir haben eine ähnliche Rechnung aber unter Verwendung der Bleaneyschen Formel (1) für die Abhängigkeit des g-Faktors vom Winkel durchgeführt. Folgende Voraussetzungen werden gemacht:

1. Die Form der Absorptionskurve läßt sich bei Variation des Feldes durch folgende Formel wiedergeben:

$$L(H) = \frac{1}{1 + A\left(\frac{H_0}{H} - \frac{H}{H_0}\right)^2}\,. \tag{2}$$

Hierbei ist H_0 die Feldstärke des Resonanzmaximums. A ist ein Maß für die Linienbreite der Absorptionskurve.

2. Die Linienbreite variiert nicht mit dem Winkel.
3. Der g-Faktor gehorcht der Beziehung (1).

Die Wahrscheinlichkeit für das Auftreten eines bestimmten $g(\alpha)$ ist dem Ausdruck $\cos\alpha\, d\alpha = d \sin\alpha$ proportional, wobei α der Winkel zwischen der jeweiligen

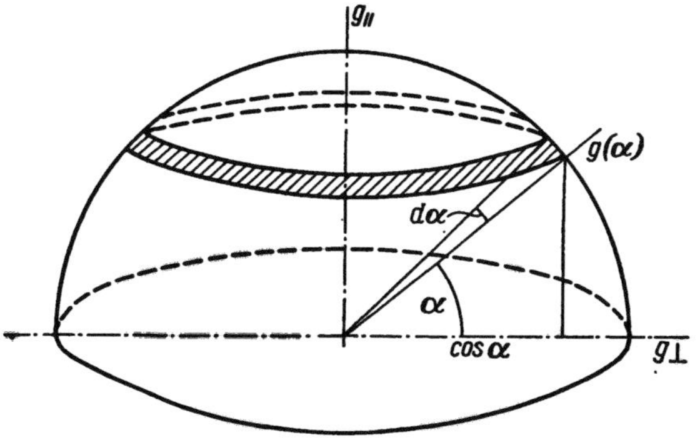

Abb. 1

betrachteten Richtung und der Symmetrieebene ist. Die Form der resultierenden Absorptionskurve ergibt sich durch Summation aller Einzelabsorptionskurven unter Berücksichtigung der Wahrscheinlichkeit ihres Auftretens,

d. h.
$$F(H) = \int_0^{\pi/2} \frac{d \sin\alpha}{1 + A\left(\frac{H_0}{H} - \frac{H}{H_0}\right)^2}. \tag{3}$$

H_0 ist hierbei durch die Beziehung (1) zu eliminieren. Zu diesem Zweck wird Beziehung (1) folgendermaßen umgeformt:

$$\left.\begin{aligned}
&\frac{1}{H_0^2} = \frac{1}{H_{\perp}^2}\cos^2\alpha + \frac{1}{H_{\parallel}^2}\sin^2\alpha,\\
&\frac{1}{H_0^2} = \frac{1}{H_{\perp}^2} - \left(\frac{1}{H_{\perp}^2} - \frac{1}{H_{\parallel}^2}\right)\sin^2\alpha,\\
&\frac{H^2}{H_0^2} = B - C\sin^2\alpha\,; \quad B = \frac{H^2}{H_{\perp}^2}\,; \quad C = H^2\left(\frac{1}{H_{\perp}^2} - \frac{1}{H_{\parallel}^2}\right).
\end{aligned}\right\} \tag{4}$$

Nach erfolgter Elimination von H_0 erhält man folgendes Integral:

$$F(H) = \int_0^1 \frac{(B - C x^2)\, dx}{B - C x^2 + A\,(B - C x^2 - 1)^2}, \tag{5a}$$

$$F(H) = \int_0^1 \frac{(B - C x^2)\, dx}{A\,(B - C x^2)^2 + (B - C x^2)(1 - 2A) + A}, \tag{5b}$$

$$F(H) = \frac{1}{A}\int \frac{(B - C x^2)\, dx}{(B - C x^2)^2 - \left(2 - \frac{1}{A}\right)(B - C x^2) + 1}. \tag{5c}$$

Um dieses Integral zu lösen, muß eine Partialbruchzerlegung durchgeführt werden. Zu diesem Zweck muß der Nenner in Produktenform dargertellt werden, wobei jeder Faktor höchstens eine quadratische reelle Funktion sein darf. Löst man die biquadratische Gleichung, so erhält man zunächst komplexe quadratische Lösungen:

$$\frac{1}{A}\int_0^1 \frac{(B - C x^2)\, dx}{(B - C x^2 - \gamma - i\sqrt{1-\gamma^2})\,(B - C x^2 - \gamma + i\sqrt{1-\gamma^2})}, \tag{6a}$$

$$\frac{1}{A(B-\gamma)^2}\int_0^1 \frac{(B - C x^2)\, dx}{\left(\frac{C x^2}{B-\gamma} - 1 + \frac{i\sqrt{1-\gamma^2}}{B-\gamma}\right)\left(\frac{C x^2}{B-\gamma} - 1 - \frac{i\sqrt{1-\gamma^2}}{B-\gamma}\right)}, \tag{6b}$$

$$\left.\begin{aligned}&\frac{1}{A\sqrt{C}\,(B-\gamma)^{3/2}}\int_0^{\sqrt{\frac{C}{B-\gamma}}} \frac{[B - (B-\gamma)\, z^2]\, dz}{(z^2 - 1 + i\alpha)\,(z^2 - 1 - i\alpha)},\\ &\gamma = 1 - \frac{1}{2A}; \quad x^2 = z^2\,\frac{B-\gamma}{C}; \quad \alpha = \frac{\sqrt{1-\gamma^2}}{B-\gamma}.\end{aligned}\right\} \tag{6c}$$

Zieht man aus diesen komplexen quadratischen Lösungen erneut die Wurzeln, so erhält man die Lösungen bzw. die Wurzeln des Nenners in folgender Form:

$$z_{1,2,3,4} = \pm\sqrt{1 \pm i\alpha} \tag{7a}$$

$$= \pm\sqrt{\frac{1+\sqrt{1+\alpha^2}}{2}} \pm i\sqrt{\frac{\alpha^2}{2\,(1+\sqrt{1+\alpha^2})}} \tag{7b}$$

$$= \pm\xi \pm i\vartheta = \pm\xi \pm i\sqrt{\xi^2 - 1}. \tag{7c}$$

Faßt man zwei konjugiert komplexe Lösungen zu einer quadratischen Funktion zusammen, so erhält man im Nenner zwei reelle quadratische Ausdrücke, so wie sie für eine reelle Partialbruchzerlegung benötigt werden:

$$\frac{1}{A\sqrt{C}\,(B-\gamma)^{3/2}}\int_0^{\sqrt{\frac{C}{B-\gamma}}} \frac{[B - (B-\gamma)\, z^2]\, dz}{[(z+\xi)^2 + \vartheta^2]\,[(z-\xi)^2 + \vartheta^2]}. \tag{8}$$

Das Integral der Funktion (8) hat folgende Form:

$$\frac{1}{A\sqrt{C}\,(B-\gamma)^{3/2}}\left| E \ln\frac{(z+\xi)^2 + \vartheta^2}{(z-\xi)^2 + \vartheta^2} + D\left(\operatorname{arc\,tg}\frac{z+\xi}{\vartheta} + \operatorname{arc\,tg}\frac{z-\xi}{\vartheta}\right)\right|_0^{\sqrt{\frac{C}{B-\gamma}}}. \tag{9}$$

Die Koeffizienten E und D der Partialbruchzerlegung sind durch die folgenden Ausdrücke gegeben:

$$E = \frac{B + (B-\gamma)(\xi^2 + \vartheta^2)}{8\,\xi\,(\xi^2 + \vartheta^2)} = \frac{\gamma\sqrt{\xi^2-1} + \xi\sqrt{1-\gamma^2}}{8\,\xi\,(2\,\xi^2 - 1)\sqrt{\xi^2-1}}, \tag{10}$$

$$D = \frac{B - (B-\gamma)(\xi^2 + \vartheta^2)}{4\,\vartheta\,(\xi^2 + \vartheta^2)} = \frac{\gamma\,\xi - \sqrt{1-\gamma^2}\sqrt{\xi^2-1}}{4\,\xi\sqrt{\xi^2-1}\,(2\,\xi^2 - 1)}. \tag{11}$$

Da das Integral für die untere Grenze den Wert Null hat, entsteht für die gesuchte Linienform der gleiche Ausdruck wie unter (9), wenn man die Variable z durch die obere Grenze ersetzt.

Drückt man sämtliche in der Funktion (9) vorkommenden feldabhängigen Größen durch die Hilfsgröße ξ aus, dann nimmt (9) folgende Gestalt an:

$$\left.\begin{aligned} F(H) = {} & \frac{\xi\sqrt{\xi^2-1}}{A\,(1-\gamma^2)^{3/4}\sqrt{m}\,(2\,\xi^2-1)\sqrt{\sqrt{1-\gamma^2}+2\,\gamma\,\xi\sqrt{\xi^2-1}}} \times \\ & \times\left[\frac{\gamma\sqrt{\xi^2-1}+\xi\sqrt{1-\gamma^2}}{2}\ln\frac{(a+\xi)^2+\xi^2-1}{(a-\xi)^2+\xi^2-1}\right. \\ & \left.+\left(\gamma\,\xi-\sqrt{1-\gamma^2}\sqrt{\xi^2-1}\right)\left(\operatorname{arc\,tg}\frac{a+\xi}{\sqrt{\xi^2-1}}+\operatorname{arc\,tg}\frac{a-\xi}{\sqrt{\xi^2-1}}\right)\right], \end{aligned}\right\} \quad (12)$$

wobei a^2 durch den Ausdruck

$$a^2 = m\left[1+2\,\gamma\,\xi\sqrt{\frac{\xi^2-1}{1-\gamma^2}}\right], \quad (13)$$

m durch den Ausdruck

$$m = 1-\left(\frac{H_\perp}{H_\parallel}\right)^2, \quad (14)$$

γ durch die Beziehung

$$\gamma = 1-\frac{1}{2\,A}, \quad (15)$$

und A durch

$$A = \left(\frac{H_0}{\Delta H_{1/2}}\right)^2 \quad (16)$$

gegeben sind.

Das Feld H hängt mit der Hilfsgröße ξ durch die Beziehung zusammen

$$H^2 = H_\perp^2\left(\gamma+\frac{\sqrt{1-\gamma^2}}{2\,\xi\sqrt{\xi^2-1}}\right). \quad (17)$$

Diese Endformel ist gültig für $1 \leqq \xi \leqq \infty$. Dem entsprechen Feldstärken zwischen $H = \infty$ und $H = H_\perp\sqrt{\gamma}$. Für H kleiner als $H_\perp\sqrt{\gamma}$ muß die Rechnung von Gleichung (7) an modifiziert werden. Die Größen ξ und ϑ vertauschen ihre Bedeutung:

$$\left.\begin{aligned} F(H) = {} & \frac{\xi^2}{A\,(1-\gamma^2)^{3/4}\sqrt{m}\,(2\,\xi^2-1)\sqrt{\sqrt{1-\gamma^2}+2\,\gamma\,\xi\sqrt{\xi^2-1}}} \times \\ & \times\left[\frac{\gamma\sqrt{\xi^2-1}+\xi\sqrt{1-\gamma^2}}{2}\ln\frac{(a+\sqrt{\xi^2-1})^2+\xi^2}{(a-\sqrt{\xi^2-1})^2+\xi^2}\right. \\ & \left.+\frac{(\xi^2-1)}{\xi^2}\left(\gamma\,\xi-\sqrt{\xi^2-1}\sqrt{1-\gamma^2}\right)\left(\operatorname{arc\,tg}\frac{a+\sqrt{\xi^2-1}}{\xi}+\operatorname{arc\,tg}\frac{a-\sqrt{\xi^2-1}}{\xi}\right)\right]. \end{aligned}\right\} \quad (18)$$

Sie gilt dann für $\sqrt{\frac{1+\gamma}{2\gamma}} \leqq \xi \leqq \infty$.

Dem entsprechen Feldstärken von $H_\perp \sqrt{\gamma}$ bis Null.

Diese sämtlichen Gleichungen gelten nur für den Fall, daß $H_\perp$ die kleinere Feldstärke ist.

Zur Demonstration wurde folgender Fall durchgerechnet: $g_\perp$ beträgt 6,0 und $g_\parallel$ 2,0. Die Linienbreite bei 1000 Gauß sei 35 Gauß. Daraus ergibt sich $A = 1000$. Die erhaltene Linienform ist aus Abbildung 2 zu ersehen.

Der Fall von g-Faktoren 2 und 6 wurde herausgesucht, da diese g-Faktoren in mehreren biologisch wichtigen Eisenchelaten, wie Hämin, Hämoglobin oder Myoglobin gefunden wurden. Das Intensitätsverhältnis und damit das Nachweisverhältnis des $g_\perp$-Faktors vom Einzelkristall zum polykristallinen Fall beträgt in diesem Fall etwa 4,5. Die Nachweisbarkeit des $g_\parallel$-Faktors sinkt dagegen etwa um den Faktor 200.

Da apparativ bedingt meist die differenzierte Kurve vorliegt, wurde die erhaltene Absorptionskurve differenziert (Abb. 3). Man erkennt, daß im differenzierten Bild $g_\perp$ nahe dem ersten Maximum während $g_\parallel$ nahe dem letzten Maximum liegt.

Die Nachweisempfindlichkeit sinkt bezogen auf $g_\perp$ näherungsweise um den Betrag $\sqrt{m}\, A^{1/4}$ ab. Die Nachweisempfindlichkeit für $g_\parallel$ nimmt erheblich ab. Sie ist insbesondere vom Verhältnis $g_\perp/g_\parallel$ abhängig. Mit größer werdendem Verhältnis $g_\perp/g_\parallel$ fällt die Nachweisempfindlichkeit für $g_\parallel$ immer mehr ab.

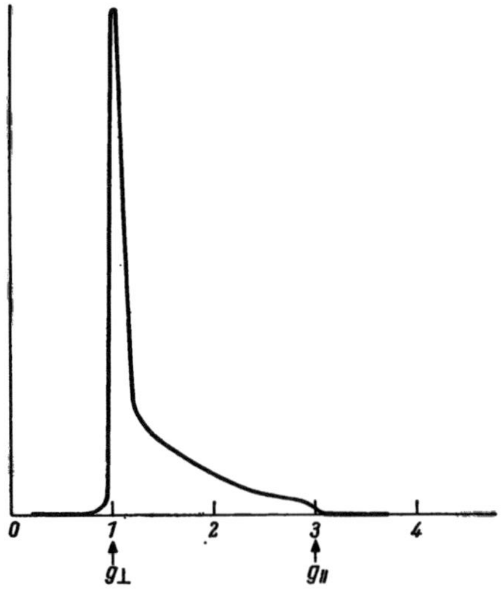

Abb. 2. Theoretische Kurve für $g_\perp = 6$ und $g_\parallel = 2$, Linienbreite 33 Gauß. Abszisse $H/H_\perp$

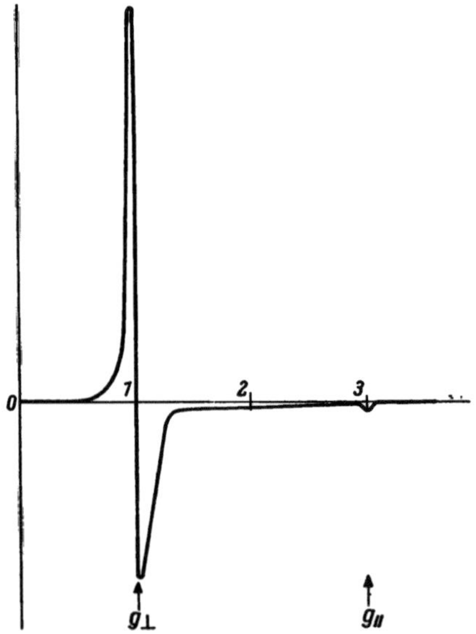

Abb. 3. Theoretische Kurve für $g_\perp = 6$ und $g_\parallel = 2$, Linienbreite 33 Gauß, differenziertes Signal. Abszisse $H/H_\perp$

EPR-spektroskopische Untersuchungen an Elektronen-Donator- und Akzeptor-Systemen

von H. G. Thom und C. Nicolau, Berlin-Buch

Der Nachweis unpaariger Elektronen bzw. freier Radikale durch die paramagnetische Elektronenresonanz-Spektroskopie ist in zunehmendem Maße als neue spektroskopische Methode auch bei biologischen Prozessen von Bedeutung.

Gegenstand dieser Arbeit ist jedoch nicht die Untersuchung biologischer Vorgänge mit Hilfe der Elektronenresonanz, sondern auf Grund früherer EPR-spektroskopischer Untersuchungen an verschiedenartigem, insbesondere auch biologisch interessantem Material eine eingehende Betrachtung der Zusammenhänge zwischen Elektronen-Donator- und Akzeptorsystemen. Die EPR-Spektroskopie stellt eine der geeignetsten Methoden zur Untersuchung dieser Elektronen-Akzeptor-Donator-Eigenschaft dar. Insbesondere ergibt sich die Möglichkeit einer direkten Bestätigung gewisser quantentheoretischen Vorstellungen, wie sie in der letzten Zeit in dieser Hinsicht zum Ausdruck gekommen sind.

Experimentelles

In einer Arbeit von Schröder, Thom, Nicolau und Huber [1], sind die Elektronen-Akzeptor- und Donator-Eigenschaften einer Reihe von Substanzen EPR-spektroskopisch untersucht worden. Dabei handelt es sich um folgende Substanzen:

1. *s*, *β*-aminoäthylisothiuroniumbromid (AET)
   Diäthyldithiocarbamat
   N-Acetyl-Homocystein-Thiolacton
   Ascorbinsäure
   Dehydroascorbinsäure
   Gallussäurepropylester.

Als Radikalkomponente wurde DPPH in verschiedenen Lösungsmitteln gewählt. In sämtlichen Fällen wurde das Molverhältnis 1:1 gehalten.

Folgende Spektren wurden erhalten:

Abb. 1 und 2 zeigen zwei charakteristische EPR-Signale für die Abnahme der Radikalintensität infolge der Reaktion zwischen Gallussäurepropylester bzw. AET und DPPH.

Ferner wurden in diesem Zusammenhang eine Reihe von Substanzen untersucht, die auf Grund ihrer Konstitution einen intramolekularen Elektronentransfer vermuten ließen. Untersucht wurden:

2. TPN (Triphosphorpyridinnukleotid)
   ATP (Adenosintriphosphorsäure)
   DPN (Disphosphorpyridin-Nukleotid)
   FMN (Flavinmononukleotid)

und ein Tryptophan-Riboflavinkomplex nach ISENBERG und SZENT-GYÖRGYI [2].

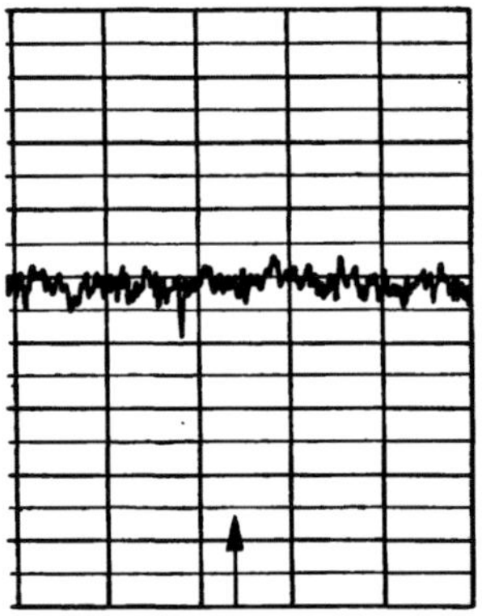

a)

Abb. 1a. Gallussäurepropylester + DPPH.

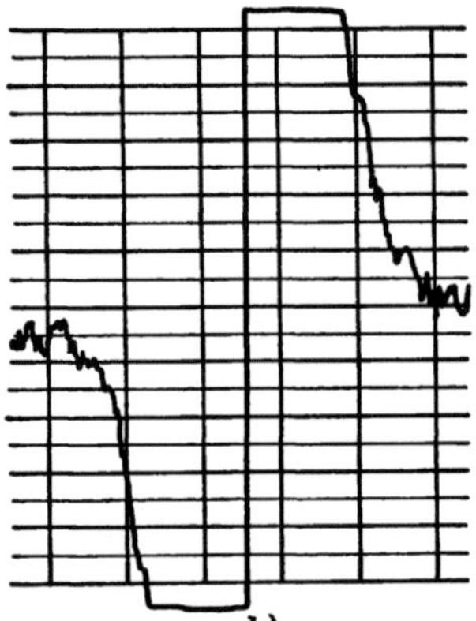

b)

Abb. 1b. DPPH unter gleichen Bedingungen allein.

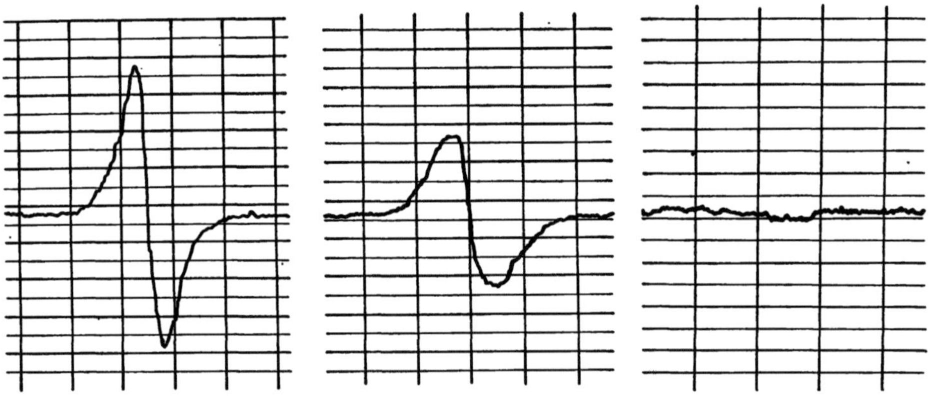

Abb. 2. Abnahme der Radikalintensität infolge Reaktion zwischen AET und DPPH.

Charakteristisch für die mit TPN, DPN und ATP erhaltenen Spektren war eine Linienbreite von etwa 800—1000 Gauß. Der g-Faktor war in allen Fällen gleich 2,00. Das spricht für das Vorhandensein eines Elektronentransfers und gegen die von ISENBERG und SZENT-GYÖRGYI [3] geäußerten Bedenken, daß das Signal auf Metall-Verunreinigungen zurückzuführen sein könnte. Anderenfalls müßte der g-Faktor u. a. erheblich vom Wert des freien Elektrons $g = 2{,}0023$ abweichen. Weiter sind zu nennen Untersuchungen an polykondensierten aromatischen

Kohlenwasserstoffen, Substanzen, über die bereits auf der Biophysikertagung in Oberhof vorgetragen wurde [9].

Es handelt sich hierbei um:

3. Phenanthren
Dimethyl 9,10 — benz, 1,2 anthracen
1.2.5.6 Dibenzanthracen
1.2-Benzanthracen
Pyren.

Bei diesen Substanzen ist der Wert des Koeffizienten K in der PULLMANNschen Gleichung [4] (B. und A. PULLMANN)

$$E = \alpha + K\beta$$

E = Energie der Elektronen-orbitals
α = COULOMB-Integral
β = Der Wert des Austauschintegrals für alle C-C-Bindungen

gut bekannt.

Positive Werte von K entsprechen den höchstbesetzten (bonding) orbitals, negative Werte von K den leeren (antibonding) orbitals. Der kleinste positive Wert von K entspricht dem höchst besetzten molekular-orbital. Der kleinste negative Wert von K entspricht dem niedrigsten leeren molekular-orbital.

Je kleiner der positive Wert von K ist, um so besser wirkt die entsprechende Substanz als Elektronen-Donator; ein kleiner negativer Wert von K entspricht demgegenüber der Elektronen-Akzeptor-Eigenschaft bzw. der Elektronenaffinität.

Danach ergibt sich für die unter 3. genannten Substanzen:

Tabelle 1 [1])

Verbindung	K N. U. M. O.	K H. B. M. O.
Phenantren	—0,7131	+1,5135
Pyren	—0,5008	+1,5505
Dimethyl 9,10 benz 1,2 anthrazen	—0,5342	
1.2.5.6 Dibenzanthracen	—0,5371	+1,5465
1.2-Benzanthracen	—0,5100	+1,5326

[1]) Die Werte sind von [5] entnommen.
N. U. M. O. = niedrigste unbesetzte molekular-orbitals
H. B. M. O. = höchst besetzte molekular-orbitals

Nach diesen Werten für K sollten diese Verbindungen starke Elektronen-Akzeptoren sein, was sich in der Tat experimentell auch sehr gut bestätigte.

Diskussion

Auf Grund der berichteten experimentellen Ergebnisse lassen sich folgende Schlußfolgerungen ziehen:

1. Die Stoffe der Gruppe I zeichnen sich durch Elektronen-Donator-Eigenschaften aus, die zur Entstehung von — wahrscheinlich — molekularen Komplexen mit dem negativ geladenen Elektronen-Akzeptor DPPH′ führen. Bei der Bildung des Komplexes wird das freie Elektron des DPPH in die Bindung mit seinem Reaktionspartner einbezogen, so daß das EPR-Signal des Systems verschwindet.

   Bei der Reaktion zwischen AET und DPPH dehnt sich die Abnahme der Signalintensität auf eine längere Zeit aus, was vermuten läßt, daß eine höhere Aktivierungsenergie für diese Reaktion erforderlich ist (6).

2. Im zweiten Falle (TPN, DPN, ATP, FMN, RF + Try) scheint es, daß das EPR-Signal infolge eines Elektronentransfers entsteht.

   Im Falle des ATP findet der Elektronentransfer von Adenin zum Triphosphat statt [3], da Adenin einen guten Elektronendonator darstellt ($K = +0{,}486$) und dem Triphosphat ein Elektron fehlt. Da die raum-geometrischen Bedingungen günstig sind, kann dieser Transfer u. U. sogar in festem Zustand erfolgen. ISENBERG u. SZENT-GYÖRGYI fanden eine Konzentration von 10^{15} u.s./g.

   Bei TPN und DPN kann der Elektronentransfer nicht unmittelbar vom Adenin zum Triphosphat (bzw. Diphosphat) erfolgen, so daß sich eine geringere Zahl von u.s./g. (BRUCKER u. NICOLAU [7]) ergibt.

   Ein ähnlicher Transfer findet in FMN statt. Hier haben schon 1957 EHRENBERG u. LUDWIG [8] über EPR-Untersuchungen an Komplexen von FMN + altes gelbes Ferment berichtet.

   Bei Komplexen von Riboflavin und Tryptophan handelt es sich um einen Elektronentransfer von Tryptophan ($K = +0{,}534$) zum Riboflavin ($K = -0{,}344$), der das EPR-Signal bedingt.

3. Im Falle der polykondensierten aromatischen Kohlenwasserstoffe bestätigt sich die Theorie ebenfalls, da diese Kohlenwasserstoffe als Akzeptoren durch die Aufnahme eines ungepaarten Elektrons zu negativ geladenen Radikalen umgewandelt werden können.

   Die Anwendung der PULLMANNschen Theorie stellt gegebenenfalls eine Erweiterung der Rechnungsmöglichkeiten dar, wie sie von JARRET [10], MCCONNELL [11] u. WEISSMAN [12] für den Fall der aromatischen Kohlenwasserstoffe entwickelt wurden.

Damit lassen sich also die oben erwähnten Erscheinungen und Ergebnisse, die mit Hilfe der EPR-Spektroskopie erhalten wurden, mit der PULLMANNschen Theorie der Elektronen-Akzeptor- und Donator-Eigenschaften sehr gut in Einklang bringen.

Sie kann in gewissem Umfange auch als Methode der Vorhersage für die Entstehung solcher Typen von Radikalen benutzt werden, deren K-Werte berechnet werden können.

Literatur

[1] SCHRÖDER, E., THOM, H. G., NICOLAU, C. u. HUBER, R., Strahlentherapie, 1960 (im. Druck).
[2] ISENBERG, I. u. SZENT-GYÖRGY, A., Proc. Natl. Akad. Sci. **44**, 857 (1958).
[3] ISENBERG, I. u. SZENT-GYÖRGY, A., ibid. **45**, 1237 (1959).
[4] PULLMANN, B. u. PULLMANN, A., ibid. **44**, 1197 (1958).
[5] PULLMANN, B. u. PULLMANN, A., Les theories electroniques de la chimie Organique, Paris Masson, 1952.
[6] HAUSER, K., Naturwiss. **46**, 597 (1959).
[7] BRUCKER, W. u. NICOLAU, CL., Naturwiss. **47**, 89 (1960).
[8] EHRENBERG, L. u. LUDWIG, E., Science.
[9] THOM, H. G. u. WAHLER, B. E., Tagungsbericht „Probleme und Ergebnisse aus Biophysik und Strahlenbiologie" II. Akademie-Verlag, Berlin 1960.
[10] JARRET, A. S., Journ. chem. phys. **25**, 1289 (1956).
[11] MCCONNELL, H. M., ibid. **24**, 764 (1956).
[12] WEISSMAN, S. I., ibid. **25**, 890 (1956).

Institut für Medizin und Biologie der Deutschen Akademie der Wissenschaften zu Berlin, Berlin-Buch

Elektronenspinresonanz-Untersuchungen an katalytisch aktiven Stoffen

von C. NICOLAU und H. G. THOM, Berlin-Buch

Das Gebiet der Katalyse stellt viele Anwendungsmöglichkeiten der ESR-Methode dar und zwar sowohl hinsichtlich struktureller Forschungen an katalytisch aktiven Stoffen, als auch im Hinblick auf den Verlauf der katalytischen Prozesse.

Die Möglichkeit der direkten Beobachtung von unpaarigen Elektronen bietet gleichzeitig eine direkte Bestätigungsmethode für viele theoretische Betrachtungen über den Mechanismus der katalytischen Aktivität.

Wir haben an einer Reihe von katalytisch aktiven Substanzen ESR-Untersuchungen durchgeführt, um zu sehen, welchen Anteil die möglicherweise auf der Oberfläche existierenden Elektronen bei dem Prozeß der Katalyse spielen können.

Es wurden mehrere Typen von Katalysatoren untersucht und zwar:

1. Metall-, Metall-Träger- und Legierungskatalysatoren:
   Pt-, Pd-Kohle
   Raney-Ni
2. Metalloxyd-Katalysatoren (Crackprozesse)
   MnO_2
   $MnO_2/\gamma\text{-}Al_2O_3$
   Mn_2O_3
   $Mn_2O_3/\gamma\text{-}Al_2O_3$
   TiO_2
   Cr_2O_3 .

Nach NICOLAU, THOM u. POBITSCHKA [1] besitzen Pt-, Pd–C-Katalysatoren eine paramagnetische Resonanzabsorption, deren Intensität mit zunehmendem Metall-Gehalt von 1%—5% zunimmt. Die Komponenten selbst (Metall und Kohle) zeigten keine Resonanz.

Zur Deutung dieser Spektren wurde ein „Pseudosandwich-Komplex“ vorgeschlagen, dessen unpaariges Elektron vom Pt abgegeben wird. Da in solchen Komplexen das Elektron stark delokalisiert ist (MOFFIT [2], MORTIMER [3]), sollte $\Delta H_{1/2}$ schmal sein, was sich tatsächlich auch bestätigte.

Dies ergibt sich auch nach den Untersuchungen von WALTER, CODRINGTON, TORREY u. D'ADAMO [8]. Sie fanden, daß die Delokalisation des Elektrons zur Verringerung der Halbwertsbreite führt. In Aktivkohle sind die geometrischen Bedingungen für die Bildung solcher Komplexe (WOLF [4], RUSTON [5]) sehr günstig.

Weitere Untersuchungen [6] zeigten eine bemerkenswerte Temperaturabhängigkeit der Parameter der ESR-Linien der Pt–C-Komplexe. Die Temperaturabhängigkeit der ESR-Linien-Parameter sind in Tab. 1 angegeben.

Tabelle 1

Temperatur-Abhängigkeit der Parameter der ESR-Linien von Platin–Kohle-Systemen (Pt/C: 5/100)

T °C	I $\Delta H_{1/2}$ [Gauß]	II $\Delta H_{1/2}$ [Gauß]	I *) g	II *) g	I **) I u. s/g	II **) I u. s/g
50	1,95	keine breite Linie	2.0034	—	10^{17}	—
200	4,10	dto	2.0038	—	10^{17}	—
300	4,90	1440 ± 120	2.0038	2,41	10^{17}	10^{14}
400	4,90	1506 ± 120	2.0038	2,28	10^{17}	$8 \cdot 10^{14}$
500	5,40	1476 ± 120	2.0040	2,37	10^{13}	$8 \cdot 10^{14}$
600	—	1740 ± 120	—	3,00	—	$8—10 \cdot 10^{16}$
700	—	2220 ± 120	—	Anfang HFS	—	$2 \cdot 10^{16}$
800	—	2520 ± 120	—	HFS	—	10^{15}
900	—	960 ± 120	—	2,83	—	10^{13}

*) Wegen der Asymmetrie der Linien sind diese Werte nur geschätzt.
**) I, u. s/g = Intensität, unpaarige Spins/Gramm.
I = schmale Linien; II = breite Linien überlagert.

Leitfähigkeits- und BET-Oberflächenmessungen, sowie elektronenmikroskopische und magnetochemische Untersuchungen ergaben eine gewisse Unterstützung der „Pseudosandwich" Komplexhypothese.

Interessante Ergebnisse waren bei den Untersuchungen der ESR-Spektren von Metalloxydkatalysatoren zu verzeichnen, Tab. 2.

Die Metalloxyde standen im Falle von TiO_2, Cr_2O_3 und MnO_2, $Mn(NO_3)_2$ als Merck-Qualitäten zur Verfügung und wurden ohne weitere Reinigung für die Untersuchungen eingesetzt.

Die Beladung des γ-Al_2O_3 mit Manganoxyden erfolgte durch Eintragen von γ-Al_2O_3 in eine 0,01 mol Lösung von $Mn(NO_3)_2$. Nach 24-stündigem Kontakt filtriert man den Niederschlag und trocknet 24 h bei 250° C [5].

Die Analyse des erhaltenen MnO_2/γ-Al_2O_3-Pulvers ergab eine Konzentration von 0,06 g Mn^{4+}/1 g γ-Al_2O_3. Wurde der Niederschlag statt auf 250° C auf 600° C erhitzt, resultierte Mn_2O_3/γ-$Al_2O_3(Mn^{3+})$.

Die Parameter der Linien der verschiedenen Katalysatoren sind in Tab. 2 zusammengestellt.

Die Hyperfeinstruktur der Linien des diamagnetisch verdünnten MnO_2 ist unvollständig. Statt der 6 Komponenten, die infolge des Kernspins des Mn $I = 5/2$ erhalten werden müßten, konnten nur 4 Linien festgestellt werden.

Das ist durch eine „configurational interaction" (Konfigurations-Wechselwirkung) zu erklären, d. h. statt einer $(3s^2 3d^5)$-Struktur des Mangans könnten auch andere Strukturen wahrscheinlich sein, z. B. $3s3d^5 4s$.

Tabelle 2

Verbindung	Kristall symm.	Erwärmungs-temp. °C	g-Faktor	Linienbr. Gauß	A' Gauß	Intensität unp. Spins/g
MnO_2	Tetragonal D_{4h}^{14}	210	2,77	1640	$A'_1 = 230$ $A'_2 = 368$ $A'_3 = 506$	10^{17}
MnO_2/Al_2O_3	Tetragonal/kubisch D_{4h}^{14}/O_h^7	200	2,00	8	—	$5 \cdot 10^{16}$
Mn_2O_3	kubisch T_h^7	MnO_2 erh. auf 600°	1,87	1600	—	10^{17}
Mn_2O_3/Al_2O_3	kub./kub. $T_h^7O_h^7$	MnO_2/Al_2O_3 erh. auf 600°	2,00	5	—	10^{13}
TiO_2	Tetragonal D_{4h}^{14}	25	2,00	6	—	10^{14}
Cr_2O_3	Rhomboedrisch D_{3d}^6	50 (Neél-Punkt)	Temper. abh.	Temper. abh.	— —	10^{20}
Cr_2O_3/Al_2O_3	Rhomb./kubisch D_{3d}^6/O_h^7	25	1.99	16,7	—	10^{16}

(A' = Abstand der HFS-Komponenten)

Diese Art der Wechselwirkung spielt auch bei der ESR-Linie des VO_4 eine wesentliche Rolle [6]. Müller konnte sie auch im Falle von Mn^{4+} beobachten [7].

Das würde auch für die Abweichung der Konstante A' von 75 Gauß zu den von uns gemessenen höheren Werten sprechen.

Durch BET-Bestimmung der Oberfläche und durch kristallographische Untersuchungen ergab sich, daß MnO_2 bzw. Mn_2O_3 weder in mono- noch in bimolekularen Schichten vorliegen, sondern in Agglomeraten auf der γ-Al_2O_3-Oberfläche verteilt sind.

Die von diesen Agglomeraten bedeckte Oberfläche ist von der Gesamtoberfläche des γ-Al_2O_3 abhängig.

In diesem Zusammenhang konnte nachgewiesen werden, daß die Konzentration der freien Elektronen bei den untersuchten Katalysatoren nicht von der Menge des festen Materials, sondern von der Oberflächengröße abhängt.

Für den Fall des Mn_2O_3/γ-Al_2O_3 ergibt sich auf Grund der kristallinen Ähnlichkeit der beiden Oxyde eine induktive Wirkung des Al_2O_3 auf das Mn_2O_3. Durch die Entstehung von „intercation" (Zwischenkationen-) Bindungen nimmt die Zahl der freien Elektronen ab.

Die Resonanzabsorption des Cr_2O_3 allein ist nur oberhalb des Neél-Punktes (ungefähr 40° C) zu beobachten. Demgegenüber zeigt auf γ-Al_2O_3 aufgetragenes Cr_2O_3 (zwischen —90 bis 27 ° C) eine relativ intensive ESR-Linie. Auch in diesem Fall konnte gezeigt werden, daß die Intensität des Signals oberflächenabhängig (Trägeroberfläche) ist.

Verschiedene Konzentrationen von Cr^{3+} wurden im Bereich von 1—20% Cr/ γ-Al_2O_3 untersucht. Dabei ergab sich bei gleicher BET-Oberfläche des Al_2O_3 keine Intensitätsänderung.

Über diese und neuere Ergebnisse wird an anderer Stelle in Kürze ausführlich berichtet.

Zusammenfassung

1. Fast sämtliche untersuchten Katalysatoren besaßen unpaarige Elektronen, die sich nicht unbedingt auf die bisher bekannten Bindungszustände oder chemische Zusammensetzung zurückführen lassen (Pt-, Pd-C).

   In diesem Zusammenhang ist zu bemerken, daß Untersuchungen an Pt/ γ-Al_2O_3-Systemen negativ verliefen.
2. Die Konzentration der freien Elektronen von Metalloxyden war von der Größe der Oberfläche des Trägers abhängig.
3. Im Fall des Cr_2O_3 wurde nur dann eine Linie bei Zimmertemperatur registriert, wenn das Oxyd auf γ-Al_2O_3 aufgetragen war. Diese Tatsache und die Konstanz der Intensität des Signals bei verschiedenen Cr^{3+}-Konzentrationen und gleicher Oberfläche des Al_2O_3 deuten darauf hin, daß sich möglicherweise die freien Elektronen, die in diesen Katalysatoren nachgewiesen wurden, hauptsächlich auf der Oberfläche befinden.

Literatur

[1] Nicolau, Cl., Thom, H. G. u. Pobitschka, E., Trans. Farad. Soc. **55**, 1430 (1959).
[2] Moffit, W., JACS **76**, 3396 (1954).
[3] Mortimer, C. T., J. Chem. Educ. **35**, 381 (1958).
[4] Wolf, W. F., J. Phys. Chem. **63**, 653 (1959).
[5] Ruston, W. R., Fuel **32**, 52 (1953).
[6] Faber, R. J. u. Ruger, M. T., J. Am. Chem. Soc. **81**, 1849 (1959).
[7] Müller, K. A., Pers. Mittl., 1960, Leipzig.
[8] Walter, R. I., Codrington, R. S., d'Adamo, A. F., Torrey, H. C., J. Chem. Phys. **25**, 319(1956).

Institut für Medizin und Biologie der Deutschen Akademie der Wissenschaften zu Berlin, Bereich Physik, Berlin-Buch

Investigation of the Electron Spin Resonance in the Solutions of some Oxyazocompounds of Cu(II)

by A. K. Piskunov and D. N. Shygorin, Moscow

We investigated the electron spin resonance (ESR) spectra (at 9375 Mc) of the following cupric complexes in the chloroform solutions: 2-chlorobenzene-(1-azo-1')-naphthol-2' (I), 2-metoxybenzene-(1-azo-1')-naphthol-2' (II), 2-nitrobenzene-(1-azo-1')-naphthol-2' (III), 2-butoxybenzene-(1-azo-1')-naphthol-2' (IV), 2,6-dichlorobenzene-(1-azo-1')-naphthol-2' (V), 2-oxy-1,1'-azonaphthalene (VI), 2-chloro-2'-oxy-1,1'-azonaphthalene (VII) and 8-chloro-2'-oxy-1,1'-azonaphthalene (VIII).

We observed four lines of hyperfine structure which is result of the interaction of the unpaired electron with Cu-nucleus. There are also five additional lines of hyperfine structure (HFS). The basic spectrum — four lines — is analogous to the one observed by McGarvey [1] in solutions of Cu(II)-bis-acetylacetonate and its derivatives. It is easy to interprete it qualitatively with the help of McConnells [2] relaxation theory according to which the asymmetrical character of the spectrum is a result of the dependence of the contribution, made by the anisotropic hyperfine interaction in the paramagnetic relaxation on the quantum number I_z of the nuclear spin. This implies that the hyperfine lines have different widths for different values of I_z. The separation of the four components for different compounds ranges from 60 to 70 gauss.

With the exception of the solution of compound VIII the additional HFS of the five lines splitted by a distance of some 11 gauss could easily be seen on the most intensive component $\left(I_z = -\frac{3}{2}\right)$ of the basic HFS spectrum, while this can hardly be seen on the second line $\left(I_z = -\frac{1}{2}\right)$. This is in agreement with McConnells relaxation mechanism, because the line widths increase with I_z and therefore the resolution of the additional HFS must decrease.

The additional five HFS lines are indicative of an interaction between the unpaired electron with only two of the four nitrogen nuclei of the —N=N-groups. Electron interaction with two nitrogen atoms (with one from each azogroup) may be explained by the fact, that two other nitrogen atoms take part in chemical bonding with Cu atom. Such bonds are formed with π-electrons and unshared electrons using free orbitals of the copper atom (d and p). Nitrogen atoms participating in chemical bonds do not interact with free electrons. For more distant atoms there is an influence on the line widths of HFS as well as on g-factor values and the resolution of the additional HFS. The displacement and the resolution of the spectrum depend on the solvent. The strongest changes in spectra have been observed with solutions of dioxane.

Three ESR spectra of compounds I, V and VIII are shown in the figure given. Spectra II and III are little different from I and spectrum VII from V; spectra IV and VI show a better resolution than I. The table contains values of g-factors and line widths of fully resolved HFS lines of basic spectra (measured between points of maximum slope).

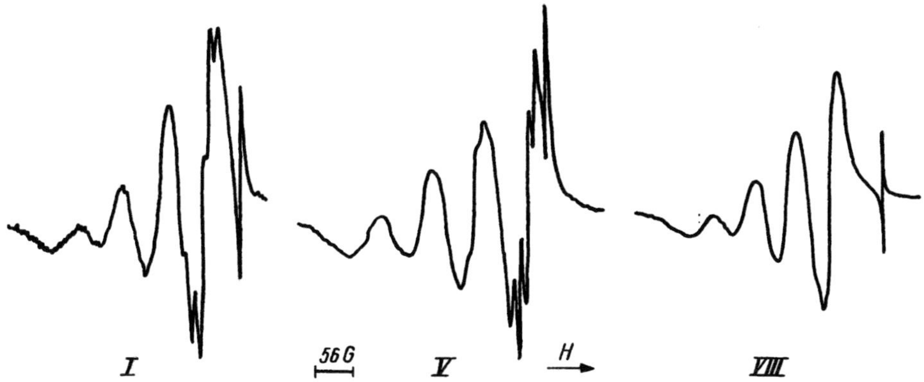

Fig. 1

Resolution of additional HFS depends on the nature of substituents, their number and position in aromatic rings. On our figure for compound V which contains two chlorine atoms the resolution is better than for compound I with one chlorine atom (the sharp lines on spectra in right are lines of the DPPH). It is very difficult to explain all the changes in spectra by only applying broadening mechanisms considered in McGarveys article [3]. It is well known that the investigations of luminescence spectra have shown that molecules with a large number of π-electrons form associates (in very dilute solutions). The formation of such associates in our solutions leads to magnetic dipol-dipol and exchange interactions. On the other hand reorientation times of such associations will be larger than of single molecules in solution. For this reason the cupric complex of the benzeneazonaphthol-2 cannot be solved in the chloroform and in other solvents (dioxane, pyridine, tetrahydrofuran, toluene). Introducing substituents like Cl and OR with large Van-der-Waals radii will reduce the probability of formation of associates. Better resolution of the additional HFS in the solution of the compound V than that of the compound I is probably due to the stronger trend of the compound I to form associates.

This ability to form associates should therefore be taken into account when one analyses the ESR spectra of such compounds.

Resolution of additional HFS depends on g-factor value for the $I_z = -\frac{3}{2}$ line. Excluding compound IV the resolution is the better the smaller g-factor is for the $I_z = -\frac{3}{2}$ line.

Table

Values of *g*-Factor and Hyperfineline-Width of the Cupric Complexes in the Chloroform Solutions

N	Compounds	g_1	g_2	g_3	ΔH_1 gauss	ΔH_2 gauss	ΔH_3 gauss
I	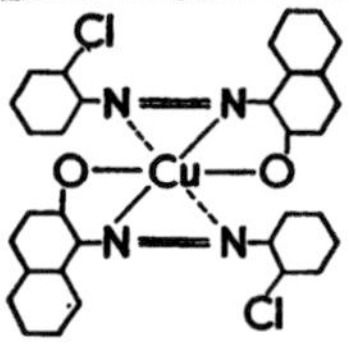	2,042	2,079	2,117	5 lines of add. HFS at distances of ca. 11 gauss	29	33
II	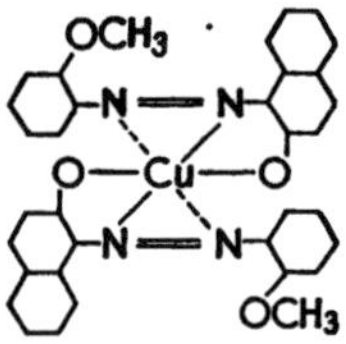	2,041	2,086	2,124	5 lines of add. HFS at distances of ca. 11 gauss	35	38
III	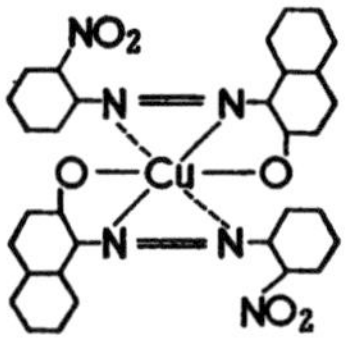	2,030	2,072	2,116	5 lines of add. HFS at distances of ca. 11 gauss	38	42
IV	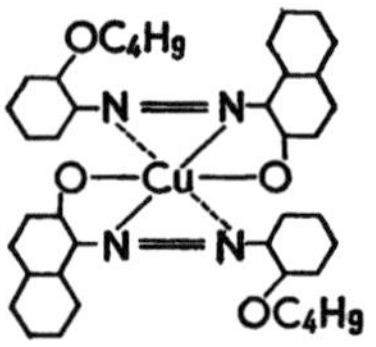	2,043	2,082	2,117	5 lines of add. HFS at distances of ca. 11 gauss	34	39
V	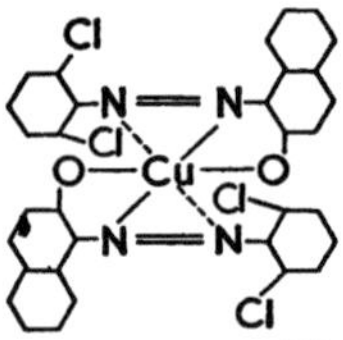	2,021	2,067	2,110	5 lines of add. HFS at distances of ca. 11 gauss	32	36
VI	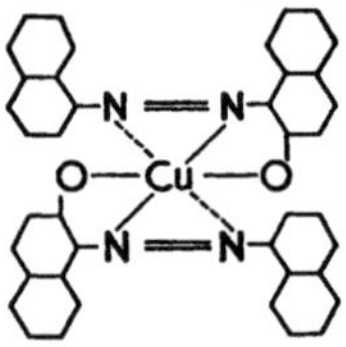	2,036	2,072	2,111	5 lines of add. HFS at distances of ca. 11 gauss	32	35
VII	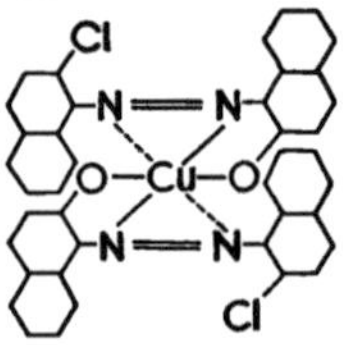	2,024	2,068	2,113	5 lines of add. HFS at distances of ca. 11 gauss	36	38
VIII	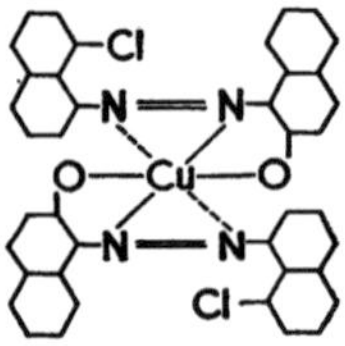	2,050	2,090	2,126	27	30	35

The absence of additional HFS in the spectrum of compound VIII may be explained by steric reasons. If we suppose five membered metal-rings in compounds I—VIII then free electrons will interact with nitrogen atoms indicated in the table by dotted lines. The close neighbourhood of chlorine and nitrogen atoms in VIII may lead to distortion of coplanarity of the molecule and in this way weaken the interaction between the electron and the nucleus of the nitrogen atom.

At the temperature of the liquid nitrogen the HFS was absent and we observed broad asymmetric lines with the widths of 200—250 gauss.

For polycrystalline samples the line widths are of the order of 30—50 gauss [4], hence the exchange interactions influence considerably the widths of the ESR lines.

All the investigated compounds can be solved easily in acetylacetone and have the same spectra of four lines with $g_1 = 2.052$, $g_2 = 2.097$, $g_3 = 2.141$, $g_4 = 2.175$ and widths $\Delta H_1 = 26$, $\Delta H_2 = .24$, $\Delta H_3 = 28$, $\Delta H_4 = 37$ gauss. It therefore appears that on dissolution the azomolecules from the complex molecules are being replaced by the acetalacetone molecules.

Literature

[1] McGarvey, B. R., J. Phys. Chem. **60**, 71 (1956).
[2] McConnell, H. M., J. Chem. Phys. **25**, 709 (1956).
[3] McGarvey, B. R., J. Phys. Chem. **61**, 1232 (1957).
[4] Piskunov, A. K., Shygorin, D. N., Stepanov, B. J., a. Smirnova, V. I., Doklady Akademy Nauk, USSR, 130, **6**, 1284 (1960).

The Karpov Institute for Physical Chemistry, Moscow

Untersuchungen des Bindungscharakters von Metallchelaten durch die Elektronenspinresonanz

von G. Schoffa, O. Ristau und B. E. Wahler, Berlin-Buch

Strebt man die breitere Anwendung der Elektronenspinresonanz (ESR) in der Chemie oder sogar in der Biologie an, so sind in den allermeisten Fällen nur Untersuchungen an unverdünnten und polykristallinen Substanzen möglich.

Die vorliegenden Untersuchungen haben sich thematisch daraus ergeben, daß in unserem Laboratorium zahlreiche Metallchelate von biologischen Substanzen untersucht wurden, darunter polykristalline Komplexe des Kupfers, des Eisens und des Chroms mit Proteinen, Nukleinsäuren, Peptiden und Aminosäuren. Die Aufnahmen der Elektronenspinresonanz an diesen polykristallinen Proben haben je nach der Art der Chelate, bzw. der Komplexe deutliche Unterschiede in g-Faktoren, Linienbreiten und Linienformen gezeigt. In diesem Zusammenhang, aber auch sonst ganz allgemein, ist sicherlich die Frage der Deutung solcher Meßergebnisse von Interesse. Obwohl nach wie vor die Untersuchungen an diamagnetisch gelösten Monokristallen die weitgehendsten Aussagen über die Struktur und die Bindung in Komplexen oder Chelaten ermöglichen, so werden wir doch zeigen, wie man aus den ESR-Spektren von polykristallinen Proben zu gut verwertbaren Ergebnissen gelangen kann.

Die Apparatur, mit der die vorliegenden Messungen durchgeführt wurden, ist in der Abb. 1 zu sehen.

Die genaue Berechnung der g-Faktoren wurde dadurch ermöglicht, daß synchron mit dem Vorschub des Papiers der Strom des Magneten geregelt wurde. Die Feldstärke wurde mit der Protonenresonanz, die Frequenz des Klystrons mit dem Spektrometer (Werk für Fernmeldewesen, Berlin) mit Genauigkeit 10^{-4} der Endfrequenz gemessen. Zur Kontrolle lief neben den Substanzen DPPH mit.

Durch Messungen an größeren Serien von ähnlich gebauten Metallkomplexen, bzw. Chelaten wurde versucht, die Zusammenhänge zur Struktur, zur Symmetrie, sowie zum Bindungscharakter näher zu untersuchen. Dabei wurden die bereits bekannten Ergebnisse aus der Chemie und Physikochemie verwendet, um die Zusammenhänge zu den Spektren der ESR zu erkennen. Hier wird über einige Messungen an Cu^{++}-Metallchelaten und Komplexen berichtet.

Es wurden Metallchelate untersucht, bei denen sowohl vier Stickstoffatome, als zwei Stickstoff- und zwei Sauerstoffatome, oder auch vier Sauerstoffatome als Brückenatome auftreten (Tab. 1). Die Symmetrie dieser Komplexe ist in erster Näherung durch diese Brückenatome des Komplexes gegeben. Es hat sich ge-

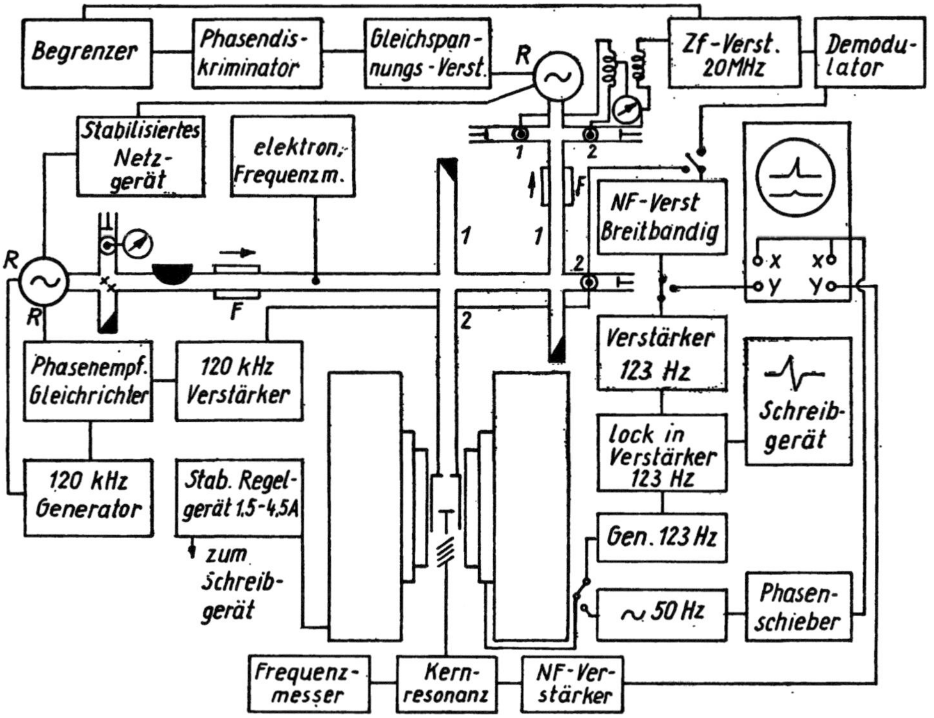

Abb. 1

zeigt, daß die Berücksichtigung der Felder von benachbarten Molekülen zunächst vernachlässigt werden konnte, ausgenommen einige wenige Beispiele.

Die gemessenen g-Faktoren und die Linienbreiten wurden in der Tab. 1 zusammengefaßt und mit der Bindungsfestigkeit dieser Chelate verglichen. Teilweise liegen hier die Bindungskonstanten pK vor, sonst ist die Festigkeit der Komplexe aus chemischer Erfahrung bekannt. Es ist deutlich zu erkennen, daß mit der abnehmenden Bindungsfestigkeit die g-Faktoren in zunehmendem Maße

Tabelle 1
Elektronenspinresonanz von Metallchelaten (Cu^{++})

	g	$H_{1/2}$	Farbe	pK
Cu-Kupferron	2,121	130	graublau	
Cu-Acetylaceton	2,100	140	dunkelblau	
Cu-Phenylbenzhydroxamat	2,050	200	hellgrün	
Cu-8-Hydroxychinolin	2,145	230	grün	26,22
Cu-Äthylendiamintetraacetat	2,144	270	blau	18,86
Cu-Salicylaldoxim	2,095	200	grün	
Cu-Chinaldinat	2,091	300	blaugrün	
Cu-Nitrilotriacetat	2,064	60	blau	12,68

sich dem Wert für ein freies Elektron nähern. Die Symmetrie des Ligandenfeldes muß dabei beachtet werden.

Die Linienbreiten zeigen kein eindeutiges Verhalten, was offenbar dadurch bedingt ist, daß sie von mehreren Faktoren abhängen.

Die Bindungsfestigkeit kann man in systematischer Weise dadurch beeinflussen, daß man zwei der vier Liganden systematisch ändert. Wählt man dabei die Elektronegativitätsreihe von Fajans und Tushida

$$CN, N_3, CNS, CNO, Br,$$

so kann man die Bindungsfestigkeit stark variieren. CN-Komplexe sind dabei sehr fest, während Br-Komplexe sehr schwach gebunden sind, wenn sie überhaupt existenzfähig sind.

Aus der Tab. 2 ist zu erkennen, daß auch hier die vorhin gezeigte Gesetzmäßigkeit bestätigt wird, daß die g-Faktoren mit der abnehmenden Bindungsfestigkeit ebenfalls abnehmen. Die Linienbreiten zeigen auch hier kein charakteristisches Verhalten. Die Bindungsfestigkeit wird durch die pK-Werte für die Liganden zahlenmäßig charakterisiert.

Tabelle 2

	—CN		—N_3		—NCO		—NCS		—Br	
	g	H	g	H	g	H	g	H	g	H
Pyridin	2,135	160	2,053	80	2,070	200	2,055	40	2,049	170
4-NO-Pyridin	2,127	140	—	—	2,068	130	2,060	90	—	—
4-NH_2-Pyridin	2,123	140	2,079	230	2,056	100	(2,041)	(170)	—	—
Isochinolin	2,125	230	2,082	100	2,061	100	2,053	150	—	—
Imidazol	2,080	130	—	—	(2,130)	(250)	2,044	225	2,028	170
γ-Picolin	2,145	160	—	—	2,065	150	2,043	120	2,034	130
β-Picolin	2,113	190	—	—	2,054	90	2,052	60	—	—
α-Picolin	2,107	150	—	—	2,068	160	2,058	40	—	—
2,6-Lutidin	2,054	250	—	—	2,045	70	2,040	70	—	—
2,4,6-Collidin	2,076	250	—	—	2,064	90	2,032	120	—	—
pK	$7{,}2 \cdot 10^{-2}$		$1{,}9 \cdot 10^{-5}$		10^{-3}		10^{-3}		10^{-1}	

Es ist bekannt, daß die sterischen Hinderungen, d. h. wenn der optimalen koordinativen Anordnung Raumschwierigkeiten entgegenwirken, die Bindungsstärke stark beeinflussen können. Ausgehend von den vorhin berichteten Ergebnissen, wurden auch mehrere Cu-Komplexe mit chemisch bekannten sterischen Hinderungen untersucht (Tab. 2, untere Meßwerte). Im Falle der Methylgruppe in der o-Stellung ist die sterische Hinderung sicher da, wie es die graphische Darstellung der kovalenten Radien ergibt. Es ist auch tatsächlich zu erkennen, daß mit der zunehmenden sterischen Hinderung die Bindungsstärke und somit auch die Größe des g-Faktors abnehmen.

Wie deutlich jegliche Strukturänderung sich auf die Spektren der ESR auswirkt, sieht man aus der Abb. 2. Die Beeinflussung der Bindung des Kupfers durch die Substituenten auf dem Benzolring wirkt sich kaum aus, da die Verschiebungen der Elektronenwolken durch die einfachen Bindungen in der Essigsäure blockiert werden. Die Messungen von Cox und Mitarb. (Nature **183**, 1176 (1959)) zeigen keine deutlichen Unterschiede der pK-Werte. Entsprechend sehen wir auch hier keine größeren Unterschiede der g-Faktoren.

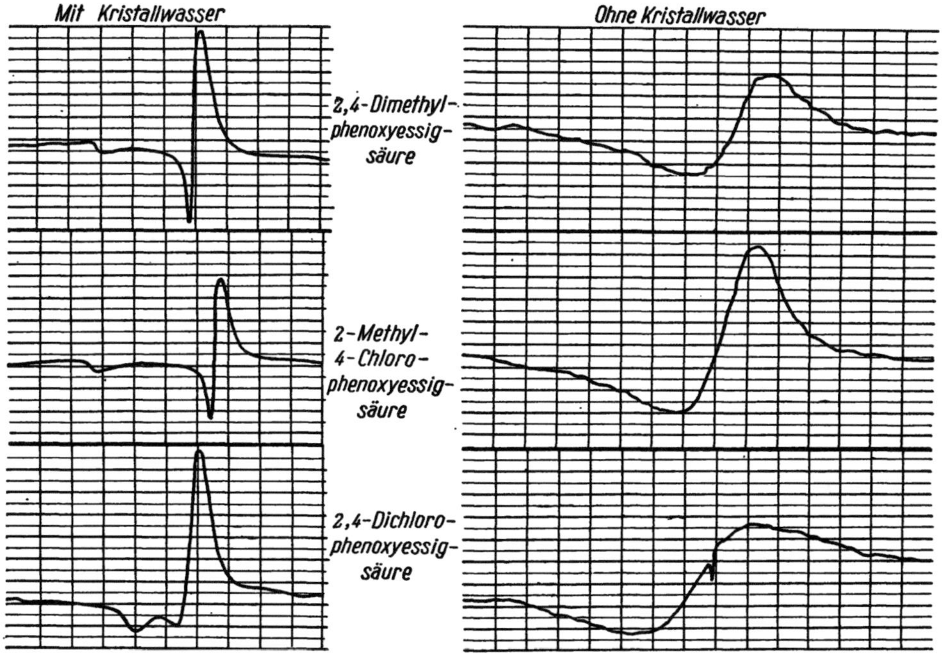

Abb. 2

Die Veränderung des Moleküls in der Weise, daß das Wasser durch die Hochvakuum-Gefriertrocknung entzogen wird, führt zur Änderung der Kristallstruktur. Damit ändert sich auch der Typ der Spektren der ESR. Die Linien werden infolge der erschwerten Austauschwechselwirkung, die vorher wahrscheinlich über die Sauerstoffatome des Wassers ging, stark verbreitert. Die Anisotropie geht verloren, bzw. ihre Auflösung verschwindet (Abb. 2).

Zur theoretischen Deutung der Zusammenhänge zwischen den g-Faktoren und dem Bindungscharakter geht man vom Termschema des freien Kupferions aus (Abb. 3). Die Aufspaltungen der fünffachen Bahn-Entartung geschieht dabei unter dem Einfluß des Potentialfeldes der Liganden. Die Art der Aufspaltung und die gegenseitige Lage der Energieniveaus hängt weitgehend von der Symmetrie und von der Stärke des Ligandenfeldes ab. Eine grundlegende Veränderung der Energieniveaus geschieht jedoch bei der Elektronenpaarbindung. Dabei beteiligen sich auch die höher liegenden $4s$ und $4p$-Elektronen, indem sie gemeinsam mit einem d-Elektron Hybridbahnen ausbilden. Das freie Elektron liegt dabei auf der „antibonding"-Bahn $d_{x^2-y^2}$. Die Lage und die Entfernung der einzelnen Bahnen ist z. Zt. noch Gegenstand der Diskussion. Hier ist nur ein Vorschlag gegeben, der sich auf die Arbeiten von GRIFFITH, ORGEL, PRYCE, INGRAM u. a. stützt.

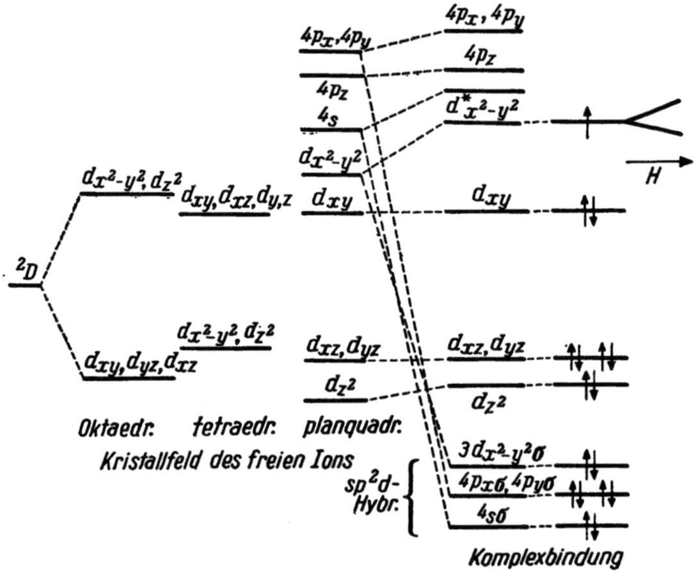

Abb. 3. Termschema der Cu^{++}-Komplexe.

Die Bindungsstärke der paramagnetischen Salze ermittelt man aus den g-Faktoren im Falle tetragonaler Symmetrie nach dem erweiterten Ansatz von ABRAGAM und PRYCE (Proc. Roy. Soc. London, **206** A, 164 (1951)):

$$g_{\perp} = 2 - \alpha^2 \frac{2\lambda}{E_1} \qquad \text{und} \qquad g_{||} = 2 - \alpha^2 \frac{8\lambda}{E_2},$$

wobei λ die Spin-Bahn-Koppelungskonstante, E_1 die Energiedifferenz zwischen dem Grundniveau und $d_{x^2-y^2}$, E_2 die Energiedifferenz zwischen dem entarteten Doublett $d_{xz,yz}$ und dem Niveau d_{xy}; α^2 ist die Bindungskonstante.

Erweiterte Ansätze, wie z.B. von A. H. MAKI und B. R. MCGARVEY (J. Chem. Phys. **29**, 31 (1958)) können mit Einschränkungen nur für die Messungen an Monokristallen angewandt werden, da in diesen Formeln mehrere Unbekannte vorkommen.

Zur Berechnung der Bindungskonstanten α^2 nach dem vorher erwähnten einfachen Ansatz haben wir die Spektren der zahlreichen Chelate im sichtbaren und nahen ultravioletten Gebiet gemessen. Dabei ergeben sich z.B. im Dimethylformamid für die Chelate in der Tab. 1 die Banden 400—450 und 600 bis 680 mμ. Die Berechnungen werden dadurch erschwert, daß die Zuordnung bestimmter Banden zu den möglichen Übergängen lt. Abb. 3 noch nicht sicher bekannt ist, da die Theorie der Spektren der Cu-Verbindungen noch nicht genügend entwickelt ist. Definiert man den ersten Übergang als E_1 und den zweiten (lang-

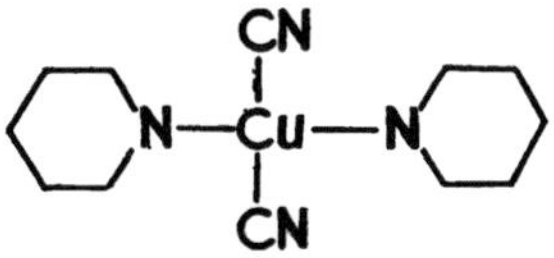

Abb. 4

welligeren) als E_2, so erhält man zu hohe Werte, wenn man $\lambda = -828\ \mathrm{cm}^{-1}$ einsetzt. λ müßte hier um ca. 20% reduziert werden. Es ist aber durchaus möglich, daß bei 400 mμ der Übergang E_2 liegt und der Übergang E_1 im weiteren Ultravioletten, wo er aus apparativen Gründen nicht gemessen werden konnte.

Die breitere Anwendung der Theorie wird somit erst möglich sein, wenn auch die Theorie der spektralen Übergänge näher geklärt werden könnte.

Über ESR-Spektren und Energieleitung einiger Übergangsmetall-Komplexe von Aminosäuren, Peptiden, Nukleinsäuren und Nukleoproteiden: I. Löschung freier Radikale durch Metalle in Nukleinsäurepräparationen

von R. LINDIGKEIT, B. E. WAHLER, G. SCHOFFA und O. RISTAU, Berlin-Buch

Die Wechselwirkung mehrwertiger Metallkationen mit Nukleinsäuren ist ebenso wie die mit Proteinen (und deren Bestandteilen) von erheblicher biologischer Bedeutung, da sie für den Aufbau und die Erhaltung dieser Makromoleküle in funktionell aktiver räumlicher Konfiguration maßgeblich ist [1], [2]. Ausgehend von früheren Untersuchungen über die Abhängigkeit der ESR-Absorption paramagnetischer Metallchelatkomplexe vom Charakter der beteiligten chemischen Bindungen [3], [4], [5] wurden im folgenden die Eigenschaften synthetischer und aus biologischem Material isolierter Ribonukleinsäure (= RNS)-Komplexe mit Übergangsmetallen und Metallen der 2. Gruppe zum Vergleich ihrer Bindungsart untersucht. Zu diesem Zweck wurden die Spin-Resonanz-Messungen im 9.4 kMHz-Bereich bei Zimmertemperatur vor und nach Beschuß durch eine ^{60}Co-γ-Quelle vorgenommen. Die erzielte Nachweisempfindlichkeit lag etwa bei $5 \cdot 10^{13}$ Spins $\times$ $\Delta H_{1/2}$.

Da der Metallgehalt präparierter und kommerzieller RNS-Proben 2—5% der Nukleotid-Äquivalente (ca. 2850—2900 μÄq./g) ausmacht (siehe Tab. 1), wurden neben Komplexen mit einem Metall-Nukleotid-Verhältnis von ca. 1, 0,2, 0,04 und 0,008 auch nach WACKER und VALLEE [6] metallarme RNS-Präparate hergestellt.

Wie die Nukleotid-Komplexe [7] geben die RNS-Komplexe von Cr^{+++}, Mn^{++}, Fe^{+++} und Cu^{++} ein für die unaufgefüllte $3d$-Schale charakteristisches einfaches Signal mit $g = 2$ und Halbwertsbreiten zwischen 270 und 720 Gauß (siehe Tab. 1). Im untersuchten Bereich der Metallkonzentration war die Intensität der Linie etwa proportional. Eine Veränderung der Linienform, die auf eine Änderung der Bindungsart in Abhängigkeit von der Konzentration hätte schließen lassen, konnte nicht festgestellt werden.

Während in den Proben ohne γ-Beschuß keine freien Radikale nachweisbar waren (siehe jedoch Ref. 10), traten bereits nach 2 Mr in den Komplexen mit Metallen der 2. Gruppe und in metallarmer RNS sehr starke Signale entsprechend einem g-Faktor 2,002 und einer Halbwertsbreite von 15 Gauß auf, die mit den von SHIELDS und GORDY [8] bei 7 Mr Bestrahlung und BLUMENFELD und KALMANSON [9] bei 50 Mr Bestrahlung beschriebenen identisch sind, die sie durch Bestrahlung kommerzieller RNS-Proben erhielten. Bei den Komplexen der Übergangsmetalle wurde jedoch ein abweichendes Verhalten festgestellt: Ihre Resonanzlinien werden mit zunehmendem Metallgehalt schwächer und sind, noch weit bevor die Konzentration der Erdalkalimetalle erreicht wird, im Falle des Eisens bei 500 μAt/g, des Mangans bei 100, und des Chroms und Kupfers bei 20 μAt/g nicht mehr nachweisbar.

Diese Verringerung der Spinausbeute durch Komplexbildung mit paramagnetischen Ionen wird nur verständlich, wenn man annimmt, daß durch die spezielle Bindungsart dieser Metalle, im Gegensatz zu den Metallen der 2. Gruppe, die Delokalisation der π-Elektronen aus den aromatischen Ringsystemen der RNS begünstigt wird. Dann wird dadurch nach SHIELDS und GORDY [8] die Rate der Radikalrekombination erhöht, die Spinausbeute erniedrigt, so wie es für die Nukleotide in kristalliner Form gefunden wurde. Gegenüber Aminosäuren und Peptiden [10], [12] zeigten kommerzielle RNS-Präparate mit 2000 eV/Spin eine auf etwa 1/20 verminderte Radikalausbeute. Da dieser Mechanismus nur durch direkte Kopplung der Purin- (und Pyrimidin-) Kerne zustande kommt (wie z. B. durch Wasserstoffbrücken-Bindungen) steht dieser „Löscheffekt" von Fe^{+++}, Cr^{+++}, Cu^{++}, Mn^{++} in Übereinstimmung mit der Annahme (WACKER und VALLEE) einer „Sandwich-Komplex"-Bindung der Übergangsmetalle. Diese Verbindung benötigt ein Resonanzsystem mit je 3 π-Elektronen von jedem aromatischen Rest in Wechselwirkung mit den $3d$-Bahnen des Metalls, die bei denen der 2. Gruppe nicht besetzt werden können. Mg^{++}, Ca^{++}, Ba^{++} und Zn^{++} zeigen daher in höheren Konzentrationen durch Verbesserung der Leitfähigkeit statt des „Löscheffektes" eine Einschränkung der Elektronenbeweglichkeit durch Störung der H-Brücken-Bildung.

Tabelle 1

Spin-Konzentration in Ribonukleinsäure-Metall-Komplexen nach Beschuß mit 2 Mr ^{60}Co-γ-Strahlung

Nukleotid-Einheit/RNS = 2850 — 2900 μÄq/g

$H_{1/2}$ in Gauß Radikalkonz. in Spin/g

Radikalsignal: $g = 2{,}002 \pm 0{,}001$ $H_{1/2} \approx 15$ Gauß

Metall	Mg^{++}	Ca^{++}	Ba^{++}	Zn^{++}	Cr^{+++}	Mn^{++}	Fe^{+++}	Cu^{++}
g-Faktor	—	—	—	—	1.93	1.98	2	2.13
$H_{1/2}$	—	—	—	—	640	460	720	270
Me-Konz. (μAt/g) im Komplex								
ca. 2500	$2 \cdot 10^{19}$		10^{19}		Ø	Ø	Ø	Ø
500					Ø	Ø	Ø	Ø
100					Ø	Ø	10^{17}	Ø
20					Ø	10^{17}	$3 \cdot 10^{17}$	Ø
Me-Konz. in unvorbehandelter RNS „MERCK" Fe 20, Mn 4, Cu 4						10^{18}		
Me-arme RNS nach WACKER und VALLEE						$5 \cdot 10^{18}$		

Literatur

[1] HALL, B. D. a. DOTY, P., J. Mol. Boil. **1**, 111 (1959).
[2] DOTY, P., FRESCO, J. R. u. a., Annals N. Y. Acad. Sci. **81**, 693 (1959).
[3] SCHOFFA, G., RISTAU, O. u. WAHLER, B. E., Z. phys. Chem. (im Druck).
[4] SCHOFFA, G., RISTAU, O. u. WAHLER, B. E., Z. Naturf. (im Druck).
[5] SCHOFFA, G., RISTAU, O. u. WAHLER, B. E., in diesem Band, S. 170.
[6] WACKER, W. E. C. a. VALLEE, B. L., J. biol. Chem. **234**, 3257 (1959).
[7] COHN, M. a. TOWNSEND, J., Nature **173**, 1090 (1954).
[8] SHIELDS, H. a. GORDY, W., Proc. Ntl. Acad. Sci. **45**, 269 (1959).
[9] SHENGPEIGEN, BLUMENFELD, L. A. u. KALMANSON, A. E., Biofizika **4**, 263 (1959).
[10] BLUMENFELD, L. A., Biofizika **4**, 515 (1959).
[11] GORDY, W., ARD, A. a. SHIELDS, H., Proc. Ntl. Acad. Sci. **41**, 983 (1955).
[12] BLUMENFELD, L. A. u. KALMANSON, A. E., Biofizika **2**, 552 (1957).

Institut für Medizin und Biologie, Berlin-Buch, der Deutschen Akademie der Wissenschaften zu Berlin

Elektronenresonanz des p-Benzosemichinon-Ions bei niedrigen Frequenzen

von R. NEUBERT, Jena

Einführung

Die Hyperfeinstruktur (Hfs) im Elektronenresonanzspektrum wird gewöhnlich im starken Magnetfeld untersucht, wo der Elektronenspin und die für die Hfs verantwortlichen Kernspins weitgehend entkoppelt sind. Über die Hyperfeinstrukturkopplung mit mehreren Kernspins im schwachen Magnetfeld ist unseres Wissens noch nichts bekannt. Wir begannen deshalb derartige Messungen am Semichinon-Ion, das ein sehr gut aufgelöstes Spektrum besitzt. Die Hyperfeinstruktur wird bei diesem Molekül von 4 äquivalenten Protonen verursacht und man erhält [1], [2] im starken Magnetfeld 5 äquidistante Linien mit den relativen Intensitäten 1, 4, 6, 4, 1.

Der Abstand benachbarter Hfs-Linien wurde von VENKATARAMAN u. Mitarb. [3] bei einer Frequenz von 9 GHz zu (2,368 $\pm$ 0,001) Oe bestimmt Bei einem g-Faktor von $g = 2{,}005 \pm 0{,}001$ [3] entspricht das der Hfs-Kopplungskonstanten $a = (6{,}645 \pm 0{,}006)$ MHz. Unsere Messungen umfassen den Frequenzbereich von 12 bis 80 MHz (Magnetfeld-Bereich 0 · · · 30 Oe).

Experimentelles Verfahren

Zum Nachweis der Elektronenresonanz diente ein Oszillator-Detektor nach HOPKINS [4]. Ein HELMHOLTZ-Spulen-Paar erzeugte das statische Magnetfeld. Die Achse dieser Spulen wurde in die Richtung der Horizontalkomponente des magnetischen Erdfeldes gebracht, und die Vertikalkomponente wurde durch ein zweites Paar HELMHOLTZ-Spulen kompensiert Dazu konnte eine Drehspule am Ort der Probe so angebracht werden, daß ihre Drehachse mit der Achse der Spulen für das statische Magnetfeld zusammenfiel. Diese Drehspule war an ein ballistisches Galvanometer angeschlossen. Der Strom durch die Kompensationsspulen und die Richtung der horizontalen HELMHOLZ-Spulen wurden dann so lange verändert, bis in der Drehspule keine nachweisbare Spannung mehr induziert wurde. Die zur Drehachse senkrechte Komponente des Erdfeldes konnte so auf $1^0/_{00}$ reduziert werden.

Die Spektren wurden nach dem Verfahren der differentiellen Abtastung mit phasenempfindlicher Gleichrichtung aufgenommen. Die Modulationsfrequenz betrug 9 kHz. Der Strom zur Erzeugung des Magnetfeldes wurde durch Kompensation der Spannung an einem Normalwiderstand gemessen, der mit den HELM-

HOLZ-Spulen in Reihe geschaltet war. Das Verhältnis zwischen Spulenstrom und magnetischer Feldstärke wurde durch Vergleich mit einer polykristallinen Probe von Diphenylpikrylhydrazyl bestimmt. Während der Registrierung der Spektren wurden Eichimpulse im Abstand von etwa 0,05 Oe mit Hilfe einer Taste auf den Schreiber gegeben.

Die Proben bestanden aus 1 cm^3 einer 0,1 M Hydrochinon-Lösung in Methanol, der 1 bis 2 Tropfen 1 M-Natronlauge zugesetzt wurden. Durch Oxydation an der Luft bildet sich dann unter anderem das Semichinon in genügender Konzentration. Die Proben mußten etwa alle 2 Stunden erneuert werden.

Berechnung der Energie-Niveaus
Vergleich mit den gemessenen Übergangsfrequenzen

Der HAMILTON-Operator für den Fall der isotropen Wechselwirkung eines Elektrons mit 4 äquivalenten Protonen lautet

$$\mathbf{H} = g_s \beta H_0 S_z + h a \vec{S} \sum_{n=1}^{4} \vec{I^n} - g_I \beta H_0 \sum_{n=1}^{4} I_z^n .$$

Dabei bedeutet

H_0: stat. Magnetfeld (in z-Richtung)
β: BOHRsches Magneton
g_s, g_I: Aufspaltungsfaktoren von Elektronen- bzw. Kernspin
a: Hfs-Kopplungskonstante
h: PLANCKsches Wirkungsquantum
$\vec{S}, \vec{I^n}$: Operatoren von Elektronen- bzw. n-tem Kernspin.

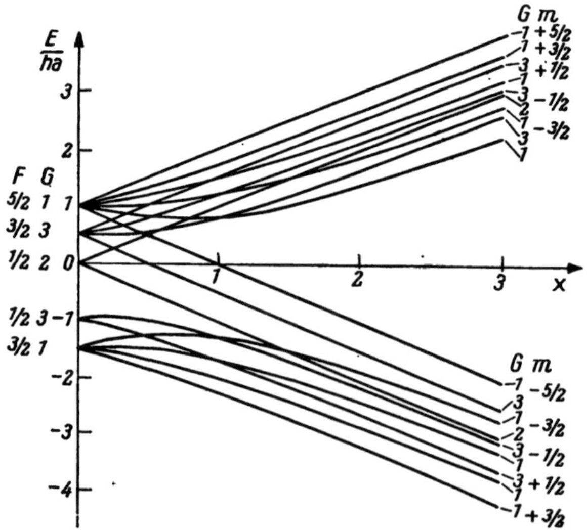

Abb. 1. Energieniveaus des Semichinon-Ions ($g_I \ll g_s$, $\alpha \ll 1$).

Im starken Magnetfeld sind die Energieniveaus in erster Näherung gleich den Diagonalelementen des HAMILTON-Operators in der (m_s, m_I)-Darstellung. Für die Frequenzen der Übergänge $\Delta m_I = 0$ erhält man dann

$$\nu = \frac{g_s \beta H_0}{h} + a \sum_{n=1}^{4} m_I^n .$$

Die zugehörige Säkulargleichung läßt sich in unserem Falle auch leicht exakt lösen, da sie sich in lineare und quadratische Gleichungen zerlegen läßt. Die Lösungen lassen sich folgendermaßen darstellen:

m	G	$\frac{E}{h\,a}$
5/2	1	$1 + X - \frac{5}{2}\alpha$
3/2	3	$\frac{1}{2} + X - \frac{3}{2}\alpha$
	1	$-\frac{1}{4} - \frac{3}{2}\alpha \pm \sqrt{\frac{25}{16} + X^2 + \frac{3}{2}X}$
1/2	2	$X - \frac{1}{2}\alpha$
	1	$-\frac{1}{4} - \frac{1}{2}\alpha \pm \sqrt{\frac{25}{16} + X^2 + \frac{1}{2}X}$
	3	$-\frac{1}{4} - \frac{1}{2}\alpha \pm \sqrt{\frac{9}{16} + X^2 + \frac{1}{2}X}$

Dabei bedeuten

m: Magnetische Quantenzahl

G: Entartungsgrad (Gewicht)

$$X = \frac{1}{2}(g_s + g_I)\frac{\beta \cdot H_0}{h\,a}$$

$$\alpha = \frac{g_I\,\beta\,H_0}{h\,a}.$$

Um die Energieniveaus für die negativen m-Werte zu erhalten, hat man das Vorzeichen von x und α umzukehren. Die Zustände sind zum Teil entartet, was durch die Äquivalenz der 4 Protonen zustande kommt (Austauschentartung). Die Zahl der zu einem Energieniveau gehörenden Eigenfunktionen nennen wir sein Gewicht G. Im starken Magnetfeld kann man ein einfaches Vektormodell für die Hfs-Kopplung angeben und erhält die Gewichte durch Abzählen der Vertauschungsmöglichkeiten der Protonen mit verschiedenem m. Man gelangt so zu den Binomialkoeffizienten 1, 4, 6, 4, 1. Im beliebigen Magnetfeld ergibt die Rechnung die in der Tabelle für die Energieniveaus angegebenen Gewichte.

In Abb. 1 sind die Energieniveaus in relativen Einheiten graphisch dargestellt. Bei Abwesenheit eines äußeren Magnetfeldes ($X = 0$) existieren 5 verschiedene Energiewerte, die sich durch Gesamtdrehimpuls F und Gewicht G eindeutig charakterisieren lassen. Durch ein Magnetfeld spalten diese Terme jeweils in $2F + 1$ Zeeman-Niveaus auf (insgesamt 18 Niveaus). Diese Zeeman-Niveaus kann man z. B. durch das Zahlenpaar (F, G) des entsprechenden Nullfeld-Niveaus und die Quantenzahl m der z-Komponente des Drehimpulses eindeutig bezeichnen. Dazu muß man aber bemerken, daß F im Magnetfeld keine gute Quantenzahl mehr ist. Wie Abb. 1 zeigt, ordnen sich die Energieniveaus mit wachsendem Magnetfeld in 2×5 Gruppen. Die Niveaus jeder Gruppe gehören zu gleichem m und haben eine gemeinsame Asymptote. Addiert man die Gewichte der Niveaus, die jeweils zu einer Gruppe gehören, so erhält man die Zahlen 1, 4, 6, 4, 1. Damit ist der Anschluß an das bekannte Niveauschema im starken Magnetfeld hergestellt.

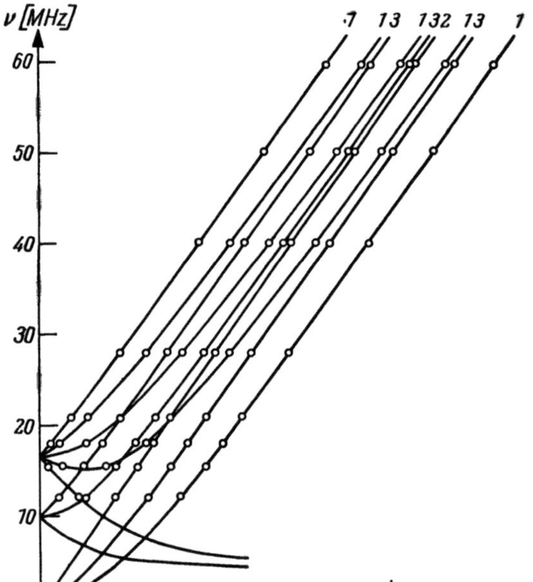

Abb. 2. Übergangsfrequenz in Abhängigkeit vom Magnetfeld.
—— Theorie,
oooo Meßpunkte.
Oben sind die Gewichte der Übergänge eingetragen.

Wir haben nun die Übergänge $\Delta m = \pm 1$ beobachtet (Hochfrequenzfeld senkrecht auf dem statischen Magnetfeld). Dabei konnten wir nur die Übergänge finden, für die außerdem die Bedingung $\Delta G = 0$ gilt. Die Gewichte dieser Übergänge geben dann angenähert deren relative Intensitäten an. In Abb. 2 sind die Frequenzen der Übergänge $\Delta m = \pm 1$, $\Delta G = 0$ in Abhängigkeit vom Magnetfeld dargestellt, mit Ausnahme der Übergänge, deren Frequenzen stets unterhalb

$1/2\, a = 3{,}32$ MHz liegen. Letztere entsprechen im starken Magnetfeld den reinen Kernübergängen $\Delta m_s = 0$, $\Delta m_I = \pm 1$. Die ausgezogenen Kurven in Abb. 2 entsprechen der theoretischen Rechnung, wobei der oben erwähnte Wert für die Hfs-Kopplungskonstante [3] benutzt wurde. Die kleinen Kreise geben unsere Meßpunkte an. Innerhalb der Fehlergrenzen von etwa $\pm$ 0,05 Oe besteht vollkommene Übereinstimmung zwischen Theorie und Experiment.

Abb. 3 zeigt eine Aufnahme bei 40 MHz. Man erkennt, daß die relativen Intensitäten angenähert durch die Gewichte (1), (1, 3), (1, 3, 2), (1, 3), (1) dargestellt werden.

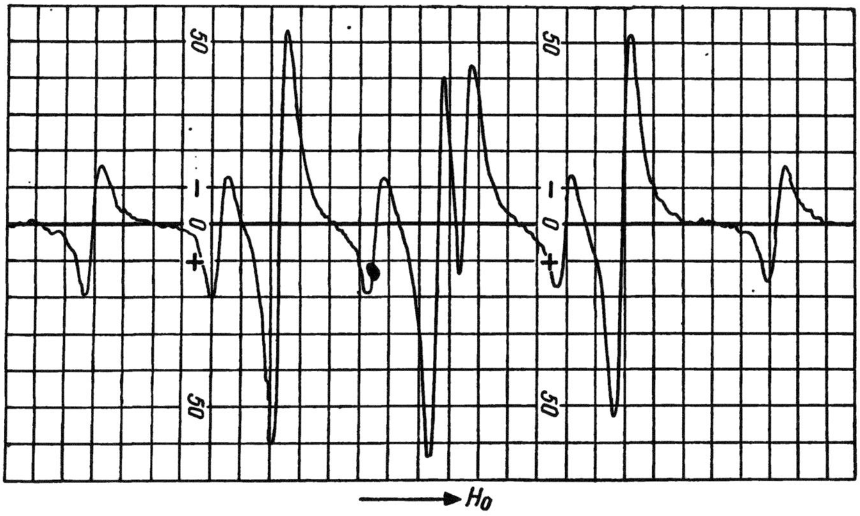

Abb. 3. Aufnahme des Semichinonspektrums bei $\nu = 40$ MHz.

Nachtrag beim Lesen der Korrektur

Zur eindeutigen Bezeichnung der Terme führt man an Stelle von G besser die Quantenzahl des gesamten Kernspins I ein [5]. Für isotrope Hfs-Kopplung mit mehreren äquivalenten Kernen ist I stets eine gute Quantenzahl, d. h. $(\sum_n \vec{I}^n)^2$ ist mit **H** vertauschbar. In unserem Beispiel wirken dann die 4 äquivalenten Protonen wie ein Kern, dessen Spin die Werte $I = 2, 1, 0$ annehmen kann. Diese 3 „Kernsorten" kommen mit gewissen statistischen Gewichten G vor nach der Tabelle:

I	2	1	0
G	1	3	2

Die Energieniveaus für beliebiges Magnetfeld erhält man dann aus der bekannten Breit-Rabi-Formel [6] durch Einsetzen aller möglichen Werte für I und m. Die magnetischen Dipolübergänge gehorchen der Auswahlregel $\Delta I = 0$. (In unserem Spezialfall ist das mit $\Delta G = 0$ identisch.)

Herrn Dr. habil. G. WEBER danke ich für die Mitteilung dieser Zusammenhänge und zahlreiche Diskussionen. Eine ausführlichere Darstellung wird an anderer Stelle erscheinen.

Literatur

[1] VENKATARAMAN, B. u. FRAENKEL, G., J. Am. Chem. Soc. 77, 2707 (1955).
[2] INGRAM, D. J. E., Free Radicals, London 1958, S. 151.
[3] VENKATARAMAN, B., SEGAL, B. G. u. FRAENKEL, G., J. Chem. Phys. 30, 1006 (1959).
[4] HOPKINS, N. J., Rev. Sci. Instr. 20, 401 (1949).
[5] WEBER, G., Private Mitteilung.
[6] BREIT, G. u. RABI, I. I., Phys. Rev. 38, 2082 (1931).; oder z. B.:
RAMSEY, N. F., Molecular Beams, Oxford 1956.

Physikalisches Institut der Friedrich-Schiller-Universität Jena
(Direktor: Prof. Dr. W. Schütz)

Elektronenresonanz-Untersuchungen am $[Cr(I)(CN)_5NO]^{---}$-Komplex

von B. ELSCHNER und R. NEUBERT, Jena

Für paramagnetische Elektronenresonanz-Untersuchungen von Komplexverbindungen eignen sich besonders solche Komplexe gut, die nur *ein* ungepaartes Elektron aufweisen. Bei diesen Komplexen ist keine Null-Feld-Aufspaltung infolge Spin-Bahn-Wechselwirkung vorhanden, so daß man schon bei Zimmertemperatur ein Elektronen-Resonanz-Signal erwarten kann.

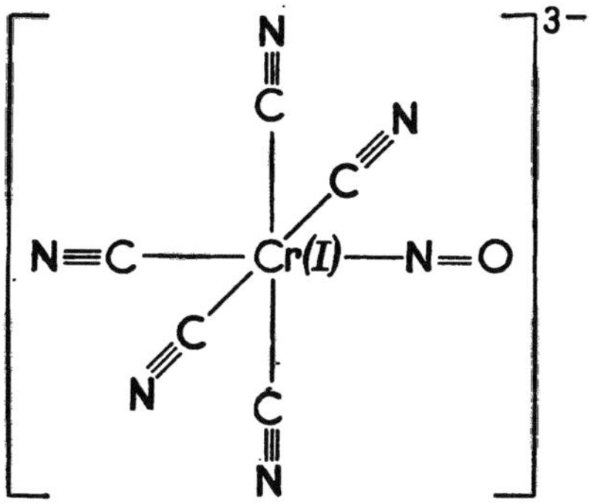

Abb. 1. $[Cr(I)(CN)_5NO]^{---}$-Komplex.

Es soll hier über Elektronenresonanzmessungen an einem Oktaederkomplex berichtet werden, der auch einen Paramagnetismus im Ausmaß eines ungepaarten Elektrons zeigt und der deshalb zu den Verbindungen $(d\varepsilon)^5$ gehört. Die Abb. 1 zeigt das untersuchte Molekül $[Cr(I)(CN)_5NO]^{3-}$. Die chemische Präparation dieses Komplexes wurde 1959 von W. P. GRIFFITH und Mitarbeitern [1] zum ersten Mal beschrieben; die von uns benutzten Substanzen stellten Mitarbeiter des Instituts für Anorganische Chemie der Universität Greifswald (Direktor: Prof. Dr. S. HERZOG) her.

Wir untersuchten zunächst kleine, magnetisch unverdünnte Monokristalle und bekamen einen isotropen g-Faktor

$$g = 1{,}995 \pm 0{,}001 \,.$$

Die Linienbreite, am Monokristall gemessen, beträgt

$$\Delta H = 32 \pm 1\ \mathrm{G} \qquad \text{bei} \qquad T = 290^\circ\ \mathrm{K}\,.$$

Es liegt also ein ähnlicher Fall vor wie bei dem $(IrCl_6)^{--}$-Komplex, wo man zeigen konnte [2], daß das ungepaarte Elektron über π-Bindung auch an die Chloratome kommen kann. Es taucht die Frage auf, ob auch in unserem Fall ein solcher kovalenter Bindungsanteil vorliegt, der das ungepaarte Elektron in die Ligantensphäre gelangen läßt. Die Hyperfeinstruktur (Hfs) des Elektronen-

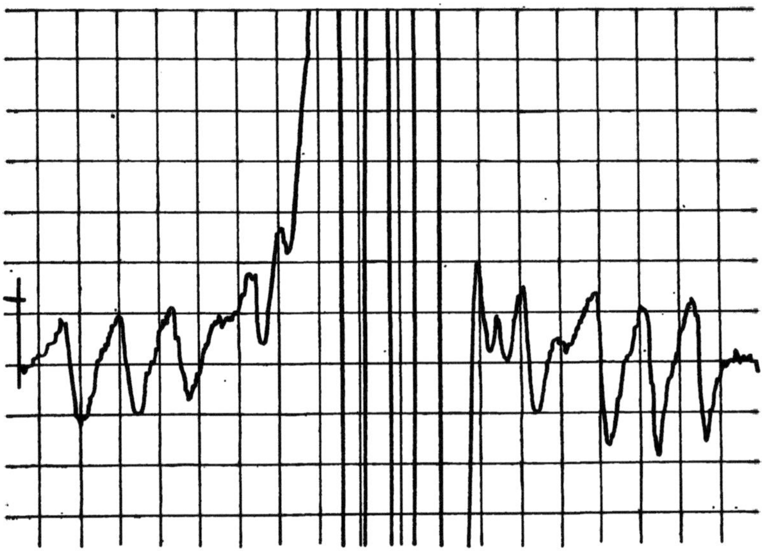

Abb. 2a. Hyperfeinstruktur im Elektronen-Resonanz-Signal des $[Cr(I)(CN)_5NO]^{---}$-Moleküls im starken Magnetfeld.

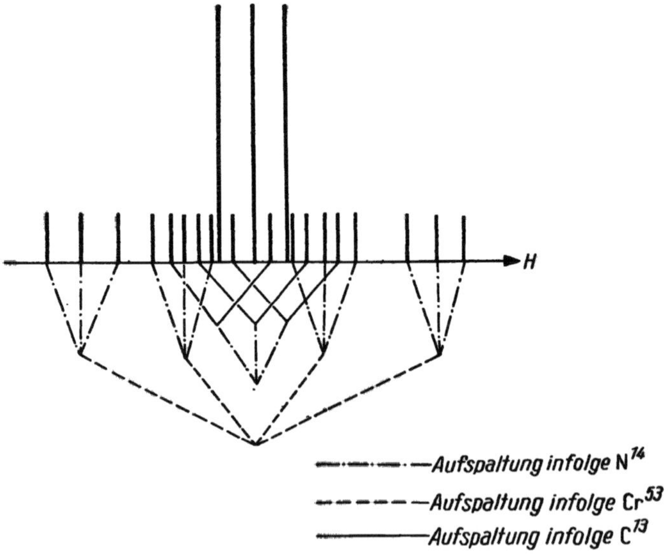

Abb. 2b. Theoretisches Aufspaltungsbild zu Abb. 2a.

Resonanz-Signales bestätigt tatsächlich diese Möglichkeit. Wir bekommen im starken Magnetfeld das in Abb. 2 gezeigte Spektrum.

Zum gesamten Spektrum tragen die drei folgenden Verbindungen bei:

1. $[Cr^{52}(C^{12}N)_5N^{14}O]^{3-}$
2. $[Cr^{52}(C^{12}N)_4(C^{13}N)_1N^{14}O]^{3-}$
3. $[Cr^{53}(C^{12}N)_5N^{14}O]^{3-}$.

Wenn man die verschiedenen Häufigkeiten der einzelnen Isotope und deren Kernspin-Werte berücksichtigt, so sollten sich die Intensitäten der Hfs-Komponenten wie 40:1:1 verhalten.

Die Substanz wurde in 0,01 molarer wäßriger Lösung untersucht, es gelangte also nur der isotrope Anteil der Hfs zur Beobachtung. Für die Substanz 2. gilt

$$\mathbf{H} = g\,\beta_0\,(\vec{H}\,\vec{S}) + A_{C^{13}}\,(\vec{I}_1\,\vec{S}) + A_{N^{14}}\cdot(\vec{I}_2\,\vec{S})\,.$$

Für die Substanz 3. gilt

$$\mathbf{H} = g\,\beta_0\,(\vec{H}\,\vec{S}) + A_{Cr^{53}}\cdot(\vec{I}_3\,\vec{S}) + A_{N^{14}}\cdot(\vec{I}_2\,\vec{S})\,.$$

Die drei großen Zentrallinien rühren vom N^{14} der Substanz 1. her. Experimentell ergaben sich folgende Werte:

$$|A_{Cr^{53}}| = 48{,}2 \pm 1\ \mathrm{MHz}$$

$$|A_{C^{13}}| = 33{,}2 \pm 1\ \mathrm{MHz}$$

$$|A_{N^{14}}| = 13{,}7 \pm 1\ \mathrm{MHz}\,.$$

$A = 2\,\beta_0\,\frac{\mu_I}{I}\,\beta_N\cdot\frac{8\,\pi}{3}\,\varrho(0)$ mit $\varrho(0) =$ Spindichte am Kernort. Mit den experimentellen Werten für die verschiedenen Kerne ergibt sich

$$\frac{\varrho\,(Cr^{53})}{\varrho\,(N^{14})} = 4{,}5 \quad \text{und} \quad \frac{\varrho\,(Cr^{53})}{\varrho\,(C^{13})} = 6{,}5\,.$$

Wir haben den oben erwähnten Komplex auch bei tiefen Frequenzen untersucht ($\nu \approx 100$ MHz). Wegen der verschiedenen Möglichkeiten, die Kernspins und den Elektronenspin zusammen zu addieren, müssen wir auch im Feld $H = 0$ verschiedene Energiezustände erwarten. Das Molekül wird im Bereich schwacher Felder durch eine Drehimpulsquantenzahl F charakterisiert, die formal (für Substanz 3.) wie folgt eingeführt wird:

$$(\vec{I}_{Cr^{53}} + \vec{I}_{N^{14}} + \vec{S})^2\cdot|F> = F\,(F+1)\cdot|F>\,.$$

Zur Berechnung der Energieniveaus hat man die Matrix des **H**-Operators zu diagonalisieren. Für beliebiges Magnetfeld kann man jedoch keine geschlossenen Ausdrücke für alle Niveaus angeben. Im Spezialfall $H = 0$ erhielten wir für Substanz 3. ($I_{N^{14}} = 1$, $I_{Cr^{53}} = 3/2$):

F	E
3	$\frac{1}{2} A_N + \frac{3}{4} A_{Cr}$
2	$-\frac{1}{4}(A_N + A_{Cr}) \pm \sqrt{\left(\frac{3}{4} A_N\right)^2 + A_{Cr}^2}$
1	$-\frac{1}{4}(A_N + A_{Cr}) \pm \sqrt{\left(\frac{3}{4} A_N\right)^2 + A_{Cr}^2 - A_N \cdot A_{Cr}}$
0	$\frac{1}{2} A_N - \frac{5}{4} A_{Cr}$

Wir interessierten uns nun für die relativen Vorzeichen von $A_{Cr^{53}}$ und $A_{N^{14}}$, die durch die Messungen im starken Magnetfeld unbestimmt bleiben. In Abb. 3 sind die Nullfeld-Niveaus für die beiden Fälle $\frac{A_{N^{14}}}{A_{Cr^{53}}} \lessgtr 0$ dargestellt. Darunter sind die von uns gemessenen Übergangsfrequenzen mit Fehlerschranken eingetragen, sowie die theoretischen Linien. Dabei wurden die beiden äußeren Linien

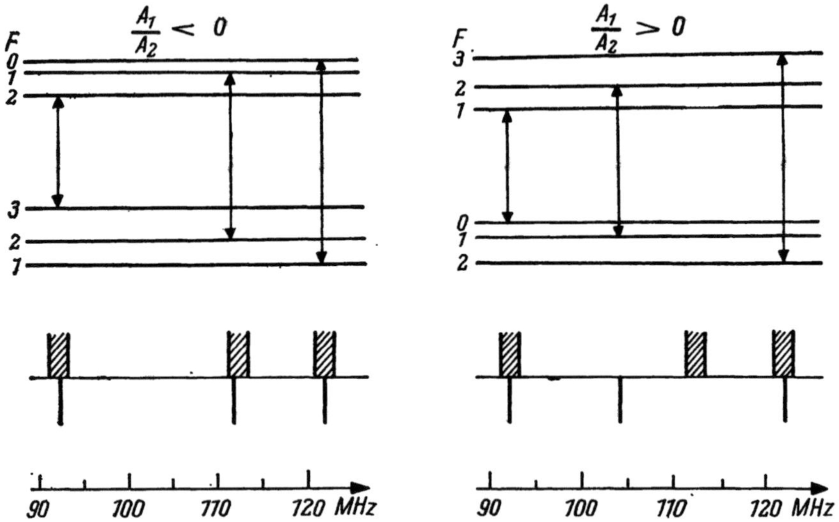

Abb. 3. Energieniveau-Schema und Lage der Übergangsfrequenzen $\Delta F = 1$ im 100 MHz-Gebiet. Die experimentell bestimmten Frequenzen sind schraffiert gezeichnet. Die theoretisch zu erwartenden Frequenzen sind mit einem Strich angedeutet.

jeweils an das Experiment angepaßt (2 willkürliche Konstanten: $A_{Cr^{53}}$, $A_{N^{14}}$). Die mittlere Linie ist dann durch die Theorie bestimmt. Die Entscheidung fällt für $\frac{A_{N^{14}}}{A_{Cr^{53}}} < 0$ aus, was besagt, daß die Spindichte ϱ bei beiden Kernen gleiches Vorzeichen hat.

Die Frequenzen der beobachteten Null-Feld-Übergänge $\nu(F, F')$ betragen:

$$\nu(1,0) = (122,0 \pm 1)\,\mathrm{MHz}$$
$$\nu(2,1) = (112,5 \pm 1)\,\mathrm{MHz}$$
$$\nu(3,2) = (92,4 \pm 1)\,\mathrm{MHz}\,.$$

Literatur

[1] Griffith, W. P., Lewis, J. u. Wilkinson, G., Journ. chem. soc. S. 872 (1959).
[2] Griffith, J. H. E. u. Owen, J., Proc. roy. soc. (London) **226**, 96 (1954).

Physikalisches Institut der Friedrich-Schiller-Universität Jena
(Direktor: Prof. Dr. W. Schütz)

Die Experimente mit dynamischer Kernpolarisation bei Zimmertemperatur und schneller Durchgang bei dem „Effet solide“

von J. Burget, M. Odehnal, V. Petříček und J. Šácha, Prag

Zum Studium der dynamisch polarisierten Kerne wurde ein Spektrometer gebaut, das aus einem Elektronenresonanzspektrometer und einem Kernresonanzspektrometer besteht. Das Elektronenresonanzspektrometer, das zur Sättigung der Elektronenresonanz diente, arbeitet mit direkter Verstärkung und zylindrischem Hohlraumresonator, der im TE_{01}-Mode angeregt wurde. Das benutzte Klystron hatte eine Arbeitsfrequenz 8,5 kMHz und eine maximale Leistung von 900 mW. Das Kernresonanzspektrometer war ein Autodyn nach Pound. Seine Sondenspule befand sich in der Mitte des Hohlraumresonators des Elektronenresonanzspektrometers. Die Resonanzkurven wurden entweder auf dem Oszillographen beobachtet (die benutzte Feldmodulationsfrequenz war 25—30 Hz) oder mittels eines phasenempfindlichen Verstärkers und eines Schreibers aufgezeichnet.

Die Eigenschaften der ganzen Apparatur wurden an einer Reihe nichtmetallischer Stoffe geprüft. Wir beobachteten den Overhauser-Effekt mit normaler und umgekehrter Polarisation und den „Effet solide“.

Der Overhauser-Effekt mit normaler Kernpolarisation wurde an den Protonen des DPPH-Pulvers und an den Protonen des auf der karbonisierten Glukose und Sacharose mit kleiner Elektronenresonanzlinienbreite adsorbierten Benzols (< 1 Oe), beobachtet. Die höchste Signalvergrößerung war etwa 5. Bei diesen Experimenten ist es sehr wichtig, das Hochfrequenzfeld des Kernresonanzspektrometers und das statische Magnetfeld einander sehr genau senkrecht zu halten. Bei der Nichterfüllung dieser Bedingung kann eine Verwechslung evtl. eine Mischung des Signals mit Doppelquantenübergängen auftreten [1].

Der Overhauser-Effekt mit umgekehrter Kernpolarisation wurde an einer Reihe der DPPH-Benzol-Lösungen verschiedener Konzentration beobachtet. Es wurde festgestellt, daß die höchste Signalvergrößerung der Protonenpolarisation bei der maximalen von uns benutzten Konzentration (0,15 M) auftritt, und zwar etwa 20. Mit abnehmender Konzentration der freien Radikale nimmt die Kernpolarisation schnell ab.

Die Beobachtung des „Effet solide“ wurde an festen Lösungen des DPPH in Polystyrol verschiedener Konzentration (2:100, 10:100, 25:100) durchgeführt. Die höchste Signalvergrößerung war 10—12.

Das Wesen des „Effet solide“ ist die Sättigung der „verbotenen“ Übergänge der Elektronenresonanz in nichtmetallischen Stoffen. Diese „verbotene“ Übergänge

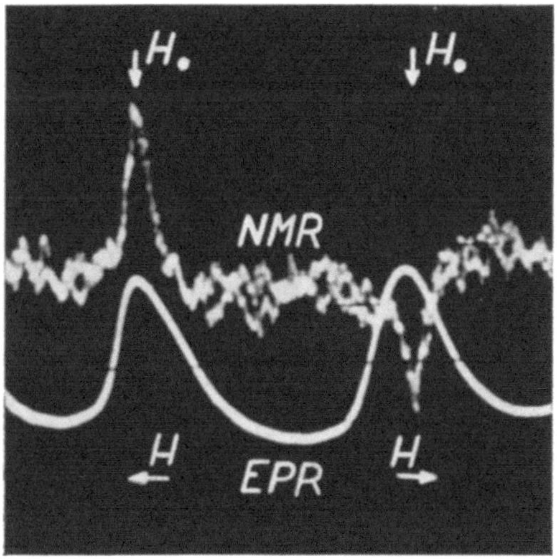

Abb. 1a. Oszillogramm des „Effet solide" bei $\tau \cong 10^{-3}$ sec $< (T_1)_I$ im Felde H_0.

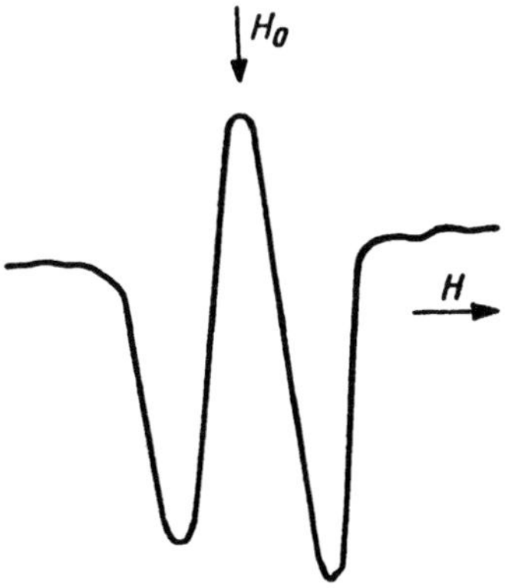

Abb. 1b. Registrierkurve des „Effet solide" bei $\tau \cong 20$ sec $>$ $(T_1)_I$ im Felde H_0.

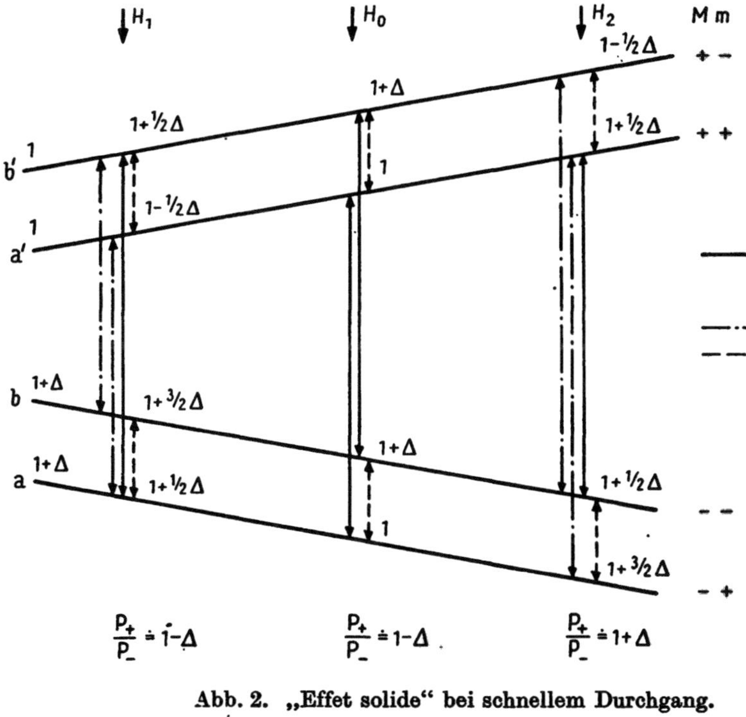

Abb. 2. „Effet solide" bei schnellem Durchgang.

sind vom Resonanzwert H_0 des Magnetfeldes für den erlaubten Übergang um $\pm\frac{\omega_I}{\gamma_e}$ entfernt. Im Felde $H_1 = H_0 - \frac{\omega_I}{\gamma_e}$ entsteht die umgekehrte Kernpolarisation und im Felde $H_2 = H_0 + \frac{\omega_I}{\gamma_e}$ die normale Kernpolarisation. Im Felde H_0 gibt es keine Kernpolarisation [2], [3].

Beim Studium des „Effet solide" beobachteten wir einen interessanten Effekt. Bei der Feldmodulation 25—30 Hz erschien die Kernpolarisation nicht nur in Feldern H_1 und H_2, sondern auch in H_0, und diese Kernpolarisation war sogar noch abhängig von der Richtungsveränderung des Magnetfeldes bei der Modulation. Die Abb. 1a zeigt das Oszillogramm und die Abb. 1b die Registrierkurve (die erste Ableitung des Signals) dieses Effektes. Wir erklären ihn in folgender Weise. Die Abb. 2 zeigt die Aufspaltung der Energieniveaus des Elektrons und des Kernes in zunehmendem statischen Magnetfeld und die relative Besetzung der einzelnen Niveaus bei Sättigung verschiedener Übergänge. Im Felde H_1, wo starkes HF-Feld des Elektronenresonanzspektrometers den verbotenen Übergang $a \rightleftarrows b'$ sättigt, entsteht in der Zeit, die annähernd gleich der Zeit T_x ist, infolge der sehr kurzen Relaxationszeit des Elektrons $(T_1)_S$ die Kernpolarisation $\frac{P_+}{P_-} = 1 - \Delta$ $\left(T_x \sim \frac{1}{W_{a \rightleftarrows b'}},\right.$ $W_{a \rightleftarrows b'}$ ist die durch das HF-Feld induzierte Übergangswahrscheinlichkeit zwischen den Niveaus $a \rightleftarrows b'$, $P_\pm$ ist die Anzahl der Kernspins mit den Quantenzahlen $m_I = \pm 1/2$ und $\left.\Delta = \frac{\hbar\,|\gamma_e|\,H}{k\,T}\right)$.

Wenn die Durchgangszeit τ von H_1 zu H_0 kürzer ist als die Kernrelaxationszeit $(T_1)_I$ zwischen den Energieniveaus $a' \rightleftarrows b'$ und $a \rightleftarrows b$, dann entsteht im Magnetfeld H_0, in welchem das HF-Feld die gestatteten Übergänge sättigt, wieder die Kernpolarisation $\frac{P_+}{P_-} = 1 - \Delta$, weil in der Zeit τ die Boltzmann-Verteilung zwischen Energieniveaus a', b' und a, b nicht erreicht werden kann. Erst im Felde H_2 bei der Sättigung des verbotenen Überganges $b \rightleftarrows a'$ ändert sich die Kernpolarisation auf $\frac{P_+}{P_-} = 1 + \Delta$. Wenn die Durchgangszeit τ kürzer ist als die kürzeste Relaxationszeit des Kernspins $(T_1)_I$, zeigt sich also eine gewisse „Trägheit" der Polarisation, d. h. im Felde H_0 sind die Kerne polarisiert. Dasselbe Verfahren können wir bei Erklärung des Effektes für abnehmendes Magnetfeld wiederholen und dann erhalten wir im Felde H_2 die Polarisation $1 + \Delta$, im Felde H_0 auch $1 + \Delta$ und im Felde H_1 die Polarisation $1 - \Delta$. Diesen Effekt haben wir auf dem Oszillographen beobachtet.

Für eine Durchgangszeit $\tau \gg (T_1)_I$ kann sich die Boltzmann-Verteilung zwischen den Energieniveaus a', b' und a, b einstellen und im Magnetfeld H_0 entsteht keine Kernpolarisation $\left(\frac{P_+}{P_-} = 1\right)$. Dieser Fall wurde bei differentieller Abtastung beobachtet.

In unserem Falle (DPPH in Polystyrol) war der Effekt noch dadurch kompliziert, daß die benutzte Probe eine inhomogen verbreitete Elektronenresonanzkurve aufwies. Die vorige Erklärung gilt also nur für ein Spinpaket. Das von uns beobachtete Kernpolarisationsignal ist in Wirklichkeit die Summe dieser Effekte von der Gruppe derjenigen Spinpakete, deren Umschlagkurve die gleiche Breite hat, wie die Kernresonanzkurve. In unserem Experiment betrug die ganze Breite der Elektronenresonanzkurve der Probe mit Konzentration 10:100 30 Oe und die Breite der Kernresonanzkurve der Protonen 7 Oe. Für jedes Spinpaket waren die Felder H_1 und H_2 um $\pm$ 4,5 Oe von H_0 entfernt.

Wenn sich das Magnetfeld sehr langsam ändert — d. h. $\tau \gg (T_1)_I$, was man bei differentieller Abtastung leicht realisieren kann — und wenn wir die Erhöhung der Kernpolarisation von denjenigen Spinpaketen, die in dem von der Kernresonanzkurve beschränkten Gebiete Resonanz zeigen, betrachten, bekommen wir die Form des Kernsignals ähnlich der Dispersionkurve. Die Ableitung dieser Kurve wurde aufgezeichnet (siehe Abb. 1b). Bei oszillographischer Abbildung wurde die Bedingung $T_x < \tau < (T_1)_I$ (Abb. 1a) erfüllt.

Der beobachtete Effekt, der an einen adiabatischen schnellen Durchgang erinnert, kann, unserer Meinung nach, zu tieferem Studium der dynamisch polarisierten Kerne und zur Messung der Relaxationszeiten (mittels der Änderung der Zeit τ) des Kernspins benützt werden.

Literatur

[1] Winter, J. M., J. de Phys. et le Rad. **19**, 802 (1958).
[2] Uebersfeld, J., Motchane, J. L. u. Erb, E., J. de Phys. et le Rad. **19**, 843 (1958).
[3] Solomon, I., J. de Phys. et le Rad. **19**, 837 (1958).

Institut für Kernforschung der Tschechoslowakischen Akademie der Wissenschaften, Prag, CSSR.

Die Doppelquantenübergänge bei der Elektronenresonanz

von J. BURGET, M. ODEHNAL, V. PETŘÍČEK und J. ŠÁCHA, Prag

Das Wesen der Doppelquantenübergänge, die wir behandeln, liegt in gleichzeitiger Absorption der zwei energetisch verschiedenen Photonen oder in gleichzeitiger Absorption eines Photons und Emission eines anderen energetisch ververschiedenen Photons (RAMAN-Prozeß) unter der Voraussetzung, daß die Bedingung der Erhaltung der Energie und des Impulsmomentes für das gegebene System erfüllt ist [1]. Meistens beobachtet man die Einquantenübergänge als Absorption der Photonen $\hbar\,\omega_2 = g\,\beta\,H_0$ vom HF-Feld $H_2 \cdot \cos\omega_2 t$, welches senkrecht zum statischen Magnetfeld H_0 wirkt. Wenn wir die oben erwähnten Doppelquantenübergänge beobachten wollen, müssen wir auf das System noch ein zusätzliches HF-Feld $H_1 \cdot \cos\omega_1 t$, das parallel zu H_0 sein muß, wirken lassen. Wenn $\hbar\,\omega_2 + \hbar\,\omega_1 = g\,\beta\,H_0$, dann beobachten wir die Absorption der beiden Quanten und wenn $\hbar\,\omega_2 - \hbar\,\omega_1 = g\,\beta\,H_0$, entsteht die Absorption des Quants $\hbar\,\omega_2$ und die Emission des Quants $\hbar\,\omega_1$ (siehe Abb. 1). Da die Photonen des auf $\vec{H}_0$ senkrechten Feldes $\vec{H}_2$ — sogenannte σ-Photonen —, die Einheit des Impulsmomentes tragen, und die Photonen des zu $\vec{H}_0$ parallelen Feldes $\vec{H}_1$ — sog. π-Photonen — den Wert des Impulsmomentes nicht ändern, ist die Bedingung der Erhaltung des Impulsmomentes in beiden Fällen erfüllt.

Wie A. JAVAN [1] gezeigt hat, ist es möglich mit Hilfe dieses Doppelquantenmechanismus einen MASER-Verstärker evtl. ein MASER-Oszillator, und zwar für positiven Spintemperaturen, zu verwirklichen, während andere Typen der MASER auf der Herstellung negativer Spintemperaturen begründet sind.

In seiner Arbeit versuchte A. JAVAN die BLOCHschen Gleichungen für den Fall der gleichzeitigen Wirkung zwei verschiedener HF-Felder zu lösen

$$\frac{d\vec{M}}{dt} = -|\gamma|\,\vec{M} \times \vec{H} - \frac{\vec{M} - \vec{M}_0}{T_1}, \tag{1}$$

wo

$$\vec{H} = \vec{i}\,H_2 \cdot \cos\omega_2 t + \vec{k}\,(H_0 + H_1 \cos\omega_1 t) \qquad \text{und} \qquad T_1 = T_2 .$$

Sein Ergebnis für die Komponente der Magnetisierung M_z gilt bei der Bedingung $\omega_1 T_1 \gg 1$, die in unserem Experiment nicht erfüllt ist. Leider ist das veröffentlichte Resultat mit mindestens einem Druckfehler behaftet, da es offensichtlich dimensional fehlerhaft ist. Deshalb löste Dr. L. TRLIFAJ von unserem Institut die

Blochschen Gleichungen wieder. Unter der Voraussetzung $\frac{|\gamma| H_1}{\omega_1} \ll 1$ (also unabhängig von der Größe $\omega_1 T_1$) bekommen wir die von $H_1 \cdot \cos \omega_1 t$ induzierte Komponente der Magnetisierung (ohne Einschwingvorgänge) in der Form

$$M_z = H_1 (\chi' \cdot \cos \omega_1 t - \chi'' \cdot \sin \omega_1 t) \,, \tag{2}$$

wo die Absorptionskomponente der dynamischen Suszeptibilität

$$\chi'' = - \frac{(\omega_2 - \omega_0)\, \gamma^2 H_2^2 \gamma T_1^4}{(1 + \omega_1^2 T_1^2)(1 + \gamma^2 H_e^2 T_1^2)} \cdot \frac{\omega_1 T_1 (5 + \omega_1^2 T_1^2 + \gamma^2 H_e^2 T_1^2)}{[(\gamma^2 H_e^2 T_1^2 - \omega_1^2 T_1^2 - 1)^2 + 4 \gamma^2 H_e^2 T_1^2]} \cdot M_0 \tag{3}$$

ist und

$$|\gamma| H_e = \sqrt{(\omega_2 - \omega_0)^2 + \gamma^2 H_2^2} \,, \qquad \hbar \omega_0 = g \beta H_0 \,.^{1)}$$

Die von diesem Typ des MASERs emittierte Leistung ist

$$P = \frac{\omega_1}{2} H_1^2 \cdot \chi'' \,. \tag{4}$$

Die zur Beobachtung der Doppelquantenübergänge benutzte Apparatur war dieselbe, mit der die dynamische Kernpolarisation durchgeführt wurde [2], nur die Sondenspule des Autodyns wurde so eingestellt, daß ihr Magnetfeld $\vec{H}_1$ parallel mit $\vec{H}_0$ war. Das Autodyn diente als Generator der Frequenz ω_1 und als Detektor der Doppelquantenübergänge.

Die Emissions- und Absorptionssignale dieser Übergänge wurden erst kürzlich von J. M. Winter bei seinen Elektronenresonanzversuchen am DPPH-Pulver beobachtet [3]. Wir wiederholten seine Beobachtung mit dem DPPH-Pulver und weiter beobachteten wir diese Übergänge bei anderen Substanzen — z.B. bei karbonisierter Glukose und Sacharose, bei verschiedenen Sorten der Naturkohlen mit schmalen Resonanzkurven und bei festen Lösungen des DPPH in Polystyren verschiedener Konzentration.

Wir haben die Abhängigkeit der Übergangsintensität von der durch die Drehung der Sondenspule entstehenden Änderung der in der Richtung $\vec{H}_0$ liegende Komponente des Feldes $\vec{H}_1$ gemessen. Es wurde bestätigt, daß die Intensität proportional dem Quadrat dieser Komponente ist.

Weiter haben wir gemessen die Abhängigkeit der Übergangsintensität von der Leistung des HF-Feldes $H_2 \cdot \cos \omega_2 t$. Diese Versuche wurden wieder am DPPH-Pulver durchgeführt. Die Abhängigkeit ist in Grenzen der Beobachtungsfehler linear und ist in guter Übereinstimmung mit der nach Gl. (3) theoretisch abgeleiteten Abhängigkeit des Ausdruckes χ'' von H_2^2.

Für die Beobachtung des Emissionssignals bei 2500 MHz wurde noch ein Experiment mit einem koaxialen Hohlraumresonator, der gleichzeitig auf 8500 MHz und 2500 MHz arbeitete, durchgeführt. Es ist nicht gelungen, diese Signale zu beobachten. Erst später abgeleitete Gleichung für χ'' (Gl. 3) hat gezeigt, daß die auf dieser Frequenz emittierte Leistung, bei gleichem H_2^2, um etwa

---

1) Die Ableitung ist mühsam und wird an anderer Stelle veröffentlicht werden.

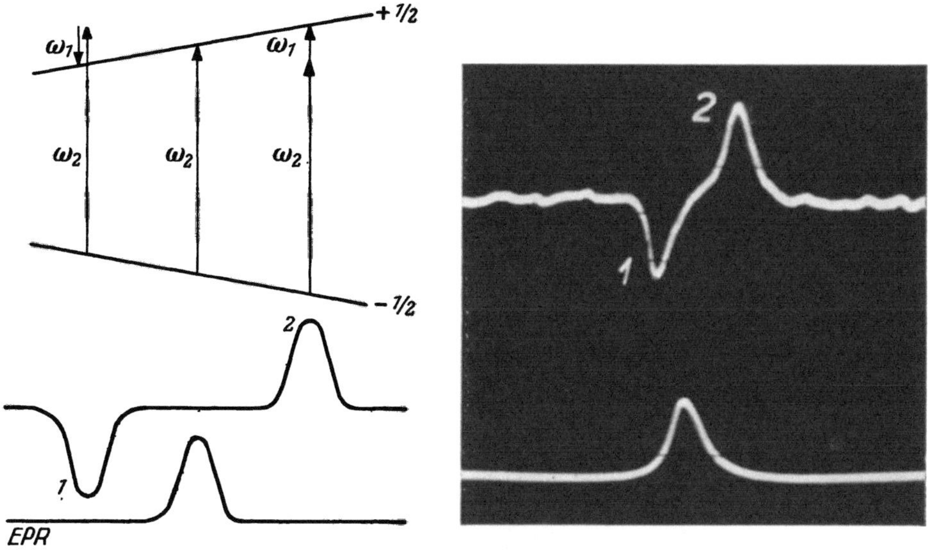

Abb. 1. Die Doppelquanten-Übergänge
$\omega_1 = 13$ MHz, $\omega_2 = 8500$ MHz
1 Emissionssignal, 2 Absorptionssignal

zwei Größenordnungen kleiner ist, als die auf der Frequenz 13 MHz. Infolge des niedrigen Q_0 des koaxialen Hohlraumresonators und damit des kleineren H_2^2, (in beiden Fällen stand nur ein Klystron mit maximaler Leistung 900 mW zur Verfügung), kann man bei unserem einfachen Spektrometer noch wesentlich schlechtere Beobachtungsbedingungen erwarten.

Aus den Abhängigkeiten des χ'' von der Relaxationszeit T_1, von der Frequenz ω_1 und vom HF-Feld H_2 ,die für eine Reihe der Werte dieser Parameter ausgerechnet wurden, folgt, daß die emittierte Leistung mit abnehmender Temperatur und mit der Vergrößerung der Relaxationszeiten ansteigt. Die Abhängigkeit von ω_1 und H_2 ist mehr kompliziert und es gibt Gebiete (mit verschiedenen T_1), in welchen die emittierte Leistung mit wachsenden ω_1 und H_2 ansteigt, bzw. abnimmt. Zur Realisierung des MASERs dieses Typs ist es notwendig noch weiteres Studium der Doppelquantenübergänge bei verschiedenen experimentellen Bedingungen durchzuführen.

Zum Schluß danken wir besonders Herrn Dr. L. Trlifaj für die Lösung der Blochschen Gleichungen für Doppelquantenübergänge.

Literatur

[1] Javan, A., Journ. d. Phys. et le Rad. 19, 806 (1958).
[2] Burget, J., Odehnal, M., Petříček, V. u. Šácha, J., in diesem Band, S. 190.
[3] Winter, J. M., Journ. de Phys. et le Rad. 19, 802 (1958).

Institut für Kernforschung der Tschechoslowakischen Akademie der Wissenschaften, Prag, ČSR

Doppelresonanzversuche am $[(SO_3)_2NO]^{--}$-Ion und Verwirklichung des MASER-Prinzips im Gebiet der m-Wellen

von B. Elschner, Jena

Das $(SO_3)_2NO$-Anion liegt in wäßrigen Lösungen als freies Radikal mit einem ungepaarten Elektron vor. Infolge Wechselwirkung des Elektronenspins mit einem Kernspin des N^{14}-Kernes spalten die Energie-Niveaus im schwachen Magnetfeld in 6 Terme (1…6) auf. Es wird zunächst ein Hfs-Übergang ($4 \rightarrow 3$) bei 15 MHz in Absorption beobachtet. Strahlt man dabei gleichzeitig den Übergang ($5 \longleftrightarrow 3$) bei 50 MHz stark ein, so erscheint der ($4 \leftarrow 3$)-Übergang in Emission. Der Übergang von Absorption zu Emission und die dabei auftretenden Aufspaltungen werden an Hand der Theorie für den 3-Niveaus-MASER von A. Javan (Phys. Rev. **107**, 1579 (1957)) diskutiert. Diese Theorie wird dabei zum ersten Mal experimentell bestätigt.

Die Arbeit wird in der Z. f. Naturforschung ausführlich veröffentlicht.

Physikalisches Institut der Friedrich-Schiller-Universität Jena
(Direktor: Prof. Dr. W. Schütz)

Zur Theorie des OVERHAUSER-Effektes

von K.-H. RÄDLER, Leipzig

Zusammenfassung: Die Grundgedanken für eine theoretische Behandlung des OVERHAUSER-Effektes in Nichtmetallen und gewisser verwandter Effekte werden dargelegt. Als Beispiel dient der OVERHAUSER-Effekt bei skalarer Kern-Elektron-Kopplung.

Einführung

Es wird eine Probe einer nichtmetallischen Substanz betrachtet. Diese Substanz weise sowohl Kern- als auch Elektronenparamagnetismus auf, und letzterer werde mindestens teilweise durch die magnetischen Eigenmomente von Elektronen verursacht. Ferner bestehe zwischen den magnetischen Eigenmomenten der interessierenden Kerne und denen jener Elektronen eine Wechselwirkung, etwa eine skalare Kopplung oder eine Dipol-Dipol-Kopplung. Die Probe sei einem magnetischen Gleichfeld und überdies zwei magnetischen Wechselfeldern unterschiedlicher Frequenz ausgesetzt. Ein Wechselfeld ist zur Beobachtung der Kernresonanz, das andere zur Anregung der Elektronenresonanz gedacht. Im übrigen werden die äußeren Bedingungen als zeitlich konstant vorausgesetzt.

In den zu besprechenden Rechnungen treten nur die Kerne der interessierenden Sorte und die dank ihres magnetischen Eigenmomentes paramagnetisch wirksamen Elektronen als einzelne Teilchen auf. Das Vorhandensein weiterer Kerne und weiterer Elektronen geht in der Weise ein, daß von gewissen Vorstellungen über ihre Wirkung als Gesamtheit Gebrauch gemacht wird. Beispielsweise wird ein von ihnen erzeugtes, räumlich und zeitlich statistisch schwankendes Magnetfeld eingeführt. Von einer gewissen Stelle der in Rede stehenden Rechnungen an erscheint es sogar zweckmäßig, die Menge der Kerne und Elektronen, die als Einzelteilchen betrachtet werden, auf einen Kern und ein Elektron zu beschränken. In der Probe hat man sich dann viele solche Zweiteilchensysteme zu denken.

Verlauf der Rechnungen unter vereinfachenden Voraussetzungen

Es ist ohne weiteres möglich, den HAMILTON-Operator der Probe als Summe

$$\mathbf{H} = \mathbf{H}_1 + \mathbf{H}_2 + \mathbf{H}_3 + \mathbf{H}_4 \tag{1}$$

anzugeben, bei der $\mathbf{H}_1$ so beschaffen ist, daß darin die magnetischen Eigenmomente der als Einzelteilchen eingeführten Kerne und Elektronen nicht vorkommen, während $\mathbf{H}_2$, $\mathbf{H}_3$ und $\mathbf{H}_4$ in dieser Reihenfolge die Wechselwirkungen dieser Eigenmomente mit dem äußeren magnetischen Gleichfeld, mit der Summe aller Magnetfelder, die ihre Ursache innerhalb der Probe haben, und mit den beiden äußeren magnetischen Wechselfeldern beschreiben. Offenbar vertritt $\mathbf{H}_1$ wesentlich größere Energien als $\mathbf{H}_2$. Ferner sollen $\mathbf{H}_3$ und $\mathbf{H}_4$ selbst gegenüber $\mathbf{H}_2$ nur kleine Störungen sein und überdies im zeitlichen Mittel verschwinden. Diese Forderung schließt zunächst alle Substanzen aus der Betrachtung aus, bei denen man am Orte eines als Einzelteilchen betrachteten Kernes oder Elektrons außer dem von außen angelegten magnetischen Gleichfeld noch einen weiteren zeitlich konstanten Magnetfeldanteil annehmen muß. Es ist insbesondere auch die Abwesenheit von Spin-Bahn-Kopplungen der Elektronen notwendig, sofern diese nicht infolge des PASCHEN-BACK-Effektes ohnehin weitgehend verschwinden. Außerdem liefert diese Forderung eine gewisse Einschränkung für die Amplituden der magnetischen Wechselfelder.

Man gelangt zu einem zweckmäßigen thermodynamischen Bild von der Probe, wenn man die mit $\mathbf{H}_1$ beschriebene Energie einem ersten Wärmebehälter und die mit $\mathbf{H}_2$ beschriebene einem zweiten zuordnet. $\mathbf{H}_3$ entspricht dann einem Energieaustausch zwischen diesen beiden Wärmebehältern, $\mathbf{H}_4$ einem solchen zwischen dem zweiten Wärmebehälter und der Umgebung der Probe. Es liegt im Sinne der bisher getroffenen Feststellungen, den ersten Wärmebehälter hinsichtlich des zweiten als ein sehr großes Wärmebad anzusehen, das immer im thermodynamischen Gleichgewicht bleibt. Das Auftreten von Größen, die mit speziellen Eigenschaften von $\mathbf{H}_1$ zusammenhängen, kann auf diese Weise im folgenden unterdrückt werden.

Für die Besetzungswahrscheinlichkeiten p_n der Eigenzustände von x_2 läßt sich

$$\left.\begin{aligned} \dot{p}_n &= -\sum (p_n a_{nm} - p_m a_{mn})\,, \\ a_{nm} &= w_{nm} \exp (E_n/kT) + v_{nm} \end{aligned}\right\} \tag{2}$$

ableiten. Die w_{nm} sind dabei die mit $\mathbf{H}_3$ verknüpften Übergangswahrscheinlichkeiten bezüglich der Eigenzustände von $\mathbf{H}_2$, und entsprechendes gilt für die v_{nm} und $\mathbf{H}_4$. Alle diese Übergangswahrscheinlichkeiten sind nach der Theorie der zeitabhängigen Störungen zu berechnen und ergeben sich natürlich unabhängig von der Richtung der Übergänge. Die E_n sind die Energieeigenwerte von $\mathbf{H}_2$, k ist die BOLTZMANN-Konstante und T die absolute Temperatur der Probe.

Besonders einfach gestalten sich die Verhältnisse, wenn man, wie angekündigt, nur einen Kern und ein Elektron als Einzelteilchen in der Rechnung behält und außerdem den Kernspin 1/2 voraussetzt. Dann gibt es nämlich nur vier Eigenzustände von $\mathbf{H}_2$. Das Interesse ist hier auf die in Richtung des äußeren magnetischen Gleichfeldes liegenden Komponenten von Kern- und Elektronenspin zu richten, nach denen sich diese Zustände unterscheiden lassen. Diese Komponenten haben — in Einheiten des mit 2π dividierten Wirkungsquantums gemessen — in jedem Fall den Betrag 1/2, und die für Kern- und Elektronenspin in dieser Reihenfolge aufgeschriebenen Vorzeichen werden zur Benennung der Zustände verwendet. Von den Größen

$$\left.\begin{aligned} I &= \frac{1}{2}(p_{++} + p_{+-} - p_{-+} - p_{--})\,, \\ S &= \frac{1}{2}(p_{++} - p_{+-} + p_{-+} - p_{--})\,, \\ X &= \frac{1}{2}(p_{++} - p_{+-} - p_{-+} + p_{--}) \end{aligned}\right\} \tag{3}$$

erkennt man die ersten beiden als die Mittelwerte jener Komponenten der Kern- und Elektronenspins im Probenvolumen, welche im folgenden kurz Kern- und Elektronenpolarisationen genannt werden. Zur Einführung der letzten zwingen mathematische Gründe.

Das äußere Gleichfeld sei nicht zu groß, die Temperatur nicht zu niedrig, so daß immer $E_{++}, E_{+-}, \ldots \ll kT$ gilt. Dann lassen sich die vier Gleichungen (2), die hier in Frage kommen, näherungsweise durch das Gleichungssystem

$$\left.\begin{aligned} \dot I &= -W_{II}(I-I_0) - W_{IS}(S-S_0) - W_{IX}(X-X_0) - V_{II}\,I \\ &\quad - V_{IS}S - V_{IX}X, \\ \dot S &= -W_{SI}(I-I_0) - W_{SS}(S-S_0) - W_{SX}(X-X_0) - V_{SI}\,I \\ &\quad - V_{SS}\,S - V_{SX}\,X, \\ \dot X &= -W_{XI}(I-I_0) - W_{XS}(S-S_0) - W_{XX}(X-X_0) - V_{XI}\,I \\ &\quad - V_{XS}\,S - V_{XX}\,X \end{aligned}\right\} \qquad (4)$$

ersetzen. Die Indizes 0 weisen auf das thermodynamische Gleichgewicht hin. Die Koeffizienten W_{IS}, W_{II}, ... ergeben sich nach einem einfachen Schema als Summen und Differenzen der $w_{++,+-}, w_{++,-+}, \ldots$, und die Koeffizienten V_{II}, V_{IS}, ... gehen in gleicher Weise aus den $v_{++,+-}$, $v_{++,-+}$, ... hervor. Dabei ist ganz allgemein $W_{IS} = W_{SI}$, $W_{IX} = W_{XI}, \ldots$, $V_{IS} = V_{SI}$, $V_{IX} = V_{XI}, \ldots$. Bei skalarer Kopplung wie auch bei Dipol-Dipol-Kopplung gilt darüber hinaus sogar $W_{IX} = W_{SX} = V_{IS} = V_{IX} = V_{SX} = 0$. Die ersten beiden Gleichungen, aus denen in diesen Fällen die Rechengröße X verschwindet, beschreiben dann in übersichtlicher Weise das Verhalten der Polarisationen I und S. Hingegen verliert die dritte Gleichung als Aussage über die Rechengröße X allein alles Interesse.

Beispiel

Es soll ein Ergebnis für den Fall skalarer Kopplung bei stationärer Anregung der Elektronenresonanz mitgeteilt werden. In der Abbildung sind das Termschema und die erlaubten Übergänge skizziert. Unter den Übergangswahrscheinlichkeiten $w_{++,+-}, \ldots, v_{++,+-}, \ldots$ gibt es nur fünf, die im allgemeinen voneinander und von Null verschieden sind, und diese werden mit w_I, w_{IS}, w_S, v_I und v_S bezeichnet. Relaxationsprozesse, an denen Kern- und Elektronenspins gleichzeitig beteiligt sind, erscheinen nur infolge der skalaren Kopplung und werden hier durch w_{IS} vertreten. Bildet man nun die Koeffizienten $W_{II}, \ldots, V_{II}, \ldots$ aus diesen Übergangswahrscheinlichkeiten und löst die ersten beiden Gleichungen (4) unter Beachtung von $\dot I = \dot S = 0$, so folgt

$$\left.\begin{aligned} &I = s'(I_0 - s\,f\,S_0), \\ s' &= \frac{1}{1+v_I/a}, \quad a = \frac{1}{2}\left(2\,w_I + w_{IS} - \frac{w_{SI}^2}{2\,w_S + w_{IS} + 2\,v_S}\right), \\ s &= \frac{v_S/b}{1+v_S/b}, \quad b = w_S + \frac{w_I\,w_{IS}}{2\,w_I + w_{IS}}, \\ &f = \frac{w_{IS}}{2\,w_I + w_{IS}}. \end{aligned}\right\} \qquad (5)$$

Offenbar ist $s' \sim 1$, wenn das zur Beobachtung der Kernresonanz dienende magnetische Wechselfeld in seiner Amplitude hinreichend klein gehalten wird. s stellt den bekannten Sättigungsfaktor für die Elektronenresonanz dar, der mit steigender Anregung der Elektronenresonanz von 0 auf 1 wächst. Der Faktor f hängt nur von den Eigenschaften der Probe selbst ab und liegt, wenn die skalare Kopplung den vorwiegenden Relaxationsmechanismus für die Kerne darstellt,

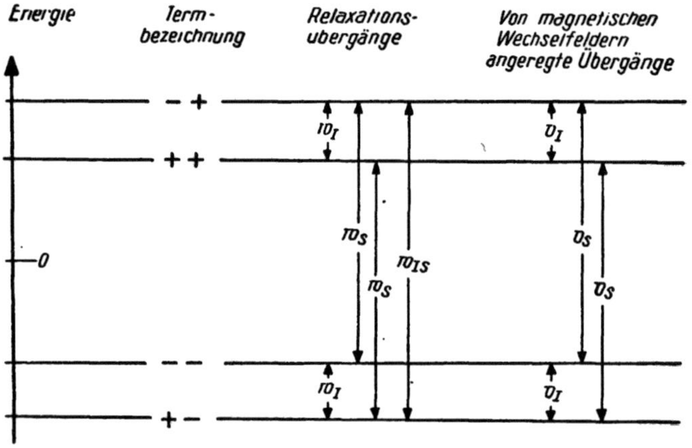

Abb. 1. Termschema von H_2 und erlaubte Übergänge. Die Abbildung ist nur qualitativ richtig.

nur wenig unter 1. Falls die Kerne etwa Protonen sind, ist $I_0 > 0$, während stets $S_0 < 0$ gilt, und es besteht ferner der Zusammenhang $|I_0/S_0| \sim 1/658$. Indem man dies bedenkt, erkennt man in (5) eine Beschreibung des Overhauser-Effektes.

Es sei bemerkt, daß sich die Übergangswahrscheinlichkeiten w_I, w_{IS} und w_S unter der Voraussetzung w_I, $w_{IS} \ll w_S$ leicht mit longitudinalen Relaxationszeiten in Zusammenhang bringen lassen. Wird außerdem von den Ausdrücken für v_I und v_S Gebrauch gemacht, die die Theorie der zeitabhängigen Störungen liefert, so ergeben sich zwanglos die wohlbekannten Beziehungen

$$\left.\begin{aligned} s' &\sim \frac{1}{1+\frac{1}{2}\gamma_I^2 H_I^2 T_{I1}\, g_I(\nu)}, \\ s &\sim \frac{\frac{1}{2}\gamma_S^2 H_S^2 T_{S1}\, g_S(\nu)}{1+\frac{1}{2}\gamma_S^2 H_S^2 T_{S1}\, g_S(\nu)}, \\ f &\sim 1-\frac{T_{I1}}{T'_{I1}} = \frac{T_{I1}}{T''_{I1}}. \end{aligned}\right\} \qquad (6)$$

T'_{I1} ist dabei eine longitudinale Kernrelaxationszeit, die sich bei Abwesenheit der skalaren Kopplung ergeben würde, T''_{I1} dagegen eine solche für die skalare Kopplung allein.

Verallgemeinernde Bemerkungen

Wie gesagt, dient die skalare Kopplung hier nur als ein einfaches Beispiel für die Brauchbarkeit der angegebenen Beziehungen. In gleicher Weise bekommt man die bekannten Ergebnisse für den Fall der Dipol-Dipol-Kopplung.

Wenn nicht für jedes der einzeln betrachteten Teilchen angenommen werden kann, daß das endliche Zeitmittel der einwirkenden Magnetfelder nur vom äußeren magnetischen Gleichfeld herrührt, wenn jedoch die anderen Beiträge zu diesem Zeitmittel relativ klein sind, lassen sich die Rechnungen ähnlich führen. Es sind dann allerdings die Definitionen von $\mathbf{H}_2, \mathbf{H}_3, I, S$ und X etwas abzuändern, und es müssen leider alle drei Gleichungen (5) berücksichtigt werden. Neben gewissen Varianten des Overhauser-Effektes lassen sich auf diese Weise auch solche Kernpolarisationseffekte behandeln, bei denen „verbotene" Übergänge gesättigt werden.

Selbstverständlich dürfen überall in diesen Überlegungen die paramagnetisch wirksamen Elektronen durch Kerne einer zweiten Sorte ersetzt werden, sofern diese ein magnetisches Moment aufweisen. Allerdings ist durchweg, auch in den obengenannten Fällen, die Beschränkung auf den Kernspin 1/2 notwendig, um in der angegebenen Weise vorgehen zu können.

Die besprochenen Rechnungen besitzen wesentliche Vorbilder in Arbeiten von Abragam [1] und Solomon [2]. Sie sind unter dem Einfluß der fördernden Kritik von Herrn Prof. Dr. A. Lösche durchgeführt worden, dem hiermit herzlich gedankt sei.

Literatur

[1] Abragam, A., Phys. Rev. **98**, 1729 — 1735 (1955).
[2] Solomon, I., Phys. Rev. **99**, 559 — 565 (1955).

Physikalisches Institut der Karl-Marx-Universität Leipzig

Der Einfluß einer Magnetfeldmodulation auf die Kernpolarisation beim Overhauser-Effekt

von L. Zülicke, K.-H. Rädler und G. Lassmann, Leipzig

Zusammenfassung: Die erreichbare Kernsignalvergrößerung beim Overhauser-Effekt hängt im Falle nichtstationärer Anregung der Elektronenresonanz vom zeitlichen Mittelwert der Elektronenpolarisation ab. Die theoretischen Grundlagen des Einflusses einer Magnetfeldmodulation werden dargelegt, und es wird über bestätigende Untersuchungen berichtet.

A. Vorbemerkung

Die folgenden Ausführungen befassen sich mit einigen Problemen, die sich bei der experimentellen Untersuchung des Overhauser-Effektes ergeben.

Es liege eine Probe einer Substanz vor, an der der gewöhnliche oder der „umgekehrte" Overhauser-Effekt beobachtet werden kann — sie befinde sich in einem Magnetfeld. Erzeugt man durch Einstrahlung eines hochfrequenten magnetischen Wechselfeldes bestimmter Frequenz eine vom Gleichgewichtswert S° abweichende Elektronenpolarisation S (wir wollen für diesen Sachverhalt im folgenden kurz den Ausdruck „Sättigung" verwenden), dann stellt sich eine Kernpolarisation I ein, die durch die stationäre Lösung der Gleichung

$$\dot{I} = -\frac{1}{T_{I_1}}\{(I - I^0) - f\varrho\,(S - S^0)\} \tag{1}$$

gegeben ist:

$$I = I^0 + f\varrho\,(S - S^0)\,. \tag{2}$$

Hier verstehen wir unter Kernpolarisation (Elektronenpolarisation) den Erwartungswert für die in Magnetfeldrichtung liegende Komponente eines beliebigen der betrachteten Kernspins (Elektronenspins). T_{I_1} ist die longitudinale Kernrelaxationszeit, f gibt den Anteil wieder, den die Wechselwirkung mit den Elektronen an der gesamten Kernspin-Gitter-Wechselwirkung ausmacht. ϱ ist ein Faktor, der im Falle des gewöhnlichen Overhauser-Effektes den Wert $+1$, im Falle des „umgekehrten" Overhauser-Effektes den Wert $-1/2$ annimmt.

Zum Nachweis der Kernpolarisation bedient man sich im allgemeinen einer Magnetfeldmodulation. Damit ergeben sich für die Anregung der Elektronenresonanz und für die Kernpolarisation nicht mehr stationäre Verhältnisse. Wir wollen untersuchen, wie sich dieser Umstand auf Größe und Erscheinungsform des zu beobachteten Overhauser-Effektes auswirkt.

B. Theoretische Überlegungen

I. Anschauliche Übersicht

Wir betrachten eine sinusförmige Magnetfeldmodulation, dann wird der zeitliche Verlauf der Feldstärke durch die Gleichung

$$H = H_0 + H_m \cos \Omega t \tag{3}$$

beschrieben. Die Anregung der Elektronenresonanz erfolge mit einer Kreisfrequenz ω_s, so daß das Resonanzmaximum bei einer Feldstärke $H_0 + H_{sr} = \frac{\omega_s}{|\gamma_s|}$ erreicht wird, dabei möge $|H_{sr}| < H_m$ gelten.

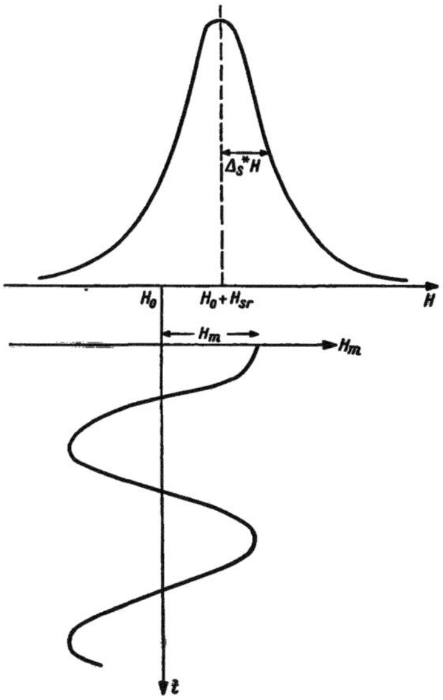

Abb. 1

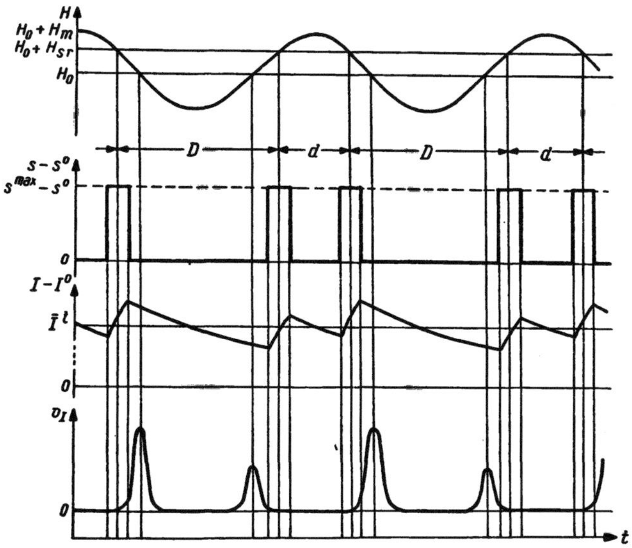

Abb. 2

Unter $\Delta_s^* H$ wollen wir die (eventuell durch Feldinhomogenitäten mitbestimmte) halbe Halbwertsbreite (Linienbreite) des Elektronensignals verstehen. Alle diese Größen sind auf Abb. 1 eingezeichnet.

Je nach den Größenverhältnissen der genannten Parameter untereinander lassen sich einige besondere Fälle unterscheiden.

1. $|H_{sr}| + H_m \ll \Delta_s^* H$, d. h. die Modulation bewegt sich ständig nahezu im Resonanzmaximum. Dann ergibt sich annähernd das gleiche Resultat wie im stationären Fall (2).
2. $|H_{sr}| + H_m \gtrapprox \Delta_s^* H$, d. h. die Modulation überstreicht einen größeren Feldbereich, in dem die Resonanzstelle liegt.
   Dann erfolgt bei nicht zu hohen Modulationsfrequenzen eine stoßweise, intermittierende Anregung der Elektronenresonanz. Es ist bereits anschaulich klar, welche Folgen dieser Sachverhalt haben wird:

a) Die Kernpolarisation wird im gleichen Rhythmus verändert und um einen gewissen Mittelwert $\overline{I}^t$ schwanken. Die Amplitude dieser Schwankungen hängt von der longitudinalen Kernrelaxationszeit ab, die den zeitlichen Auf- und Abbau der Kernpolarisation beschreibt. Die Abweichungen vom Mittelwert sind groß, wenn

$$T_{I1} \lesssim T_m = \frac{2\pi}{\Omega}$$

ist, und sie werden vernachlässigbar für

$$T_{I1} \gg T_m \,.$$

Im ersten Falle wird also das empfangene Kernsignal, das der Kernpolarisation proportional ist, verschieden groß sein je nach dem Zeitpunkt, an dem es beobachtet wird (s. Abb. 2).

b) Der Mittelwert der Kernpolarisation $\overline{I}^t$ ist kleiner als die Kernpolarisation, die sich im stationären Fall nach Gleichung (2) bei gleicher Elektronenresonanz-Sättigungsfeldstärke ergibt.

Die eben besprochenen Verhältnisse sind auf Abb. 2 qualitativ dargestellt. Daß die Größe $(S - S^0)$ hier in Kastenform gezeichnet ist, bedeutet keine prinzipielle Einschränkung. Die Darstellung wurde deshalb gewählt, weil sich für diesen Fall der zeitliche Verlauf der Kernpolarisation leicht angeben läßt (s. Abschn. B III). Man sieht, daß für $H_{sr} = 0$, das bedeutet auf Abb. 2 äquidistante Elektronensignale, die Kernsignale aus Symmetriegründen gleich groß werden und in 1. Näherung dem zeitlichen Mittelwert $\overline{I}^t$ der Kernpolarisation entsprechen. (Hierbei ist vorausgesetzt, daß die Anregung der Kernresonanz genau mit der Resonanzfrequenz $\omega_I = \gamma_I H_0$ erfolgt, d. h. die Kernsignale erscheinen in zeitlich äquidistanter Reihenfolge.)

II. Berechnung des Zeitmittels der Kernpolarisation

Zur Berechnung des zeitlichen Mittelwertes $\overline{I}^t$ der Kernpolarisation gehen wir von Gleichung (1) aus. Integriert man beide Seiten zeitlich über eine Modulationsperiode und dividiert durch die Periodendauer, dann ergibt sich eine Beziehung für das Zeitmittel der Kernpolarisation:

$$\overline{I}^t = I^0 + f\varrho\,\overline{(S - S^0)}^t \,. \tag{4}$$

Modulationsfrequenz und -amplitude seien so gewählt, daß sie eine hinreichend geringe Feldänderungsgeschwindigkeit ergeben, um die Elektronenresonanz unter den Bedingungen langsamen Durchgangs anzuregen. Dann berechnet sich der zeitliche Mittelwert der Größe $(S - S^0)$ nach

$$\overline{(S - S^0)}^t = \frac{2}{T_m} \int\limits_0^{T_m/2} (S_{(t)} - S^0)\, dt \,. \tag{5}$$

Unter der Annahme einer Lorentzkurve für die Frequenz- bzw. Feldabhängigkeit von $(S - S^\circ)$ ergibt sich nach einer einfachen Substitution in (5)

$$\overline{(S - S^0)}^t = k \cdot (S^{\max} - S^0) \,. \tag{6}$$

Hier ist $S^{\max}$ die Elektronenpolarisation, die sich im Resonanzfall $H = H_0 + H_{sr}$ unter der Wirkung der eingestellten Sättigungseinstrahlung ergibt. Der Faktor k hängt von der Linienbreite des Elektronensignals $\Delta_s^* H$ und den Modulationsparametern ab:

$$k = \frac{\Delta_s^* H}{H_m} \frac{1}{\sqrt{1-\left(\frac{H_{sr}}{H_m}\right)^2}} \cdot \varphi\left(\frac{\Delta_s^* H}{H_m}, \frac{H_{sr}}{H_m}\right) \leqq 1 \,. \tag{7}$$

φ ist eine komplizierte Funktion der Größen $\frac{\Delta_s^* H}{H_m}$ und $\frac{H_{sr}}{H_m}$, wir wollen hier darauf verzichten, sie explizit aufzuschreiben. Für $\frac{\Delta_s^* H}{H_m} \ll 1$ und $\frac{H_{sr}}{H_m}$ nicht nahe bei 1 (d. h. die Modulationsbreite ist groß gegen die Linienbreite, und die Resonanzstelle liegt nicht nahe am Rande des Modulaionsbereiches) ist $\varphi \approx 1$, mit wachsendem $\frac{\Delta_s^* H}{H_m}$ und $\frac{H_{sr}}{H_m}$ sinkt φ monoton gegen Null. Ist $\frac{\Delta_s^* H}{H_m} \gg 1$, dann geht der Faktor k gegen 1, und wir haben eine annähernd zeitlich konstante Kernpolarisation.

Eine einfache geometrische Überlegung anhand von Abb. 2 (1. und 2. Zeile) zeigt, daß man die Bestimmung des Feldstärkeverhältnisses $\frac{H_{sr}}{H_m}$ auf die Ausmessung eines Längenverhältnisses zurückführen kann, wenn man die Elektronensignale auf dem Schirm eines Oszillographen mit zeitproportionaler Horizontalablenkung sichtbar macht; es ist dann

$$\frac{H_{sr}}{H_m} = \sin\left(\frac{\pi}{2} \frac{D-d}{D+d}\right). \tag{8}$$

Will man also insbesondere die Abhängigkeit der mittleren Kernpolarisation $\overline{I}^t$ von der Größe $\frac{H_{sr}}{H_m}$ untersuchen, so ist diese Abhängigkeit unter Beachtung von (7) durch folgende Beziehung gegeben

$$\overline{I}^t = I^0 + f\varrho \cdot \frac{\Delta_s^* H}{H_m} \cdot \frac{1}{\cos\left(\frac{\pi}{2} \frac{D-d}{D+d}\right)} \cdot (S^{\max} - S^0), \tag{9}$$

falls die Bedingungen eingehalten werden, unter denen $\varphi = 1$ ist.

III. Berechnung des zeitlichen Verlaufs der Kernpolarisation

Der zeitliche Verlauf der Kernpolarisation läßt sich prinzipiell mit Hilfe der Gleichung (1) berechnen, unter Zugrundelegung einer bestimmten Zeitabhängigkeit der Größe $(S - S^0)$. Diese Rechnung wird verhältnismäßig einfach, wenn man für die Elektronenpolarisation eine Kastenfunktion ansetzt (s. Abb. 2, 2. Zeile). Dann wird die Zeitabhängigkeit der Kernpolarisation durch Exponentialfunktionen beschrieben mit der longitudinalen Kernrelaxationszeit als Zeitkonstante (s. Abb. 2, 3. Zeile).

C. Experimentelle Bestätigung

Da sich die durch eine Magnetfeldmodulation hervorgerufenen Erscheinungen als bedeutungsvoll für quantitative Auswertungen von Messungen des Overhauser-Effektes erwiesen, wurden die Resultate der Rechnungen einer besonderen experimentellen Prüfung unterzogen.

Als Untersuchungssubstanz dienten Lösungen von Natrium in flüssigem Ammoniak im Konzentrationsgebiet um $0{,}1\,\frac{\text{mol Na}}{\text{l Lösung}}$; an ihnen wurde die Polarisation der Protonen des Lösungsmittels NH_3 beobachtet.

Hierfür wurde eine Apparatur für die Messung des Overhauser-Effektes bei Feldstärken um 855 G benutzt.

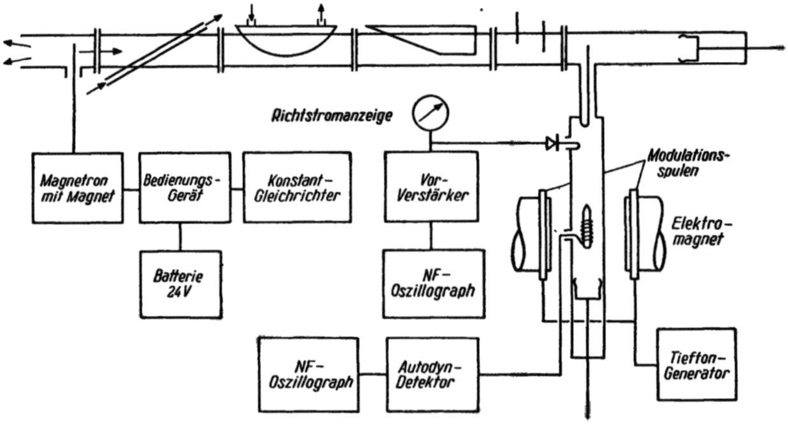

Abb. 3

Abb. 3 zeigt das Blockschaltbild der Anordnung. Die Sättigung der Elektronenresonanz erfolgte mit Hilfe eines 12,5 cm-Dauerstrichmagnetrons, die Probe befand sich in einem Hohlraumresonator zwischen den Polschuhen eines Elektromagneten. Zum Nachweis der Protonenpolarisation bei 3,65 MHz diente ein Autodyndetektor.

Bei einer nach Frequenz und Amplitude festen Sättigungseinstrahlung für die Elektronenresonanz wurden die Parameter H_m und ΔH_s^* konstant gehalten und die Abhängigkeit der mittleren Kernpolarisation $\bar{I}^t$ von der Größe $\frac{H_{sr}}{H_m}$ beobachtet Die dem sich jeweils ergebenden $\bar{I}^t$ entsprechenden Kernsignalamplituden wurden auf die bei $H_{sr} = 0$ (d. h. Äquidistanz der Elektronensignale auf Abb. 2) gemessenen Signalgrößen bezogen. Diese „relative Kernsignalgröße" ist in Abb. 4 über dem Längenverhältnis $\frac{D-d}{D+d}$ aufgetragen.

Die ausgezogene Kurve stellt die Funktion $\frac{1}{\cos\left(\frac{\pi}{2}\frac{D-d}{D+d}\right)}$ dar, die den theoretischen Verlauf der Meßpunkte für $\varphi \approx 1$ und bei einer genügend hohen Kernsignalvergrößerung wiedergibt. Für große Abszissenwerte liegen die Meßwerte deutlich unterhalb dieser Kurve, da sich hier die Abweichung der Funktion φ vom Wert 1 bemerkbar macht.

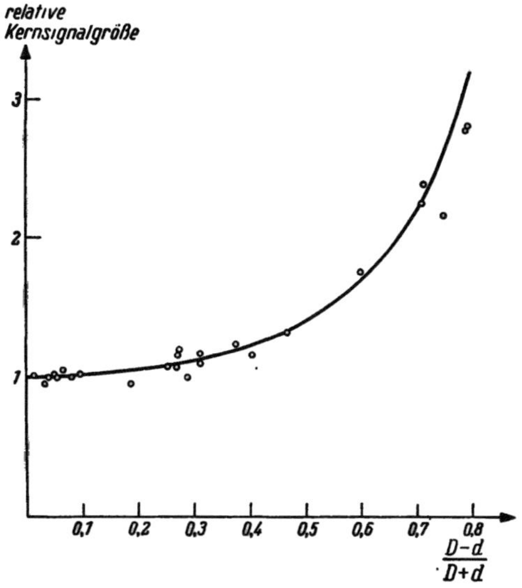

Abb. 4

D. Zusammenfassung

Wir wollen schließlich zusammenfassen, welche praktischen Konsequenzen die Anwendung einer Magnetfeldmodulation auf Grund unserer obigen Betrachtungen für die experimentelle Untersuchung des OVERHAUSER-Effektes hat:

1. Man erhält nur einen durch den Faktor k gegebenen Bruchteil der auf Grund der eingestrahlten Sättigungsfeldstärke im stationären Fall möglichen Kernpolarisationsvergrößerung.
2. Die quantitative Auswertung von Messungen des OVERHAUSER-Effektes wird dadurch erschwert und ungenauer, da sich zwischen der Sättigungsfeldstärke für die Elektronenresonanz und der Kernsignalvergrößerung ein komplizierterer Zusammenhang ergibt, der noch einige Parameter der Modulation enthält.

Die Arbeit, in deren Rahmen die mitgeteilten Ergebnisse erzielt wurden, ist am Leipziger Physikalischen Institut ausgeführt worden unter Anleitung und Betreuung von Herrn Prof. Dr. A. LÖSCHE, dem an dieser Stelle unser Dank gilt.

Physikalisches Institut der Karl-Marx-Universität Leipzig

Beobachtung der dynamischen Kernpolarisation in der wäßrigen Lösung des Kaliumnitrosodisulfonates

von K. Hennig, Leipzig

Das Ziel der Untersuchungen war es, einen Protonengenerator im Erdfeld nach dem MASER-Prinzip zu verwirklichen. An der dafür geeigneten Substanz [1] wurden vorerst Hyperfeinstrukturübergänge gesucht.

In der wäßrigen Lösung des Kaliumnitrosodisulfonates tritt das freie Radikal $[(SO_3)_2NO]^{--}$ auf, das ein nicht abgesättigtes Elektron besitzt. Das Molekülion befindet sich im $^2\Sigma_{1/2}$-Zustand, der im Hinblick auf die interessierende Aufspaltung wie ein $^2S_{1/2}$-Zustand behandelt werden kann, vgl. Abb. 1. Die Hyperfeinstrukturaufspaltung kommt durch Wechselwirkung des Elektronenspins (der Bahndrehimpuls verschwindet) mit dem Kernspin des N^{14}-Atoms ($I = 1$) zustande. Ein schwaches magnetisches Gleichfeld hebt die Entartung der Hyperfeinstrukturterme auf.

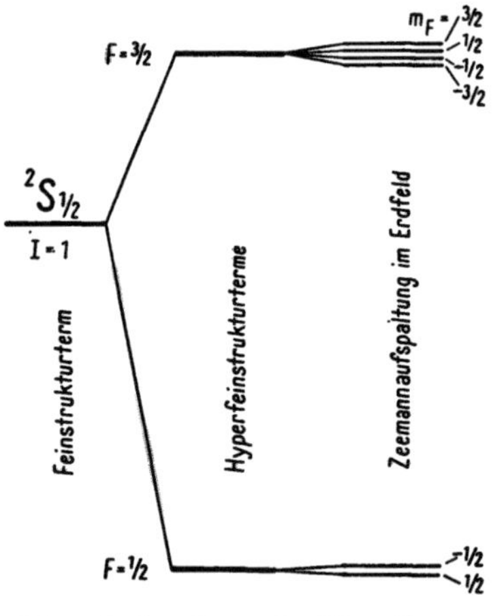

Abb. 1. Aufspaltung des $^2S_{1/2}$-Termes.

Die Berechnung des Abstandes der beiden Hyperfeinstrukturterme, $F = 3/2$ und $F = 1/2$, nach bekannten Beziehungen [2] stößt wegen der Unkenntnis des Mittelwertes des vom Elektron am Ort des Kernes herrührenden magnetischen Feldes auf Schwierigkeiten. Rechnungen mit dem Feld des Li-Leuchtelektrons am Kernort liefern als vorläufigen Anhaltspunkt für den gesuchten Frequenzabstand etwa 100 MHz.

In Abb. 2 sind die möglichen Übergänge zwischen den Zeeman-Niveaus der Hyperfeinstrukturterme eingezeichnet. Trägt man die zu den möglichen Übergängen gehörigen Frequenzen mit Hilfe der Breit-Rabi-Formel [3] in Abhängigkeit vom äußeren Feld auf, so gewinnt man Abb. 3. Durch Modulation des äußeren Feldes, d. h. Änderung der Abstände zwischen den Zeeman-Niveaus, konnten sämtliche von den π-Übergängen verursachten Signale beobachtet und der Frequenzabstand der Hyperfeinstrukturterme bzgl. dem äußeren Feld Null zu 55 MHz gemessen werden. Es wurde mit Modulationsamplituden bis zu 20 Gauß, mit einer Modulationsfrequenz von 50 Hz und einer 1 cm³ fassenden Probe gearbeitet. Konzentrationen des Kaliumnitrosodisulfonates von 0,005 mol/l bis 0,075 mol/

erlaubten die Beobachtung von Signalen, wobei mit steigender Konzentration die Signale breiter wurden.

Aus dem für die weiteren Untersuchungen wichtigen Ergebnis für den Abstand von 55 MHz der beiden Hyperfeinstrukturterme errechnet man das Feld des nichtabgesättigten Elektrons am Ort des N^{14}-Kernes zu $3 \cdot 10^4$ Gauß.

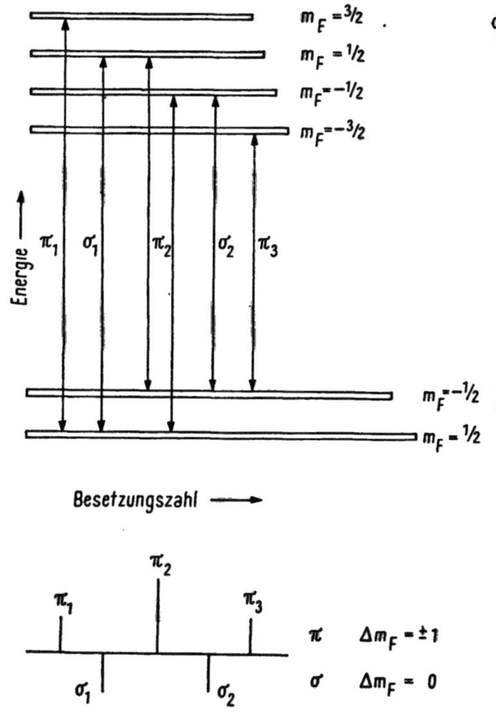

Abb. 2. Magnetische Dipolübergänge zwischen den ZEEMANN-Niveaus.

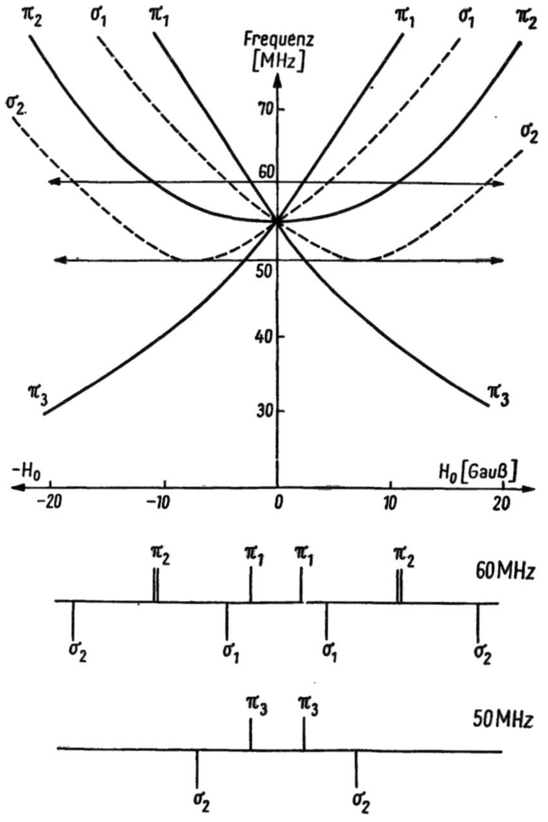

Abb. 3. Bei Feldmodulation auftretende magnetische Dipolübergänge.

Zwischen den Elektronenspins auf den ZEEMAN-Niveaus der Hyperfeinstrukturterme und den Protonen des Wassers besteht eine Wechselwirkung vom Dipol-Dipol-Typ, so daß bei Einstrahlung der Frequenz eines Hyperfeinstrukturüberganges eine stärkere Besetzung der energetisch höheren Kernspinniveaus erfolgt. Aus theoretischen Überlegungen im Zusammenhang mit dem OVERHAUSER-Effekt, bei denen zu berücksichtigen ist, daß es sich um die Anregung eines Hyperfeinstrukturüberganges handelt, folgt für Sättigung im günstigsten Fall eine etwa 3900fache Vergrößerung der Kernpolarisation [4]. Die höheren Energieniveaus der Protonenspins sind stärker als die tieferen besetzt, was die Beobachtung eines Protonenemissionssignals ermöglicht.

Die in [1] veröffentlichten Ergebnisse konnten bestätigt werden. Weiterhin wurde die Amplitude des Protonensignals in Abhängigkeit von der Frequenz, die die Hyperfeinstrukturübergänge anregt, aufgetragen und Abb. 4 gewonnen. Der Sattel in der Kurve bei 55,7 MHz kann durch den π_1-Übergang erklärt werden,

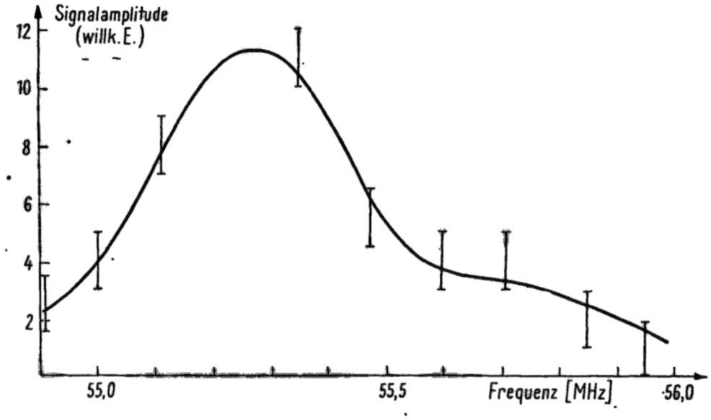

Abb. 4

das Maximum bei 55,3 MHz durch die beiden π_2-Übergänge. Der π_3-Übergang müßte ebenfalls einen Sattel bei niedrigeren Frequenzen als der des Maximums verursachen. Er konnte aber nicht nachgewiesen werden. Höhere Feldstärken verwandten Rocard u. a. [5]. Sie nutzten π_1-, σ_1- und π_2-Übergänge zur Erzeugung negativer Kernpolarisationen aus.

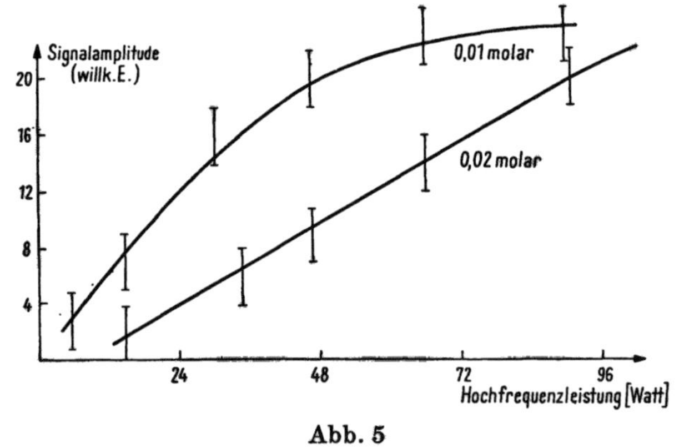

Abb. 5

Außerdem war es möglich, die Vergrößerung der Kernpolarisation in Abhängigkeit von der den π_2-Übergang anregenden Hochfrequenzleistung und für zwei verschiedene Konzentrationen aufzuzeichnen, vgl. Abb. 5. Bei einer 0,01 molaren Lösung des Kaliumnitrosodisulfonates reichten 100 Watt, um den π_2-Übergang zu sättigen. Eine Lösung doppelter Konzentration zeigte über den verfügbaren Leistungsbereich durchaus einen linearen Anstieg, was auf eine höhere zur Sättigung nötige Hochfrequenzleistung schließen läßt. Die Kernpolarisation wird bei

Abb. 7

höherer Leistung auch größer sein. Die ausgemessenen Signale wurden aus einer 300 cm³ großen Probe empfangen. Die Modulationsfrequenz betrug 5 Hz, die Modulationsamplitude 2 mG und die Linienbreite der Signale 0,1 mG.

Die durch Sättigung des π_2-Überganges in einer 0,01 molaren wäßrigen Lösung des Kaliumnitrosodisulfonates erzeugte negative dynamische Kernpolarisation reichte aus, einen Protonengenerator im Erdfeld nach dem MASER-Prinzip zu realisieren. Allerdings machte sich eine elektronische Entdämpfung des Empfangskreises notwendig. Als Maß für die Güte des Eingangskreises diente die Rauschspannung desselben, vgl. Abb. 6. Für Güten größer 5000 wurden im Erdfeld MASER-Signale beobachtet (Abb. 7). Das Probevolumen betrug 300 cm³, und das Erdfeld wurde mit einer Amplitude von 10 mG und einer Frequenz von 2 Hz moduliert.

Eine experimentelle und umfangreichere theoretische Behandlung erfolgte in [6].

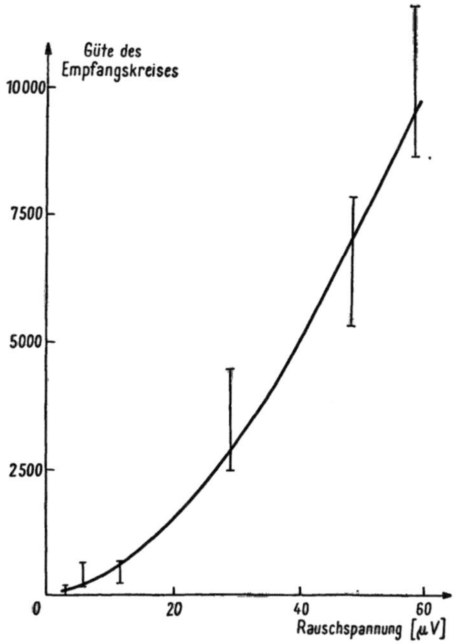

Abb. 6

Für die Aufgabenstellung und das fördernde Interesse bin ich Herrn Prof. Dr. A. Lösche zu großem Dank verpflichtet.

Literatur

[1] Abragam, A., Combrisson, J. et Solomon, I., C. R. **245**, 157—160 (1957).
[2] Kopfermann, H., Kernmomente, Akad. Verlagsgesellschaft, Frankfurt/Main 1956.
[3] Breit, G. a. Rabi, I. J., Phys. Rev. **38**, 2082—2083 (1931).
[4] Solomon, I., Jour. Phys. Rad. **19**, 845—849 (1958).
[5] Rocard, I.-M., Roux, D., Erbeia, A. et Béné, G., Arch. Sc. **11**, 7e Coll. Ampere (1958).
[6] Hennig, K., Dipolmarbeit, Leipzig 1960.

Über die durch elektrische Felder induzierten trans-gauche Übergänge

von A. Piekara, Poznań

Die Moleküle von Dihalogenderivaten des Äthans zeigen eine Rotationsisomerie, die auf die verhinderte Rotation um die C–C Bindung mit einigen Potentialminima zurückzuführen ist. Bei Molekülen von 1,2-Dihalogenäthan

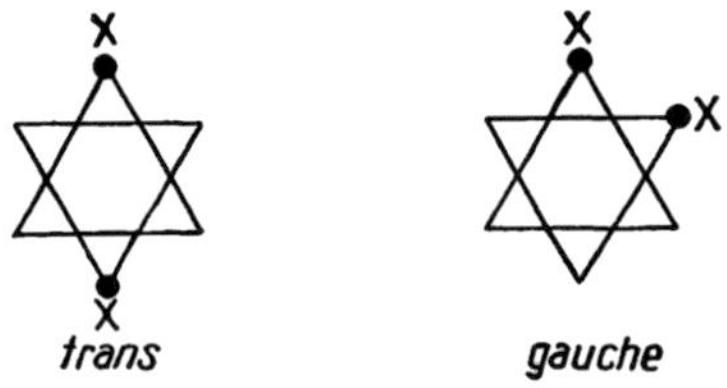

Abb. 1. Die beiden Konformationen von CH_2X–CH_2X

gibt es zwei Stellungen der beiden C–X Momente (X — das Halogenatom, Abb. 1), nämlich *trans* und *gauche*, die sich durch eine gewisse Stabilität auszeichnen; das heißt, daß in diesen Stellungen das Molekül sich in einer Potentialmulde befindet, wie dies die Potentialkurve Abb. 2a zeigt. Die Energiedifferenz $U_g - U_t$ zwischen den beiden Stellungen *gauche* und *trans* für die Moleküle des 1,2-Dichloräthens beträgt nach Mizushima [1] etwa 1 kcal/Mol. Zwischen beiden Isomeren, sogenannten Konfigurationen, stellt sich thermodynamisches Gleichgewicht ein. Da die

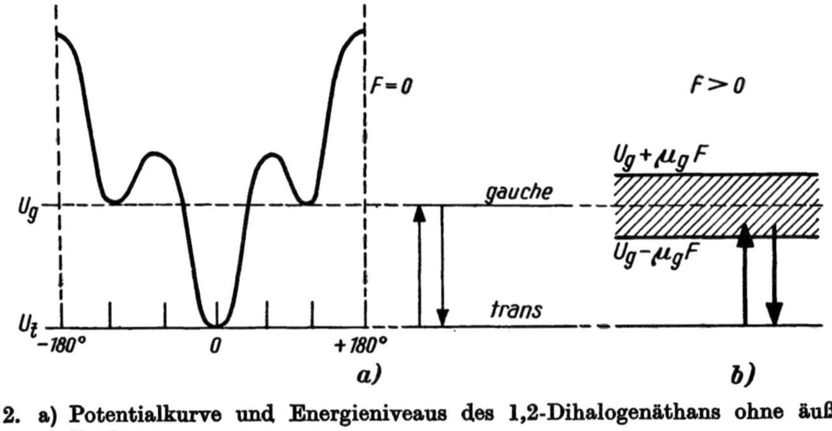

Abb. 2. a) Potentialkurve und Energieniveaus des 1,2-Dihalogenäthans ohne äußeres Feld;
b) Energieniveaus im äußeren elektrischen Felde (schematisch).

gauche-Konfiguration ein elektrisches Moment besitzt, die *trans*-Konfiguration dagegen nicht, übt das äußere elektrische Feld ein Drehmoment auf die *gauche*-Moleküle aus, wodurch das höhere Niveau verwaschen wird. Infolgedessen werden die *trans* → *gauche* Übergänge häufiger als die entgegengesetzten Übergänge, und das Gleichgewicht *trans* ⇆ *gauche* verschiebt sich etwas nach rechts.

Solche Anreicherung an Dipolmolekülen unter dem Einfluß des elektrischen Feldes führt zu einer Erhöhung der Dielektrizitätskonstante, die sich der im elektrischen Felde stattfindenden normalen DEBYEschen Erniedrigung der DK widersetzt. Im Falle, daß die Erhöhung der DK überwiegt, wird der resultierende Sättigungseffekt positiv. Dieser Effekt ist wirklich von A. CHEŁKOWSKI und dem Verfasser beobachtet worden [2, 3, 4]. Die Theorie des positiven Sättigungseffektes wurde von S. KIELICH und dem Verfasser ausgearbeitet [4, 5].

Wenn wir die im äußeren elektrischen Felde gemessene mittlere Dipol-Polarisierbarkeit eines Moleküls mit $\langle\alpha\rangle_E$ und die im äußeren Felde Null gemessene Dipol-Polarisierbarkeit mit $\langle\alpha\rangle_0$ bezeichnen, dann drückt sich die Änderung der Dipol-Polarisierbarkeiten folgendermaßen aus

$$\langle\alpha\rangle_E - \langle\alpha\rangle_0 = -\frac{\mu_g F^2}{15\, k^3\, T^3} R_g^s, \tag{1}$$

wo μ_g das Dipolmoment des Moleküls in der Winkelstellung und F das innere Feld bezeichnen. R_s^g stellt den Reduktionsfaktor der Sättigung dar, gegeben durch

$$R_s^g = \frac{1 - \frac{3}{2} r_t}{(1 + r_t)^2}, \tag{2}$$

wo r_t das Verhältnis der Zahl der *trans*-Moleküle zu der der *gauche*-Moleküle im Felde Null bezeichnet; es ist nach dem BOLTZMANN-Prinzip durch

$$r_t = \frac{N_{t0}}{N_{g0}} = \frac{1}{\omega} e^{-\frac{N_g - N_t}{kT}} \tag{3}$$

gegeben. Wenn wir die Rotations- und Oszillationsenergie vernachlässigen, stellt ω die Multiplizität der *gauche*-Stellungen dar, die hier 2 beträgt.

Nach dieser Formel wird R_s^g negativ, d. h. der Sättigungseffekt positiv, wenn $U_g - U_t$ größer als etwa 0,24 kT ist. Dies führt zu einer quantitativen Erläuterung des im Experiment beobachteten Effektes [4].

Die unter dem Einfluß des elektrischen Feldes stattfindende Zunahme der Besetzungszahl des höheren Niveaus, welches der *gauche*-Konfiguration entspricht, ist durch

$$\frac{N_g - N_{g0}}{N_{g0}} = \frac{N_{t0}}{N} \frac{\mu_g^2 F^2}{6\, k^2\, T^2} \tag{4}$$

(wobei $N = N_{t0} + N_{g0}$) gegeben. Diese Zunahme im thermodynamischen Gleichgewicht beträgt für das 1,2-Dichloräthan etwa $10^{-10}\, F^2$ (F in elektrostatischen Einheiten). Dies genügt, um das Vorzeichen des Sättigungseffektes umzukehren.

Zum Schluß möchte ich mich entschuldigen. Alle Redner sprachen hier über magnetische Momente im magnetischen Felde. Ich habe mir gestattet, über elektrische Momente im elektrischen Felde zu sprechen und hoffe, daß der hier beschriebene Effekt Interesse auf dem Gebiet der Hochfrequenzspektroskopie und der MASER-Technik finden wird.

Literatur

[1] SAN-ICHIRO MIZUSHIMA, Structure of Molecules and Internal Rotation, Acad. Press. Inc., New York 1954.

[2] PIEKARA, A. u. CHEŁKOWSKI, A., Journ. of Chem. Phys. **25**, 794 (1956).

[3] PIEKARA, A., CHEŁKOWSKI, A. u. KIELICH, S., Z. Phys. Chem. **206**, 375 (1957).

[4] PIEKARA, A., KIELICH, S. u. CHEŁKOWSKI, A., Archives des Sciences **12** fasc. spec. 59 (1959).

[5] PIEKARA, A. u. KIELICH, S., Acta Physica Polonica, im Druck.

Physikalisches Institut der Polnischen Akademie der Wissenschaften;
Adam Michiewicz Universität, Poznań

Nuclear Acoustic Absorption

by W. G. PROCTOR, Zürich

The suggestion that nuclear reorientations could be made by the mechanism of an interaction between a nuclear electric quadrupole moment and electric field gradients generated by a lattice distortion as a consequence of ultrasonic waves was made by ALTSCHULER [1] and at the same time but more qualitatively by KASTLER [2]. Ultrasonic waves were first shown to cause such transitions between pure electric quadrupole energy states in solium chlorate by PROCTOR and TANTILLA [3] in 1955.

Rather than observe directly the absorption of ultrasonic waves as suggested by ALTSCHULER, PROCTOR and TANTILLA (and later PROCTOR and ROBINSON [4], observing these transitions for Na^{23} in NaCl between nuclear magnetic energy levels) used rather the technique of observing the subsequent saturation of the energy levels involved, observing the nuclear populations immediately after exposure to ultrasonic waves. This latter work was refined in theory and measurements were subsequently made on the strength of the interaction between the lattice distortion and the nucleus Cl^{35} by PROCTOR and ABRAGAM [5]. The experimental results reported in that paper were not interpreted in terms of the given theory, and as a consequence, those results will be reported here.

A technique by which the direct absorption of ultrasonic energy can be observed has been described by BOLEF and MENES [6]. While the work in references [3],]4] and [5] considered interactions averaged over all orientations, more careful work using CW-methods rather than pulsed methods, by BLOEMBERGEN and TAYLOR [7], showed that the electric field gradients are independent of the direction of travel of the plane compressional wave causing them. The reader is referred to the various mentioned papers for detail concerning experimental methods.

It will suffice to say here that in the method described by reference [4] and [5] that the observed saturation as a consequence of the ultrasonic transition rate W is given by the following expression, and that W is measured by comparing it to T_1: $W = q\, e^4 Q^2 \gamma^2 \varepsilon / 5\, p\, \hbar^2 c^2 a^2 \delta$. In this equation, Q refers to a nuclear electric quadrupole moment, ε is the energy density of ultrasonic waves, and δ is the linewidth in cycles, and the other symbols have their usual meaning. γ is a dimentionless number bearing some relationship to the STERNHEIMER factor and in particular is described as being the ratio of the electric field gradient measured for a given distortion of the 6 nearest neighbour ions to that which one would compute from this distortion. These experiments have chiefly the purpose of measuring γ for a variety of ions in a variety of solids.

As mentioned, sufficient theory and experimental data are given in paper [5] to compute γ for chlorine in NaCl. However, some quantities such as ε are not precisely known when making a measurement with a particular experimental set-up. It is possible, simply by changing the strenght of the magnetic field, to observe the saturation caused by the ultrasonically induced pure quadrupole transition on two ionic species and thus compare the ultrasonic transition rates between them and thus measure quite precisely the ratio of the γ s of the two species. By a simple application of the equation, and of figure 2 of reference [5], one reaches very easily the conclusion that $\gamma\ (Cl^{35})/\gamma(Va^{23}) = 1{,}65$.

This result is to be compared to 1,80 given by TAYLOR and BLOEMBERGEN. Although the latter group finds $\gamma(Na^{23})$ equal to about 5, the work of reference [4] finds it equal to about 3. The improvement of the experimental results as a consequence of the elimination of uncertain quantities is demonstrated by the quite satisfactory agreement between the ratios of these two quantities.

References

[1] ALTSCHULER, S. A., Doklady Akad. Nauk. USSR **85**, 1235 (1952).
[2] KASTLER, A., Experentia 8, 1 (1952).
[3] PROCTOR, W. G. a. TANTILLA, W., Phys. Rev. **98**, 1854 (1955).
[4] PROCTOR, W. G. a. ROBINSON, W. A., Phys. Rev. **104**, 1344 (1956).
[5] ABRAGAM, A. a. PROCTOR, W. G., Phys. Rev. **109**, 1441 (1958).
[6] BOLEF, D. a. MENES, Phys. Rev. **114**, 1441 (1959).
[7] TAYLOR, E. F. a. BLOEMBERGEN, N., Phys. Rev. **113**, (1959).

Varian AG, Zürich, Schweiz

Zum Begriff der Spintemperatur bei magnetischen Resonanzerscheinungen

von G. VOJTA, Leipzig

Zusammenfassung: Unter Verwendung des Spintemperaturbegriffs wird ein einfacher Beweis für den OVERHAUSER-Effekt gegeben und für ihn das Prinzip der kleinsten Entropieerzeugung hergeleitet. Daran schließt sich eine Diskussion der Begriffe Temperatur und Entropie für Spinsysteme unter Einwirkung eines Hochfrequenz-Magnetfeldes.

I. Einleitung

Die folgenden Ausführungen befassen sich mit der statistischen Thermodynamik von Spinsystemen bei magnetischen Resonanzerscheinungen, also bei Anwesenheit eines HF-Magnetfeldes. Versteht man allgemein unter „Spinsystem" ein selbständiges thermodynamisches System (oder eine Phase des thermodynamischen Systems aus Spins und Gitter), dann kann man ihm auch eine Spintemperatur und weitere thermodynamische Funktionen zuordnen. Es sind hierbei zwei Problemkreise zu unterscheiden:

1. Für Spinsysteme in einem statischen äußeren Magnetfeld H_0, jedoch bei Abwesenheit eines HF-Magnetfeldes, ist in vielen Fällen [1] eine Spintemperatur in einfacher Weise zu definieren. Bei starkem H_0-Feld insbesondere ist die Beschreibung eines Systems durch die Besetzungszahlen N_m der Einzelspin-Energieniveaus ε_m im allgemeinen ausreichend. Sind die Energieniveaus äquidistant, dann ist eine Spintemperatur T_s definierbar, und zwar durch die Beziehung ($\sim$ bedeutet proportional)

$$N_m \sim e^{-\varepsilon_m/k\,T_s} \tag{1}$$

oder, in der Schreibweise der Quantenstatistik, durch den Dichteoperator

$$\varrho \sim e^{-\mathfrak{H}/k\,T_s}. \tag{2}$$

Der HAMILTON-Operator $\mathfrak{H}$ ist hierbei diagonal, also auch der Dichteoperator; dieser stellt lediglich eine Zusammenfassung der einzelnen BOLTZMANN-Faktoren (1) dar. Die Größe T_s ist nicht nur Besetzungszahlparameter, sondern auch eine echte Temperatur im thermodynamischen Sinne. Die Bedingung der Äquidistanz der Energieniveaus ist vor allem für ZEEMAN-Niveaus

$$\varepsilon_m = -\gamma\,\hbar\,H_0\,m \tag{3}$$

(γ: gyromagnetisches Verhältnis des Spins, m: magnetische Quantenzahl) erfüllt, jedoch nicht für Kerne mit Quadrupol-Kopplung oder für paramagnetische Ionen mit Fein- oder Hyperfein-Struktur. Für Spinsysteme, die nach der Bose-Einstein- oder Fermi-Dirac-Statistik behandelt werden müssen, sind die Beziehungen (1) und (2) oder analoge Beziehungen nicht für die Definition einer Spintemperatur verwendbar, vgl. Schluß.

2. Für Spinsysteme unter Einwirkung eines HF-Magnetfeldes ist der Spintemperaturbegriff viel problematischer [2], [3]. Er ist formal in der gleichen Weise wie unter 1. anwendbar, wenn es — wie z. B. beim Overhauser-Effekt — nur auf die Besetzungszahlen der Spinenergieniveaus ankommt, oder quantenstatistisch gesehen, wenn die Nichtdiagonalelemente des Dichteoperators in der Eigendarstellung des Spinsystems entweder zu vernachlässigen sind oder ihr Zeitmittel (für eine Zeit kleiner als die Lamorperiode) null ist. Die Spintemperatur T_s fungiert dann als Parameter an Stelle der Besetzungszahlen, ist aber nicht ohne weiteres eine Temperatur im thermodynamischen Sinne; vgl. die Diskussion am Schluß. Mit diesem Vorbehalt kann man sagen, daß während der Einstrahlung eines HF-Magnetfeldes die Temperatur eines Spinsystems erhöht ist.

Der Begriff der Spintemperatur hat im Rahmen einer statistischen Thermodynamik von Spinsystemen einmal in formaler Hinsicht Bedeutung. Abgesehen davon ist er aber auch praktisch nützlich, denn mit seiner Hilfe lassen sich theoretische Untersuchungen und Beweise oft vereinfachen oder auch überhaupt erst durchführen [1], [4]. Es soll hier zunächst der Overhauser-Effekt für ein Nichtmetall hergeleitet und dann für ihn das Prinzip der kleinsten Entropieerzeugung diskutiert werden.

II. Eine einfache Herleitung des Overhauser-Effektes

Seit der ursprünglichen theoretischen Entdeckung des Overhauser-Effektes [5] sind noch weitere interessante Herleitungen mit sehr verschiedenen Methoden veröffentlicht worden. Bei Klein [6] ist der Ausgangspunkt ein Übergangswahrscheinlichkeiten enthaltendes System von Differentialgleichungen für die zeitlichen Änderungen der Besetzungswahrscheinlichkeiten der Spinenergieniveaus. Dagegen wurden von Brovetto und Cini die Spin-Spin-Wechselwirkungsprozesse als chemische Reaktion aufgefaßt und die Rechnung über das Massenwirkungsgesetz und die van't-Hoff-Gleichung geführt; eine entsprechende statistisch-thermodynamische Behandlung mittels der großen kanonischen Zustandssumme und chemischer Potentiale für die Spins erfolgte durch Brovetto und Ferroni [7]. Diese Rechnungen wurden von Barker u. Mencher sowie Desloge u. Barker erweitert und vereinfacht [8]. Kittel [9] bringt einfache statistisch-mechanische Überlegungen. Die Rechnung von Slichter [10] beruht auf der Einführung einer Temperatur (nicht einer Spintemperatur) in einem rotierenden Koordinatensystem. Eine sehr kurze Herleitung unter Verwendung von Spintemperaturen findet sich bei van Vleck [11]. Schließlich wurde vom Autor eine weitere Herleitung mittels des Spintemperaturbegriffs gebracht [12], die im folgenden noch weiter vereinfacht werden soll.

Der wesentliche Punkt beim (einfachen) Overhauser-Effekt besteht bekanntlich darin, daß die Kernspin-Gitter-Relaxation nur indirekt durch Vermittlung der Elektronenspins möglich ist. Die dafür verantwortliche Wechselwirkung zwischen einem Kernspin $\vec{I}$ und einem Elektronenspin $\vec{S}$ ist proportional zu $\vec{I} \cdot \vec{S}$ (Wechselwirkung vom FERMIschen Typ), und hierbei gilt ein Erhaltungssatz für die z-Komponente des Gesamtspins (vgl. Abb. 1). Die folgende Rechnung wird

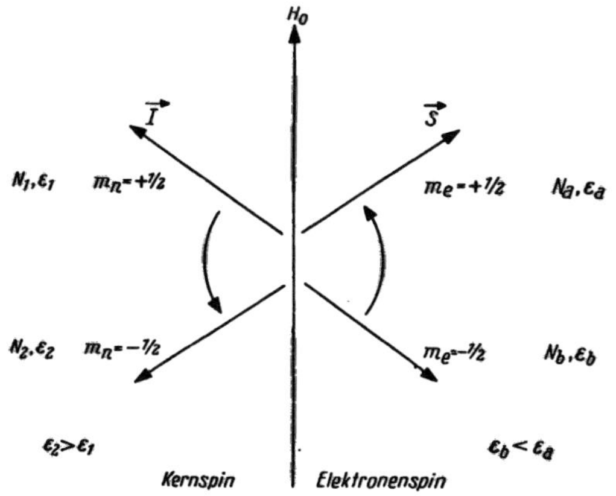

Abb. 1. Zum gekoppelten Spin-Gitter-Relaxationsprozeß von Elektronenspins und Kernspins infolge Spin-Spin-Wechselwirkung vom skalaren Typ $\vec{I} \cdot \vec{S}$. Ein Kernspin kann nur dadurch umklappen, daß gleichzeitig ein Elektronenspin in entgegengesetzter Richtung umklappt.

mit Kernspins mit $I = 1/2$ durchgeführt; die Behandlung von Kernspins mit beliebiger Spinquantenzahl bringt keine neuen Gesichtspunkte oder Schwierigkeiten. Dann sei

$$N_1 \text{ die Zahl des Kernspins mit } \varepsilon_1 = -\frac{1}{2}\gamma_n \hbar H_0 \qquad \left(m_n = +\frac{1}{2}\right),$$

$$N_2 \text{ die Zahl des Kernspins mit } \varepsilon_2 = +\frac{1}{2}\gamma_n \hbar H_0 \qquad \left(m_n = -\frac{1}{2}\right),$$

die entsprechenden Zahlen der Elektronenspins seien N_a ($\varepsilon_a = -\frac{1}{2}\gamma_e \hbar H_0$, $m_e = +1/2$) und N_b ($\varepsilon_b = +\frac{1}{2}\gamma_e \hbar H_0$, $m_e = -1/2$); zu beachten ist $\gamma_e < 0$.
Es gelte ferner $N_1 + N_2 = N_a + N_b = N$.
Infolge des erwähnten Erhaltungssatzes gilt nun z. B.

$$N_1 + N_a = \text{const}\,. \tag{4}$$

Das ist unsere Ausgangsgleichung. Unter der Voraussetzung, daß die Elektronenspins mittels MB-Statistik behandelt werden können (das ist für Metalle nicht möglich), wird Gl. (4) mit Z = Zustandssumme weiter

$$\frac{N}{Z_n} e^{\gamma_n \hbar H_0/k T_n} + \frac{N}{Z_e} e^{\gamma_e \hbar H_0/k T_e} = \text{const}\,. \tag{5}$$

Diese Gleichung gilt für jeden Zeitpunkt t des Relaxationsprozesses und bestimmt die Kernspintemperatur $T_n(t)$ in Abhängigkeit von der Elektronenspintemperatur

$T_e(t)$. Dabei ist natürlich vorausgesetzt, daß allein dieser Relaxationsprozeß abläuft und insbesondere keine „direkte“ Elektronenspin-Gitter-Relaxation (d. h. eine solche ohne gleichzeitige Mitwirkung von Kernspins) sowie keine HF-Einstrahlung stattfindet.

Mit Gl. (5) ist der OVERHAUSER-Effekt bis auf die Bestimmung von const im Prinzip bereits hergeleitet. Es soll nun noch die übliche Vereinfachung $e^x = 1 + x$ vorgenommen werden. Die damit erreichte Näherung ist für Kernspins sehr gut, für Elektronenspins ebenfalls gut, da ja T_e beim OVERHAUSER-Effekt sehr hoch und der entsprechende Exponent demzufolge sehr klein ist. Mit $Z_n = Z_e = 2$ kann man schreiben

$$\frac{|\gamma_e|}{T_e(t)} - \frac{\gamma_n}{T_n(t)} = \text{const}. \tag{6}$$

Die Konstante kann wie folgt ermittelt werden. Das Elektronenspinsystem werde zuerst durch Einstrahlung eines sehr starken HF-Impulses der entsprechenden Resonanzfrequenz fast momentan gesättigt. Nach dem sofortigen Wiederabschalten des HF-Feldes zum Zeitpunkt t_0 ist $T_e(t_0)$ sehr hoch (im Idealfall gilt $T_e(t_0) = \infty$), hingegen ist $T_n(t_0) = T_G$ (Gittertemperatur). Nun setzt der oben beschriebene Relaxationsprozeß ein; von der immer vorhandenen direkten Elektronenspin-Gitter-Relaxation sei vorerst abgesehen. Nach vollständigem Ablauf der Relaxation zur Zeit t_1 (theoretisch ist $t_1 = \infty$) gilt $T_e(t_1) = T_G$, und $T_n(t_1) < T_G$ ist ein Maß für die erreichte Kernpolarisation. Durch Einsetzen von t_0 und t_1 in Gl. (6) nach dem Schema

$$\begin{array}{lcl} T_e(t_0) & \longrightarrow & T_e(t_1) = T_G \\ T_n(t_0) = T_G & \longrightarrow & T_n(t_1) \end{array}$$

erhält man also

$$\frac{|\gamma_e|}{T_e(t_0)} - \frac{\gamma_n}{T_G} = \frac{|\gamma_e|}{T_G} - \frac{\gamma_n}{T_n(t_1)}. \tag{7}$$

Beim OVERHAUSER-Experiment wird im stationären Zustand die Elektronenspintemperatur T_e trotz des ständigen Ablaufs insbesondere auch der direkten Elektronenspin-Gitter-Relaxation fortwährend durch HF-Einstrahlung auf dem hohen Wert $T_e(t_0)$ gehalten; dieser Wert heiße jetzt schlechthin T_e. Andererseits bleibt $T_n(t)$ erhalten, diese Kernspintemperatur heiße einfach T_n. Damit ergibt sich aus (7) die endgültige Gleichung für T_n, also für die im stationären Zustand zu erreichende Kernpolarisation, zu

$$\frac{1}{T_n} = \frac{\gamma_n + |\gamma_e|}{\gamma_n T_G} - \frac{|\gamma_e|}{\gamma_n T_e}. \tag{8}$$

Dies ist Gl. (8) von VAN VLECK [11]. Für $T_e \to \infty$ erhält man wegen $\gamma_n \ll |\gamma_e|$ näherungsweise

$$T_n = \frac{\gamma_n}{|\gamma_e|} T_G. \tag{9}$$

Die optimal zu erreichende Kernpolarisation ist also bestimmt durch den Quotienten aus den gyromagnetischen Verhältnissen der betrachteten Kerne und der Elektronen. Je kleiner γ_n ist, desto kleiner wird T_n, d. h. desto größer wird die Kernpolarisation.

III. Das Prinzip der kleinsten Entropieerzeugnisse beim Overhauser-Effekt

Für Systeme, in denen irreversible Prozesse ablaufen, gilt unter folgenden Voraussetzungen das Prinzip der kleinsten Entropieerzeugung:

a) Es bestehen lineare Zusammenhänge zwischen den thermodynamischen „Kräften" und den durch sie bewirkten Veränderungen. Unter den „Kräften" mögen sich keine Magnetfelder befinden.

b) Für die diese Zusammenhänge vermittelnden konstanten Koeffizienten L_{ik} gelten die Onsagerschen Reziprozitätsbeziehungen: $L_{ik} = L_{ki}$.

Dieses Prinzip sagt dann aus, daß der stationäre Zustand gerade der Zustand ist, in dem die sekundliche Entropieerzeugung den kleinsten Wert hat im Vergleich zu allen anderen Zuständen des Systems, die bei den gegebenen thermodynamischen Kräften möglich sind.

Bei Systemen mit Magnetfeldern, insbesondere HF-Magnetfeldern, wird die Sachlage verwickelter [13], [14]. Falls man sich darauf beschränkt, z. B. ein Spinsystem nur durch die Besetzungszahlen der Einzelspin-Energieniveaus zu beschreiben, falls man also die Nichtdiagonalelemente des Dichteoperators vernachlässigt, dann kann man mit der entsprechend vereinfacht definierten Entropie die Gültigkeit des Prinzips der kleinsten Entropieerzeugung für den Overhauser-Effekt und natürlich auch für gewöhnliche magnetische Resonanzerscheinungen beweisen [6]. Es soll hier gezeigt werden, wie auch durch Rechnen mit Elektronenspin- und Kernspintemperaturen dieses Prinzip in einfacher Weise herzuleiten ist und wie man überdies instruktive Beziehungen für die Spintemperaturen erhalten kann. Die thermodynamische „Kraft" ist hier das äußere Mikrowellenfeld.

Zu berechnen ist also die Entropieerzeugungsgeschwindigkeit

$$\frac{dS}{dt} = \frac{dS_e}{dt} + \frac{dS_n}{dt} + \frac{dS_G}{dt}\,; \tag{10}$$

S ist dabei die Entropie des Gesamtsystems aus Elektronenspins, Kernspins und Gitter. Zur Rechenerleichterung werde eingeführt

$$\frac{1}{k\,T_e} = \beta_e, \quad \frac{1}{k\,T_n} = \beta_n, \quad \frac{1}{k\,T_G} = \beta\,. \tag{11}$$

Dann gilt allgemein für das Elektronenspinsystem (die folgenden Beziehungen sind in gleicher Weise für das Kernspinsystem gültig)

$$\varrho_e = e^{-\beta_e \mathfrak{H}_e} / Sp\, e^{-\beta_e \mathfrak{H}_e}\,, \tag{12}$$

denn auch für einen beliebigen Zustand eines Spinsystems unter HF-Einstrahlung bleibt die Boltzmannsche Verteilung der Besetzungszahlen erhalten (vgl. z. B. Abragam u. Proctor [1]). Die Entropie ist

$$S_e = -\,Nk\,Sp\,(\varrho_e \ln \varrho_e)\,, \tag{13}$$

und bei Vernachlässigung der Nichtdiagonalelemente der Dichtematrix ϱ_e ergibt sich hieraus (vgl. [13])

$$S_e = Nk \left\{ \ln 2 - \frac{1}{8} \beta_e^2 (\gamma_e \hbar H_0)^2 \right\}. \tag{14}$$

Daraus bzw. aus $\dot{S}_e = - Nk\, Sp(\dot{\varrho}_e \ln \varrho_e)$ folgt

$$\dot{S}_e = -\frac{1}{4} Nk\, \dot{\beta}_e \beta_e (\gamma_e \hbar H_0)^2 . \tag{15}$$

Nun wird noch eine Beziehung $\dot{\beta}_e = f(\beta_e, \beta_n, \beta)$ benötigt.

In die Änderungsgeschwindigkeit der Elektronenspintemperatur gehen notwendigerweise die Übergangswahrscheinlichkeiten für die Elektronenspins ein, und zwar

c: Übergangswahrscheinlichkeit (pro Sek.) eines Elektronenspins unter dem Einfluß der Mikrowelleneinstrahlung (abhängig u. a. von der Amplitude H_1);

$w_{ba} = w$: Wahrscheinlichkeit (pro Sek.) für den Übergang eines Elektronenspins vom Niveau ε_b zum Niveau ε_a infolge der („direkten") Elektronenspin-Gitter-Relaxation; für den umgekehrten Übergang ist $w_{ab} = w\, e^{-\beta(\varepsilon_b - \varepsilon_a)} = w\,(1 - \beta\, \gamma_e \hbar H_0)$;

$w_{2a,1b} = w'$: Wahrscheinlichkeit (pro Sek.) für den gekoppelten Übergang eines Elektronenspins von ε_a nach ε_b und eines Kernspins von ε_2 nach ε_1 infolge der Elektronenspin-Kernspin-Wechselwirkung; für den umgekehrten Übergang gilt

$$w_{1b,2a} = w'\, e^{-\beta(\varepsilon_2 - \varepsilon_1)} e^{-\beta(\varepsilon_a - \varepsilon_b)} = w' \{1 + \beta (\gamma_e - \gamma_n) \hbar H_0\} .$$

Zu beachten ist, daß die BOLTZMANN-Faktoren bei den Übergangswahrscheinlichkeiten w und w' für Spin-Gitter-Relaxation die Gittertemperatur (β) und nicht Spintemperaturen enthalten, da ja die Relaxation mit dem Gitter als Wärmebad konstanter Temperatur vor sich geht (vgl. [4], [6]).

Ein einfacherer Weg als der von SCHUMACHER [4] zu einer Differentialgleichung für die Spintemperatur geht direkt aus von der Gleichung

$$\dot{N}_a = c\,(N_b - N_a) + (w_{ba} N_b - w_{ab} N_a) + (w_{1b,2a} N_1 N_b - w_{2a,1b} N_2 N_a) , \tag{16}$$

die zusammen mit entsprechenden Gleichungen für N_b, N_1 und N_2 unter bekannten Voraussetzungen gültig ist. Mit

$$N_a = -\frac{N}{Z_e} e^{-\beta_e \varepsilon_a} \varepsilon_a \dot{\beta}_e = -\frac{N}{Z_e} (1 - \beta_e \varepsilon_a) \varepsilon_a \dot{\beta}_e$$

sowie $Z_e = 2$, $Z_n = 2$ entsteht aus (16) unmittelbar

$$\dot{\beta}_e = -2\,c\,\beta_e - 2\,w\,(\beta_e - \beta) - w' \left[(\beta_e - \beta) - \frac{\gamma_n}{\gamma_e} (\beta_n - \beta) \right] . \tag{17}$$

In gleicher Weise erhält man aus

$$\dot{N}_1 = w_{2a,1b} N_2 N_a - w_{1b,2a} N_1 N_b \tag{18}$$

für die Kernspintemperatur

$$\dot{\beta}_n = -w'\left[(\beta_n - \beta) - \frac{\gamma_e}{\gamma_n}(\beta_e - \beta)\right]. \tag{19}$$

Es gilt also

$$\dot{\beta}_e = -2c\beta_e - 2w(\beta_e - \beta) - \frac{\gamma_e}{\gamma_n}\dot{\beta}_n .$$

Im stationären Zustand ist $\dot{\beta}_e = \dot{\beta}_n = 0$. Damit ergibt sich einmal

$$\beta_n - \beta = (\beta_e - \beta)\frac{\gamma_e}{\gamma_n}, \tag{20}$$

dies ist identisch mit der früheren Beziehung (8) zwischen Kernspin- und Elektronenspintemperatur. Andererseits folgt

$$\beta_e = \frac{w}{w+c}\beta \tag{21}$$

oder

$$T_e = \frac{w+c}{w}T,$$

und damit läßt sich jetzt die Elektronenspintemperatur für den stationären Zustand bei bekannten Übergangswahrscheinlichkeiten errechnen.

Durch Einsetzen von (17) in (15) erhält man $\dot{S}_e(\beta_e, \beta_n)$ und mit (19) entsprechend $\dot{S}_n(\beta_e, \beta_n)$. Schließlich ergibt sich $\dot{S}_G$ als Quotient aus der von den Spins abgegebenen Energie und der Gittertemperatur:

$$\dot{S}_G = -\frac{1}{T}\left(\frac{d'U_e}{dt} + \frac{dU_n}{dt}\right). \tag{22}$$

Dabei ist $\frac{d'U_e}{dt}$ die zeitliche Änderung der Energie des Elektronenspinsystems ausschließlich der vom Mikrowellenfeld empfangenen Energie; dem entspricht die Änderung von β_e

$$\dot{\beta}'_e = \dot{\beta}_e + 2c\beta_e .$$

Mit $U_e = N\,Sp(\varrho_e \mathfrak{H}_e)$ bzw. $U_e = N_a\varepsilon_a + N_b\varepsilon_b$ und entsprechend U_n wird

$$\dot{S}_G = \frac{1}{4}Nk\beta\,(\dot{\beta}'_e\gamma_e^2 + \dot{\beta}_n\gamma_n^2)\hbar^2 H_0^2. \tag{23}$$

Insgesamt schreibt sich damit (10)

$$\dot{S} = \frac{1}{4}Nk\,\{(\beta\dot{\beta}'_e - \beta_e\dot{\beta}_e)\gamma_e^2 + (\beta - \beta_n)\dot{\beta}_n\gamma_n^2\}\,\hbar^2 H_0^2 . \tag{24}$$

Nach Einsetzen von $\dot{\beta}_e$, $\dot{\beta}'_e$ und $\dot{\beta}_n$ kann man nun zur Bestimmung des Zustandes kleinster Entropieerzeugung

$$\frac{\partial}{\partial\beta_e}\dot{S} = 0 \quad (25\,\mathrm{a}) \quad \text{und} \quad \frac{\partial}{\partial\beta_n}\dot{S} = 0 \tag{25 b}$$

errechnen. Ohne weitere Vernachlässigung ergibt sich aus (25b)

$$\beta_n - \beta = \frac{\gamma_e}{\gamma_n}(\beta_e - \beta),$$

also die Beziehung (20), und danach aus (25a)

$$\beta_e = \frac{w}{w+c}\beta\,,$$

d. h. die Beziehung (21); man erhält also die Gleichungen des stationären Zustandes. Genauer kann man in bekannter Weise zeigen: Der erhaltene Zustand, welcher gemäß (25a) und (25b) ein Zustand extremaler Entropieerzeugung ist, entspricht tatsächlich einem Minimum der Entropieerzeugung. Ferner: Die Stationarität des Zustandes, d. h. die zeitliche Konstanz von Elektronenspin- und Kernspintemperatur mit (20) und (21), ist notwendige und hinreichende Bedingung dafür, daß die Entropieerzeugung ein Minimum hat.

IV. Spintemperatur und Spinentropie

Wie bereits oben gesagt wurde, ist ein Parameter „Spintemperatur" zur Charakterisierung des jeweiligen Zustandes eines Spinsystems unter HF-Einstrahlung bei Äquidistanz der Einzelspin-Energieniveaus rein formal dann geeignet, wenn die Beschreibung des Zustandes durch die Besetzungszahlen der Energieniveaus hinreichend ist. Das ist gleichbedeutend mit der Bedingung, daß die Nichtdiagonalelemente der Dichtematrix eines Einzelspins vernachlässigbar sein müssen; ist das nicht der Fall, wird die Spintemperatur formal ein Tensor (s. unten). Die Nichtdiagonalelemente verschwinden physikalisch gesehen genau dann, wenn keine Phasenbeziehungen zwischen den präzedierenden Spins bestehen. Diese Phasenbeziehungen werden nun tatsächlich fortwährend durch Spin-Spin-Wechselwirkungsprozesse und durch die Spin-Gitter-Relaxation gestört, und zwar auch bei angelegtem HF-Feld entgegen der „ordnenden" Wirkung dieses Feldes auf die Spinpräzession (Entstehung einer umlaufenden Transversalkomponente der Magnetisierung). Von einer phasenmittelnden Wirkung der Spin-Spin-Prozesse kann jedoch nicht mehr gesprochen werden (vgl [2]), wenn die Übergangswahrscheinlichkeit (pro Sek.) für durch das HF-Feld induzierte Übergänge größer ist als der Reziprokwert der transversalen Relaxationszeit T_2.

Bei der Untersuchung der thermodynamischen Bedeutung einer solchen formal definierten Spintemperatur ist zu bedenken, daß man eine Temperatur im thermodynamischen Sinne nur einem System mit „ungeordneter" Präzessionsbewegung der Spins zuschreiben kann, ebenso wie nur der ungeordneten Bewegung der Moleküle etwa eines einatomigen Gases eine thermodynamische Temperatur zukommt. Nun präzediert aber im stationären Zustand bei HF-Einstrahlung nur ein kleiner Bruchteil der Spins in Phase, d. h. die der Anwendung des Temperaturbegriffs entgegenstehende Ordnung der Bewegung ist nur sehr schwach ausgeprägt. Das zeigt die folgende Abschätzung für Kernspins mit $I = 1/2$. Die Größe der wirklich auftretenden HF-Magnetisierung $M_\perp$ ist (mit den üblichen Bezeichnungen)

$$M_\perp = \sqrt{\chi'^2 + \chi''^2}\, H_1$$

bzw. für $\omega - \omega_0 = \gamma H_0$

$$M_\perp = \chi_0 \sqrt{1 + \left(\frac{\omega_0 \tau}{1 + \gamma^2 H_1^2 \tau^2}\right)^2} H_1 = \chi_0 \omega_0 \frac{\tau H_1}{1 + \gamma^2 H_1^2 \tau^2}$$

(mit $T_1 = T_2 = \tau$). Die maximale HF-Magnetisierung ergibt sich für $\gamma^2 H_1^2 \tau^2 = 1$, für Protonen ist danach $\gamma H_1 = 3 \cdot 10^{-5}$ sec^{-1}. Bei Zimmertemperatur und $\omega_0 = 10^{-8}$ sec^{-1} wird damit

$$(M_\perp)_{\max} = 5 \cdot 10^{-7}\,\text{G}\,.$$

Andererseits errechnet sich die transversale Magnetisierung, wenn alle Spins genau in Phase wären, rein geometrisch zu

$$M_\perp = N \cdot \gamma \hbar \cdot \frac{1}{2} \sqrt{2} = 5 \cdot 10^{-1}\,\text{G}\,.$$

Für Elektronenspins sind bei $\omega_0 = 10^{11}$ sec^{-1} die beiden Werte für $M_\perp$ etwa $5 \cdot 10^{-2}$ G und $2 \cdot 10^2$ G. Man kann also bzgl. der Phasenunordnung der präzedierenden Spins noch mit einiger Berechtigung vom Vorliegen einer thermodynamischen Temperatur sprechen.

Bei strenger Behandlung sind — je nach Problemstellung — die Nichtdiagonalelemente der Dichtematrix mit zu berücksichtigen. Dann ergeben sich zwei Möglichkeiten, weiter mit dem Spintemperaturbegriff zu arbeiten.

1. Ein Spinsystem kann oft durch einen Dichteoperator

$$\varrho \sim e^{-\beta(\mathfrak{H}^{01} + h^{01})}$$

in guter Näherung dargestellt werden. Dabei ist $\mathfrak{H}^{01} = \mathfrak{H}(H_0) + \mathfrak{H}(H_1)$ der Hamilton-Operator bei angelegtem HF-Magnetfeld und h^{01} eine Zusatzmatrix, die die Abweichung des Spinsystems vom thermodynamischen Gleichgewicht beschreibt und von H_0, H_1, ω, T_1, T_2 abhängt, vgl. [13]. Nun läßt sich formal eine Spintemperatur T_s bzw. ein Parameter $\beta_s = 1/kT_s$ durch

$$e^{-\beta(\mathfrak{H}^{01} + h^{01})} = e^{-\beta_s \mathfrak{H}^{01}}$$

oder

$$\beta_s = \{1 - h^{01} (\mathfrak{H}^{01})^{-1}\}\, \beta$$

(1 bedeutet die Einheitsmatrix) einführen. Danach wird β_s (und ebenso T_s) eine Matrix bzw. ein Tensor, dessen Diagonalelemente zueinander konjugiert komplex sind. Eine physikalische oder rechnerische Bedeutung kommt einer solchen „Spintemperatur" wohl kaum zu.

2. Man kann einen Dichteoperator stets durch eine unitäre Transformation diagonalisieren. Dann ist also eine Spintemperatur wieder in einfacher Weise zu definieren. Physikalisch gesehen gelangt man aber durch eine solche Transformation in ein neues, und zwar hier mit den Spins rotierendes Koordinatensystem (vgl. z. B. [15]). Die Definition einer Temperatur und überhaupt der Aufbau einer statistischen Mechanik in einem rotierenden Koordinatensystem ist jedoch mit grundsätzlichen Schwierigkeiten verknüpft (vgl. [3]), so daß der Begriff Spintemperatur auch bei diesem Vorgehen recht problematisch ist. —

Das Prinzip der kleinsten Entropieerzeugung läßt sich wie in Abschn. III für den Overhauser-Effekt auch für einfache Kernresonanz- und Elektronenresonanzerscheinungen herleiten. Alle obigen Überlegungen über die Phasenbeziehungen zwischen den präzedierenden Spins und die Vernachlässigung der Nichtdiagonalelemente der Dichtematrix ϱ treffen sinngemäß auch für die Definition der Spinentropie S gemäß

$$S = -Nk\, Sp\, (\varrho \ln \varrho)$$

zu und sind hier insofern wichtig, als die Entropie gerade ein Maß für die Ordnung (bzw. Unordnung) im System ist. Auf die Notwendigkeit, bei genauerer Behandlung auch bei der Entropiedefinition die Nichtdiagonalelemente der Dichtematrix mit zu berücksichtigen, hat zuerst Wangsness [14] hingewiesen. Bei entsprechenden Rechnungen [14] ergeben sich aber Schwierigkeiten, die noch nicht gelöst erscheinen [13] und die in ähnlicher Form auch bei anderen irreversiblen Vorgängen, z. B. bei Elektrizitätsleitung in Metallen, auftreten, sobald ein Magnetfeld anwesend ist [16]. Möglicherweise führen Abänderungen oder Erweiterungen der Entropiedefinition, wie sie von Stratonowitsch vorgeschlagen worden sind [17], hier weiter.

Die Rechnungen in Abschn. II u. III waren unter der Voraussetzung der MB-Statistik für Elektronen durchgeführt worden. Für das „Elektronengas" in Metallen ist dies nicht erlaubt. Wie Fick gezeigt hat [18], sind für Elektronen mit FD-Statistik die Besetzungszahlen der Einzelspin-Energieniveaus auch bei verschwindend kleiner Spin-Bahn-Wechselwirkung außer von der Spintemperatur auch von der Gittertemperatur (hier Bahntemperatur) abhängig. Das hat zur Folge, daß eine Spinentropie für sich nicht mehr zu definieren ist, sondern nur eine Gesamtentropie des Elektronensystems. Bei der Untersuchung der Entropieerzeugung z. B. bei Elektronenresonanzen oder beim Overhauser-Effekt wäre dieser Punkt mit zu berücksichtigen. —

Der Verfasser möchte Herrn Prof. Lösche und Herrn Prof. Pfeifer für anfügende Diskussionen sowie dem Institutsdirektor, Herrn Prof. Mühlenpfordt, für sein großzügiges Entgegenkommen und Interesse danken.

Literatur

[1] Vgl. Ramsey, N. F., Phys. Rev. **103**, 20 (1956); Abragam, A. u. Proctor, W. G., Phys. Rev. **109**, 1441 (1958); Lösche, A., Kerninduktion, Berlin 1957.
[2] Strandberg, M. W. P., Phys. Rev. **110**, 65 (1958).
[3] Redfield, A. G., Phys. Rev. **98**, 1787 (1955).
[4] Hebel, L. C. u. Slichter, C. P., Phys. Rev. **113**, 1504 (1959); Schumacher, R. T., Phys. Rev. **112**, 837 (1958).
[5] Overhauser, A. W., Phys. Rev. **92**, 411 (1953).
[6] Klein, M. J., Phys. Rev. **98**, 1736 (1955).
[7] Brovetto, P. u. Cini, G., Nuovo Cim. **11**, 618 (1954); Borvetto, P. u. Ferroni, S., Nuovo Cim. **12**, 90 (1954).
[8] Barker, W. A. a. Mencher, A., Phys. Rev. **100**, 1224 (1955); **102**, 1023 (1956); Desloge, E. A. a. Barker, W. A., Phys. Rev. **108**, 924 (1957).

[9] KITTEL, C., Phys. Rev. 95, 589 (1954).
[10] SLICHTER, C. P., Phys. Rev. 99, 1822 (1955).
[11] VAN VLECK, J. H., Suppl. Nuovo Cim. 6, 1081 (1957).
[12] VOJTA, G., Arch. Sciences 11, 269 (1958), fasc. spec.
[13] VOJTA, G., Ann. Physik, im Druck.
[14] WANGSNESS, R. K., Phys. Rev. 104, 857 (1956).
[15] VOJTA, G., Z. Naturforschg. 12a, 282 (1957).
[16] MOLINER, F. G. u. SIMONS, S., Proc. Cambridge Phil. Soc. 53, 848 (1957).
[17] Стратонович, Р. Л., ЖЭТФ 28, 547 (1955).
[18] FICK, E., Z. Physik 157, 407 (1960).

Institut für Physikalische Stofftrennung, Leipzig, der Deutschen Akademie der Wissenschaften zu Berlin

Bestimmung der Dissoziationsenergie zweiatomiger Moleküle aus Mikrowellen-Rotationsspektren

von V. G. WESSELAGO, Moskau

Für zweiatomige Moleküle hängen die durch B_v und B_e gekennzeichneten effektiven und Gleichgewichts-Rotationskonstanten durch die Gleichung

$$B_v = B_e + \alpha\left(v + \frac{1}{2}\right) \tag{1}$$

zusammen, wobei α die Konstante der Schwingungs-Rotations-Wechselwirkung und v die Schwingungs-Quantenzahl ist. Die Konstante α hängt von der Struktur des Moleküls und der Gestalt seiner Potentialfunktion ab. Dieser letztere Umstand erlaubt es, die experimentellen Werte B_v mit der Dissoziationsenergie des Moleküls zu verbinden.

Um die Größen B_v zu finden, ist es besonders nützlich, Mikrowellenspektren zu benutzen wegen der großen Genauigkeit dieser Methode. Die effektive Rotationskonstante B_v eines zweiatomigen Moleküls ist gleich der Größe

$$B(t) = \frac{h}{8\,\pi^2\,\mu[r(t)]^2}, \tag{2}$$

gemittelt über eine Schwingungsperiode des Moleküls. Deshalb unterscheidet sie sich von der Gleichgewichtsrotationskonstante B_e:

$$B_e = \frac{h}{8\,\pi^2\,\mu\,r_e^2}. \tag{3}$$

Die Größe μ in den Formeln (2) und (3) ist gleich der reduzierten Molekülmasse, und r_e ist der Atomabstand im Gleichgewicht. Zur Mittelung der Größe B muß man die Funktion $r(t)$ kennen. Die Potentialkurve des Moleküls soll die von MORSE [1] angegebene Form haben:

$$V = D\,(1 - e^{-\beta(r - r_e)})^2, \qquad \beta = \sqrt{\frac{2\,\pi^2\,c^2\,\mu}{D}}\,\omega, \tag{4}$$

wobei D die Dissoziationsenergie des Moleküls und ω die Schwingungsfrequenz ist. In diesem Fall wird die Funktion $r(t)$ folgendes Aussehen haben:

$$r(t) = r_e + a\sin\omega t + \frac{3}{4}\beta a^2 + \frac{1}{4}\beta a^2 \sin 2\,\omega\,t. \tag{5}$$

Hier ist a die Schwingungsamplitude.

Wir setzen (5) in den Ausdruck (2) ein und mitteln über die Zeit. Dann erhalten wir — bis auf Größen der Ordnung a^4 — folgende Beziehung für B_v:

$$B_v = B_e\left[1 + \frac{3}{2}\frac{a^2}{r^2}(1 - \beta r)\right]. \qquad (6)$$

Um das Quadrat der Schwingungsamplitude a^2 zu bestimmen, muß man die klassische Schwingungsenergie $\frac{K a^2}{2}$ gleich der Größe $h\nu\left(v + \frac{1}{2}\right)$ setzen. Dann erhalten wir

$$a^2 = \frac{h}{2\pi^2 \mu\, \omega\, c}\left(v + \frac{1}{2}\right). \qquad (7)$$

Setzen wir diesen Ausdruck in Formel (6) ein, so ergibt sich

$$B_v = B_e\left[1 + \frac{3}{4}\frac{h}{r_e^2 \pi^2 \mu\, \omega\, c}(1 - \beta r)\left(v + \frac{1}{2}\right)\right]. \qquad (8)$$

In dem Ausdruck (8) tritt in der runden Klammer das Glied βr auf Grund der Anharmonizität auf, während die Eins dem quadratischen Mittelwert des Sinus entspricht; das ist ein rein harmonischer Effekt.

Zur Bestimmung der Größe D aus Gleichung (8) kann man zwei Methoden benutzen. Die erste besteht darin, daß man in ein System von 2 Gleichungen (8) für zwei Schwingungszustände des gegebenen Moleküls die Werte B_v einsetzt und anschließend D und B_e bestimmt.

Das ist jedoch nicht immer möglich, weil die Linien, die den angeregten Schwingungszuständen entsprechen, gewöhnlich schwach sind. Die zweite Bestimmungsmethode benutzt Werte von B_v, die zwei isotopen Abarten des gegebenen Moleküls entsprechen.

Wenn man zwei Gleichungen vom Typ (8) durcheinander teilt, erhält man den folgenden Ausdruck, aus dem man D leicht finden kann:

$$1 - \beta' \omega' r_e = \frac{4 r_e^2 \pi^2 c\, \mu\, \omega'\left[1 - \frac{B_v' \mu'}{B_v'' \mu''}\right]}{3h\left(v + \frac{1}{2}\right)\left(1 - \sqrt{\frac{\mu'}{\mu''}}\right)}. \qquad (9)$$

Mit einem und zwei Strichen sind Größen gekennzeichnet, die verschiedenen isotopen Abarten des gegebenen Moleküls entsprechen. Bei der Benutzung der Formel (9) muß man daran denken, daß diese Formel nur dann völlig richtig ist, wenn die Potentialkurve mit der Kurve von MORSE (4) zusammenfällt Wenn jedoch die Kurve von MORSE nur eine Annäherung an die reale Potentialkurve ist, dann sind die aus der Formel (9) erhaltenen Resultate ebenfalls Näherungen.

Für die Moleküle CO und CS wurde nach Formel (9) die Bindungsenergie berechnet.

Als Ausgangsdaten zur Bestimmung des B_v dieser Moleküle wurden die früher gemessenen Frequenzen der Rotationsübergänge mit niedrigen J-Werten benutzt [2, 3, 4]. Für das Molekül CO ergab sich die Größe D zu 9,0 eV. Die bisher bekannten Werte D(CO) liegen bei 9—11 eV [5], so daß unsere Daten mit dem kleinsten Wert für D(CO) zusammenfallen.

Für das Molekül CS ergab sich die Größe D zu 6,9 eV, das ist sehr nahe an dem bisher bekannten Wert 7 ± 1 eV [5]. Wir sehen also, daß Formel (9) genügend genaue Resultate ergibt. Sie kann offensichtlich zur genäherten Bestimmung der Dissoziationsenergie zweiatomiger Moleküle benutzt werden.

Literatur

[1] Morse, P. M., Phys. Rev. **34**, 57 (1929).
[2] Mockler, R. C. u. Bird, J. R., Phys. Rev. **98**, 1837 (1955).
[3] Gilliam, O. R., Johnson, C. M. u. Gordy, W., Phys. Rev. **78**, 140 (1950).
[4] Bedard, F. D., Gallacher, J. J. u. Johnson, C. M., Phys. Rev. **92**, 1440 (1953).
[5] Т. Коттрел. Иргочность химических связей. Москва, 1956, ИЛ.

Lebedev-Institut für Physik der AdW der UdSSR, Moskau

Bestimmung der Molekülstruktur von HDSe aus dessen Mikrowellen-Rotationsspektrum

von V. G. Wesselago, Moskau

Das Rotationsspektrum des Moleküls HDSe im Bereich von 8—43 GHz wurde mit einem Stark-Effekt-Radiofrequenzspektroskop aufgenommen [1]. Insgesamt wurden 10 Übergänge der Q-Serie ($\Delta J = 0$) angeregt. Die Analyse des Spektrums zeigte, daß es ohne Berücksichtigung der Zentrifugalverzerrung nicht erklärt werden kann. Im Ergebnis der mit einem Elektronengehirn durchgeführten Berechnungen gelang es, die Rotationskonstanten und die Konstanten der Zentrifugalverzerrung für alle Isotopen-Arten des Moleküls HDSe zu bestimmen. Ausgehend von den erhaltenen Rotationskonstanten wurde dann die Struktur des Moleküls HDSe berechnet:

$$r(\text{Se–H}) = 1{,}4521\ \text{Å} \pm 0{,}0005\ \text{Å}, \qquad \alpha = \frac{r\,(\text{Se}-\text{D})}{r\,(\text{Se}-\text{H})} - 1 = -0{,}0045 \pm 0{,}0007$$

$$r(\text{Se–D}) = 1{,}4456\ \text{Å} \pm 0{,}0005\ \text{Å}, \qquad \sphericalangle\ \text{HSeD} = 90°17' \pm 50'.$$

Das interessanteste Resultat ist die Ungleichheit der Atomabstände Se–H und Se–D, was sich als Effekt der Nullpunktsschwingungen erklärt.

Die Struktur der Moleküle HDS und HDO, deren Spektren von anderen Autoren gemessen wurden [2, 3], wurde ebenfalls berechnet. Es zeigte sich, daß auch für diese Moleküle die Atomabstände des Zentralatoms vom Wasserstoff und Deuterium verschieden sind.

Literatur

[1] Веселаго, В. Г., Оптика и Спектроскопия 4, 450 (1959).
[2] Posener, D. W. u. Strandberg, M. W. P., Phys. Rev. 83, 575 (1951).
[3] Posener, D. W. u. Strandberg, W. M. P., Phys. Rev. 95, 374 (1954).

Lebedew-Institut für Physik der AdW der UdSSR, Moskau

Mikrowellenspektroskopische Untersuchungen des Nitrobenzolmoleküls

von K. E. Reinert, Jena

Der Elektronengrundzustand des Nitrobenzolmoleküls ist eine Mischung sämtlicher in Abb. 1 dargestellten Grenzstrukturen. Die Differenz zwischen dem Dipolmoment von Nitrobenzol (4,23 D) und den elektrischen Momenten aliphatischer Nitroverbindungen (3,65 D) läßt auf einen merklichen (etwa 4-prozentigen) Anteil der polaren Strukturen P_1, P_2, und P_3 schließen. Daraus ergibt sich

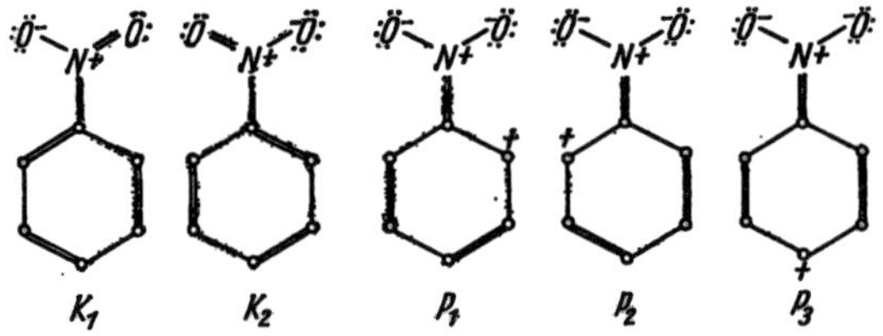

Abb. 1. Grenzstrukturen des Nitrobenzolmoleküls.

ein partieller Doppelbindungscharakter der C–N-Bindung mit folgenden Konsequenzen: 1. Eingeschränkte freie Drehbarkeit der NO_2-Gruppe gegenüber dem Benzolring, 2. ebene Gleichgewichtslage und 3. ein im Vergleich zu aliphatischen Nitroverbindungen verkürzter C–N-Abstand. Alle drei Punkte werden im Folgenden, ausgehend von der Analyse des Rotationsspektrums, geprüft und bestätigt. Strukturuntersuchungen auf Grund von Messungen der geometrischen Parameter wurden unseres Wissens bisher noch nicht durchgeführt.

Rotationsspektrum, Trägheitsmomente und Planarität

Das Nitrobenzolmolekül ist hinsichtlich seines Rotationsverhaltens ein asymmetrischer Kreisel mit den Hauptträgheitsmomenten $I_a < I_b < I_c$, die das Rotationsspektrum starrer Kreisel über die Rotationskonstanten

$$A = \frac{h}{8\pi^2 I_a}, \qquad B = \frac{h}{8\pi^2 I_b}, \qquad C = \frac{h}{8\pi^2 I_c} \tag{1}$$

und den Asymmetrieparameter $\varkappa = \dfrac{2B - (A + C)}{A - C}$ bestimmen [1].

Der Nachweis des Spektrums erfolgte mit dem inzwischen erweiterten Stark-Effekt-Spektrometer, über das W. Schimmel [2] früher berichtete.

Bei der Durchmusterung der Frequenzbereiche 8400–9900 MHz, 17650–18750 MHz, sowie 22300–25600 MHz konnten bei einem Druck von ca. $5 \cdot 10^{-2}$ mm Hg schwache, etwa 50 MHz breite, sowie einige intensivere und etwa 200 MHz breite Absorptionsstellen gefunden werden. Ihre Zuordnung zu den Rotationsübergängen erfolgte anhand des Erwartungsspektrums, das unter Verwendung grob geschätzter geometrischer Molekülparameter errechnet wurde [1]. Die breiteren Absorptionsbereiche erwiesen sich als Anhäufung vieler Einzellinien, als Bandenkanten, während den schmaleren Absportionsstellen im allgemeinen einfache Rotationsübergänge entsprechen. Zugleich ergab sich, daß einige dicht an den Bandenkanten gelegene Übergänge nicht nachweisbar waren, da sie im starken Untergrund der STARK-Effekt-Trabanten untergingen. Die beträchtliche Breite der Absorptionsstellen fand in unaufgelösten, einige MHz breiten Linien von Rotationsübergängen in angeregten Schwingungszuständen zu beiden Seiten der Grundzustandslinie ihre Erklärung. Die Isolierung war nur bei Drücken $< 2 \cdot 10^{-2}$ mm Hg und solchen Übergängen des 20 kMHz-Bandes möglich, die von benachbarten Linien und dem STARK-Effekt-Komponenten-Untergrund wenig gestört waren. Da sich im 9 kMHz-Bereich die Rotationslinien der Moleküle im Schwingungsgrundzustand noch hinreichend weit aus dem Trabanten-Untergrund herausheben, war deren Messung mit der in der Tabelle angegebenen Genauigkeit möglich.

Die Bestimmung der Rotationskonstanten erfolgte nach einem Verfahren, das bei PALIK und OETJEN [3] beschrieben ist. Die Analyse der $J = 3 \rightarrow 4$ Übergänge ergab

$$\begin{aligned} \varkappa &= -0{,}7962 \pm 0{,}0002\,, \\ A &= (4\,011{,}7 \pm 3)\ \text{MHz}\,, \\ B &= (1\,283{,}8 \pm 0{,}5)\ \text{MHz}\,, \\ C &= (974{,}3 \pm 0{,}4)\ \text{MHz}\,. \end{aligned}$$

Die mit diesen Werten errechneten Frequenzen sind in der Tabelle eingetragen. Im 9 kMHz-Bereich besteht sehr gute Übereinstimmung mit den Meßwerten. Bezüglich der Rotationsübergänge im Gebiet um 20 kMHz und ihrer Störung durch Zentrifugalverzerrungen wird auf eine frühere Mitteilung [4] verwiesen.

Die effektiven Trägheitsmomente im Schwingungsgrundzustand lauten wegen Gl. (1)

$$\begin{aligned} I_a &= (126{,}0_1 \pm 0{,}1)\ \text{aMe Å}^2\,, \\ I_b &= (393{,}7_8 \pm 0{,}1_5)\ \text{aMe Å}^2\,, \\ I_c &= (518{,}8_7 \pm 0{,}2)\ \text{aMe Å}^2\,. \end{aligned}$$

Die Fehlerangaben wurden durch Vergleich mit Modellen weniger guter Übereinstimmung zwischen errechneten und gemessenen Frequenzen erhalten.

Für ebene starre Körper gilt allgemein $I_c = I_a + I_b$. Der Ausdruck $\Delta = I_c - (I_a + I_b)$ beträgt bei Nitrobenzol im Schwingungsgrundzustand $\Delta = (-0{,}9 \pm 0{,}5)$ aMe Å^2. Stünden die Ebenen der NO_2-Gruppe und des Benzolringes senkrecht aufeinander, so wäre $\Delta^{\perp} \approx -76$ aMe Å^2. Für die geringen Abweichungen von $\Delta = 0$ sind in erster Linie die Nullpunktsschwingungen verantwortlich. Das Molekül besitzt also eine ebene Gleichgewichtslage.

Tabelle
der $J = 3 \rightarrow 4$ Rotationsübergänge im Schwingungsgrundzustand

Rotationsübergang $J_\tau \rightarrow J'_{\tau'}$	experimentelle Werte Frequenz [MHz]	Fehler [MHz]	berechnete Frequenz [MHz]
$3_{-3} \rightarrow 4_{-4}$	8793	$\pm$ 1,5	8792,5
$3_{-1} \rightarrow 4_{-2}$	9598	$\pm$ 1,5	9597,8
$3_0 \rightarrow 4_{-1}$	9013	$\pm$ 1,5	9013,1
$3_1 \rightarrow 4_0$	9251	$\pm$ 10¹)	9252,8
$3_2 \rightarrow 4_1$	9085	$\pm$ 2,5	9079,6
$3_3 \rightarrow 4_2$			9086,2

¹) Der große Fehler ist bedingt durch Stark-Effektinterferenzen.

C–N-Abstand

Um Aussagen über den C-N-Abstand machen zu können, müssen neben den zwei unabhängigen, gemessenen Trägheitsmomenten (z. B. I_a und I_b) weitere Informationen herangezogen werden.

Die NO_2-haltigen Moleküle FNO_2 [5], $ClNO_2$ [6] und CH_3NO_2 [7] haben nach mikrowellenspektroskopischen Messungen nur sehr wenig verschiedene O-O-Abstände. Ihr halber Wert ϱ beträgt 1,094 Å, 1,092 Å bzw. $1{,}090_5$ Å, obgleich mit verschiedenen O–N–O Winkeln zu rechnen ist. Diese Tatsache erklärt sich zwangsläufig durch sterische Behinderung der beiden Sauerstoffatome, deren Wirkungsradius ca. 1,4 Å beträgt [8], also beträchtlich größer ist als ϱ. Für Nitrobenzol ist daher ebenfalls mit $\varrho = 1{,}09$ Å zu rechnen.

Die Frequenzverminderung der N–O-Schwingungen von Nitrobenzol gegenüber Nitromethan [9] läßt auf eine Vergrößerung des N-O-Abstandes schließen, die bei Anwendung einer Beziehung von Badger [10] zu 0,005 Å ermittelt wurde. Bei Nitrobenzol ist also, unter Heranziehung der Strukturparameter von Nitromethan [7] [11], mit den Werten

$$\begin{aligned} \text{N–O} &= (1{,}22 \pm 0{,}01)\ \text{Å} \\ \sphericalangle\ \text{O–N–O} &= 126{,}5^\circ \pm 2^\circ \end{aligned} \qquad (2)$$

zu rechnen, für die $\varrho = 1{,}09$ Å erfüllt ist.

Wie beim Fluorbenzol [12] hat man auch im vorliegenden Fall eine nichtregelmäßige Benzolring-Struktur anzunehmen. Die Änderungen der C–C-Abstände gegenüber denen im unsubstituierten Benzolring wurden in gleicher Weise wie bei Bak und Mitarb. [12] aus dem 4%igen Anteil der polaren Strukturen abgeschätzt: $\Delta(C_1–C_2) = +\,0{,}003$ Å, $\Delta\,(C_2–C_3) = -\,0{,}001$ Å und $\Delta\,(C_3–C_4) = +\,0{,}001$ Å. Über die C–C–C-Winkelabweichungen gegenüber 120° wurden zunächst rein formal verschiedene Modellannahmen getroffen, die in 3 Gruppen mit den folgenden Eigenschaften zusammengefaßt wurden: Benzolringmodelle mit

1. Winkelabweichungen im Sinne der Abweichungen beim Fluorbenzolmolekül [12] ($\sphericalangle\ C_6–C_1–C_2 > 120^\circ$, $\sphericalangle\ C_1–C_2–C_3 < 120^\circ$, $\sphericalangle\ C_2–C_3–C_4 \gtrless 120^\circ$,

$\sphericalangle$ C_3–C_4–C_5 $\approx$ 120°), aber vom doppelten Betrag (Anteil der polaren Strukturen beim Fluorbenzol 2%, beim Nitrobenzol 4%!).

2. Winkelabweichungen gegenüber 120° wie bei 1., aber mit umgekehrten Vorzeichen (Fluorbenzol hat Elektronenüberschuß am Ortho- und Para-Kohlenstoff, Nitrobenzol dagegen Elektronenmangel!).
3. Winkelabweichungen gleich null (zum Vergleich!) mit C–C = 1,395 Å und C–C = 1,397 Å.

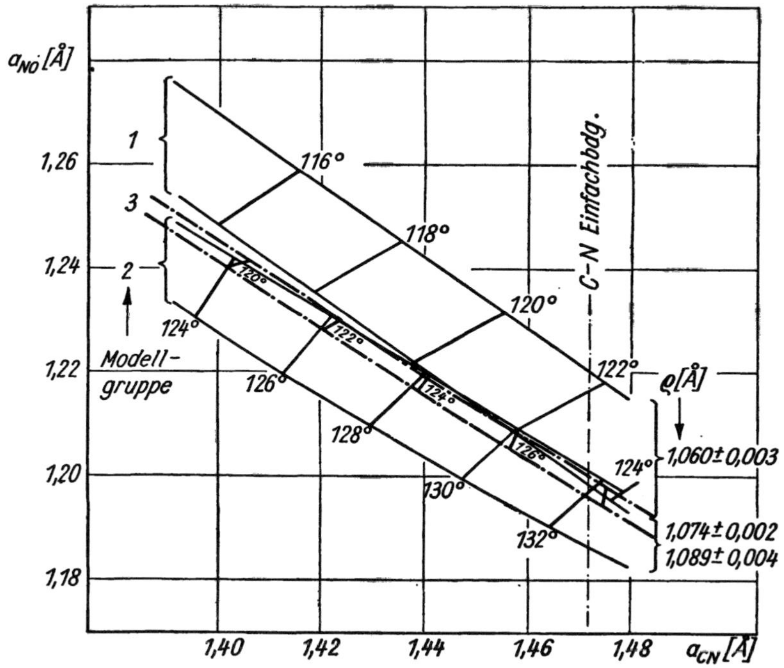

Abb. 2. Pauschale Darstellung der Ortskurven zur Einschränkung des C-N-Abstandes und der Benzolringmodelle.

Im gleichen Sinne waren die Annahmen über die Richtungen der C–H-Bindungen, für deren Länge mit Werten um 1,082 Å gerechnet wurde. Die Ergebnisse sind nur wenig von kleinen Änderungen der Position der H-Atome abhängig.

Die Rechnung führt für jedes Modell auf eine Ortskurve $a_{NO} = f\,(a_{CN}; \sphericalangle ONO)$. Sie stellt jeweils die Mannigfaltigkeit der Wertepaare dar, die mit den beiden Trägheitsmomenten I_a und I_b, sowie den Annahmen über den Benzolring verträglich sind. Abb. 2 enthält eine pauschale Darstellung der Ortskurven aller Modelle der genannten drei Gruppen. Die tatsächlichen Verhältnisse im Nitrobenzolmolekül können dabei nur von solchen Modellen wiedergegeben werden, für die die Bedingungen (2) gleichzeitig erfüllt sind. Das ist nicht der Fall bei den Gruppen 1. und 3., denen ein gegenüber $\varrho = 1{,}09$ Å beträchtlich verminderter halber O–O-Abstand eigen ist.

Wir erhalten als Nebenergebnis: Der Nitrobenzolring zeigt im Gegensatz zum Fluorbenzolring positive Winkelaufweitung am Orthokohlenstoff. Diese Tatsache findet ihre Erklärung, wenn man annimmt, daß der Elektronenmangel bzw. -Überschuß am Ortho-C sich auch auf das σ-Elektronensystem auswirkt. Die dadurch veränderte sp^2-Hybridisierung führt zu Winkeländerungen [13], die qualitativ denen entsprechen, die beim Nitro- und Fluorbenzol vorliegen und beim Nitrobenzol etwa von der Größenordnung 3° sind.

Als wahrscheinlichster C–N-Abstand ergibt sich, unter Berücksichtigung weiterer, dem Nitrobenzol besser angepaßter Benzolringmodelle,

$$a_{\mathrm{CN}} = 1{,}42_5 \pm 0{,}02 \text{ Å}$$

gegenüber dem aliphatischen Wert von 1,47 Å. Die erwartete Abstandsverkürzung ist damit nachgewiesen.

Verhinderte innere Rotation

Abb. 3 enthält eine Darstellung des Rotationsüberganges $8_{-8} \to 9_{-9}$ für die verschieden angeregten Schwingungszustände. Andere nachgewiesene Übergänge

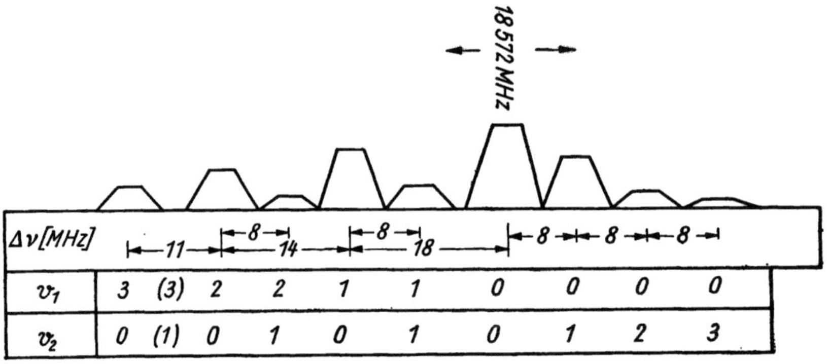

Abb. 3. $8_{-8} \to 9_{-9}$ Rotationsübergänge in angeregten Deformationsschwingungszuständen.

ergaben ein entsprechendes Bild, jedoch nicht so viele auflösbare Trabanten. Die Intensitätsangaben sind qualitativ, da die Linien sehr schwach und die Einflüsse der Stark-Effektinterferenz schwer zu berücksichtigen sind. Die Tatsache, daß gegenüber der Schwingungsgrundzustands-Linie erhöhte und verminderte Frequenzen auftreten, zeigt, daß bei Zimmertemperatur mindestens zwei verschiedene Schwingungsmoden stark angeregt sein müssen.

Der Gang der Intensitäten spricht für die in Abb. 3 eingetragene Zuordnung zu den entsprechenden Schwingungsquantenzahlen v_1 und v_2. Aus Intensitätsgründen liegt es nahe, v_1 der Torsionsschwingung zuzuordnen. Eine strenge Durchrechnung ist bisher noch nicht möglich. Wegen der Inversionsverdopplung des Torsionsgrundzustandes ist der Intensitätswechsel bei den niederfrequenten Linien nicht durch den Einfluß kernstatistischer Gewichtsfaktoren erklärbar. v_2 gehört möglicherweise zur nichtebenen (γ-) Nickschwingung. Ihr wird bisher in der

Literatur die niedrigste der bekannten RAMAN-Frequenzen von 176 cm^{-1} zugeordnet.

Unter der Annahme eines cosinusförmigen Potentialverlaufes für die Torsionsschwingung erhält man aus der Intensitätsabschätzung der Torsionstrabanten [1] für die Höhe der Potentialbarriere einen Wert zwischen 3 und 12 Kcal/Mol. Dieser mikrowellenspektroskopisch erschlossene hohe Betrag beweist, daß die freie Drehbarkeit beträchtlich eingeschränkt ist.

Zusammenfassung

Durch die Analyse der gemessenen $J = 3 \rightarrow 4$ Rotationsübergänge im 9 kMHz-Bereich wurden die Trägheitsmomente des Nitrobenzolmoleküls im Schwingungsgrundzustand bestimmt. Ihre Werte bestätigen die ebene Gleichgewichtskonfiguration. Abschätzungen über die geometrische Struktur ergeben einen C–N-Abstand von $1{,}42_5 \pm 0{,}02$ Å und Winkeldeformationen im Benzolring, die durch die ungleichmäßige Ladungsverteilung bedingt sind. Torsionssatelliten, vermessen im 20 kMHz-Bereich, sprechen für eine stark eingeschränkte freie Drehbarkeit der NO_2-Gruppe.

Literatur

[1] TOWNES, C. H. u. SCHAWLOW, A. L., Microwawe Spectroscopy. McGraw-Hill, New York 1955.

[2] SCHIMMEL, W., Exp. Techn. Phys. **5**, 230 (1957).

[3] PALIK, E. D. u. OETJEN, R. A., J. Mol. Spectr. **1**, 223 (1957).

[4] REINERT, K. E., Z. f. Naturf. **15a**, 86 (1960).

[5] SMITH, D. F. u. MAGNUSON, D. W., Phys. Rev. **87**, 226 (1952).

[6] CLAYTON, L., WILLIAMS, Q. u. WEATHERLY, T. L., J. Chem. Phys. **30**, 1328 (1959).

[7] TANNENBAUM, E., MYERS, R. J. u. GWINN, W. D., J. Chem. Phys. **25**, 42 (1956).

[8] STUART, H. A., Die Struktur des freien Moleküls. Springer-Verl., Berlin 1952, S. 97.

[9] SAUNDERS, MURRAY u. CLEVELAND, J. Amer. Chem. Soc. **63**, 3121 (1941).

[10] BADGER, R. M., J. Chem. Phys. **3**, 710 (1935).

[11] SUTTON, L. E., Tables of Interatomic Distances and Configuration in Molecules and Iones. London 1958.

[12] BAK, B., CHRISTENSEN, D., HANSEN-NYGAARD, L. u. TANNENBAUM, E., J. Chem. Phys. **26**, 134 (1957).

[13] PREUSS, H., Die Methoden der Molekülphysik und ihre Anwendungsbereiche. Akademie-Verlag, Berlin 1959, S. 103.

Physikalisches Institut der Friedrich-Schiller-Universität Jena
(Direktor: Prof. Dr. W. Schütz)

Vorläufige Ergebnisse mit einem mm-Wellen-Gasspektrometer

von F. Patscheke und B. Elschner, Jena

Es soll von einem mm-Wellen-Gasspektrometer berichtet werden, das auf dem Prinzip der Frequenzvervielfachung beruht und im Physikalischen Institut in Jena aufgebaut wurde. Die Anlage gleicht der, die von Gordy und Mitarbeitern [1] entwickelt wurde.

Als Energiequelle dient ein 2K33 Klystron, dessen Leistung uns mit 100 mW angegeben wurde; es schwingt bei ≈ 24 000 MHz. Die MW-Energie gelangt über einen Hohlleiter an eine Kristalldiode. Hier entstehen wegen der nichtlinearen Kennlinie Oberwellen zur Klystronfrequenz. Diese werden über den schmaleren Hohlleiter weitergeleitet, der die Grundenergie nicht durchläßt, weil seine Grenzwelle kleiner als die Grundwelle ist. Ein Hohlleiterstück mit entsprechend ge-

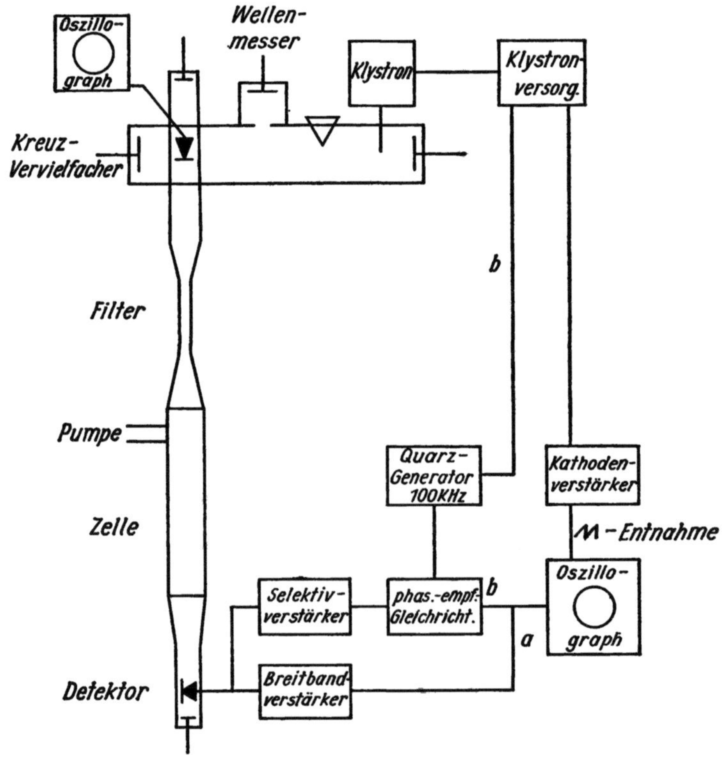

Abb. 1

Abb. 3

Abb. 4

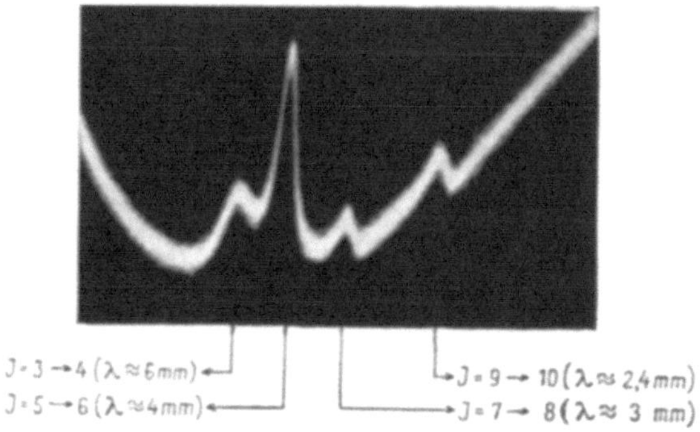

Abb. 5

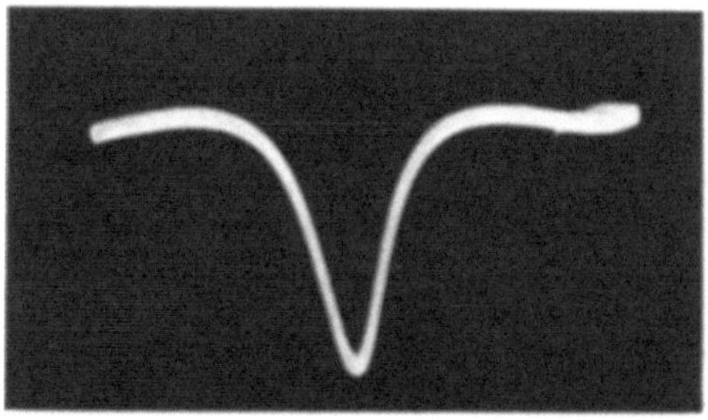

Abb. 6

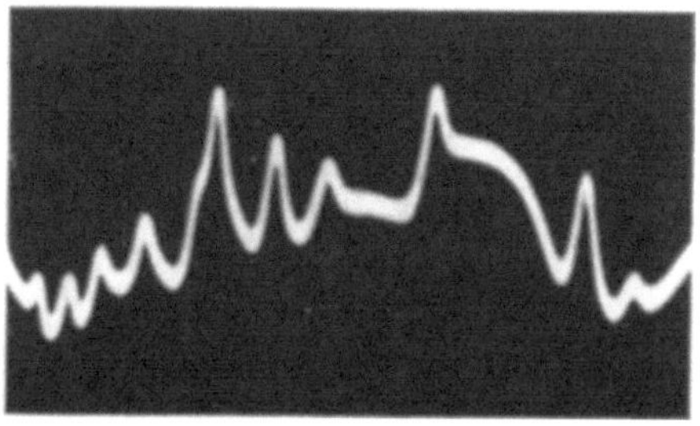

Abb. 7

wählter Querschnittsverengung wird dahintergesetzt, wenn tiefere Harmonische als die gewünschte ausgesondert werden sollen. Die nachfolgende 3 m lange Absorptionszelle ist ein *I*-Band-Hohlleiter, der gegen die übrige Apparatur durch Glimmerfenster vakuumdicht abgeschlossen ist.

Als Empfänger dient hinter der Absorptionszelle eine Kristalldiode. Das gleichgerichtete MW-Signal gelangt über einen Breitbandverstärker an einen Oszillographen. Da die Klystronfrequenz mit der Kippfrequenz des Oszillographen über einige MHz moduliert wird, wird auf dem Oszillographenschirm das MW-Signal in Abhängigkeit von der Frequenz geschrieben. Bei differentieller Abtastung des Signals wird das Klystron zusätzlich mit 100 kHz moduliert. Nach der Gleichrichtung der Mikrowellen durch die Diode wird das 100 kHz Signal schmalbandig verstärkt, phasenempfindlich gleichgerichtet und am Oszillographen beobachtet.

Der Vervielfacherkristall und Detektorkristall werden in den Hohlleiter eingesetzt. Das zeigt Abb. 2 am Beispiel des Vervielfachers. Ein *K*- und ein *I*-Band-Hohlleiter sind mit der Breitseite im rechten Winkel aufeinander gelötet. An der Verbindungsstelle befindet sich die Diode. Der größere Hohlleiter führt die Grundwelle an die Diode heran, der kleinere leitet die Oberwellen fort. Die Kurzschlußschieber in jedem Hohlleiter ermöglichen eine maximale Anpassung der jeweiligen Harmonischen an den Kristall.

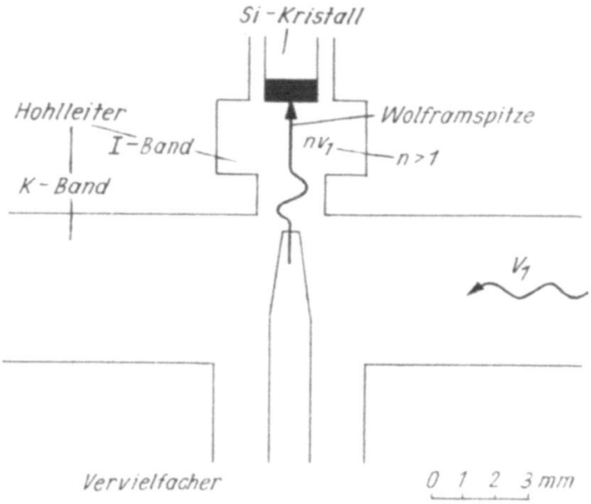

Abb. 2

Die Diode ist ein Halbleiterkristall in Spitzenkontakt mit einem Wolframdraht. Die W-Spitze ist auf einen Stift gelötet, der die Verlängerung des Innenleiters einer koaxialen Auskopplung darstellt. An diesem Anschluß wird die Grundenergie, die auf den Kristall trifft, nachgewiesen. Nachdem die Spitze in den Hohlleiter eingesetzt worden ist, wird der Kristall durch eine Differentialschraube mit der Steigung von 0,07 mm/Umdrehung der Spitze genähert, bis Kontakt hergestellt ist. Um den nachteiligen Einfluß der Sperrkapazität auf die Vervielfachung und Gleichrichtung herabzusetzen, wird die Spitze von 0,1 mm auf 1 bis 3 μ Dicke elektrolytisch abgeätzt (s. Abb. 3). Für die Gleichrichtung und Vervielfachung erwiesen sich Si-Kristalle, die den Kristallpatronen 1N26 entnommen wurden, als besonders geeignet. Mit Vorteil wurden zur Vervielfachung auf die 3. Harmonische auch Ge-Einkristalle verwendet. Abb. 4 gibt eine Ansicht der MW-Bauteile. Von links nach rechts folgen ein 2K33 Klystron, Abschwächer, Wellenmesser, Kreuzvervielfacher. Senkrecht dazu schließen sich ein Hohlleiterfilter, die Absorptionszelle und der Detektor an. Die Absorptionszelle wurde zylindrisch aufgewickelt, damit sie zwischen den Polschuhen eines Elektromagneten oder in einem Dewargefäß mit einem Kühlmittel untergebracht werden kann.

Mit dieser Anordnung wurden bereits bekannte Rotationsspektren gemessen, um die Apparatur auf ihre Leistungsfähigkeit hin zu prüfen. Die wesentliche Schwierigkeit, durch Vervielfachung den Frequenzbereich nach hohen Frequenzen auszudehnen, liegt darin, daß die Leistung der zur Verfügung stehenden Klystrons zu gering ist, und die Energie der Harmonischen stärker als quadratisch von der Ausgangsenergie abhängt. So ist die Verwendung leistungsstärkerer Klystrons nicht zuletzt der wesentliche Grund dafür, daß amerikanische Autoren zu höheren Harmonischen gelangten [2]. Als Kriterium für den erreichten Vervielfachungsgrad dient der Nachweis der absorptionsstarken Rotationslinien des OCS-Moleküls. Die Rotationsfrequenzen von linearen Molekülen sind bis auf die Zentrifugalstörung (Zentrifugalstörungskonstante D) ganze Vielfache von $2\,B_0$:

$$\nu_{J \to J+1} = 2\,B_0\,(J+1) - 4\,D\,(J+1)^3 .$$

Für OCS:

$$B_0 = 6081{,}5\ \mathrm{MHz}\,, \quad D = 1{,}31\ \mathrm{kHz}\,.$$

Ohne Zentrifugalstörung würden von den verschiedenen Harmonischen n (2, 3, 4, ...) zu der Grundfrequenz von 24 000 MHz die Übergänge J ($3 \to 4$, $5 \to 6$, $7 \to 8$, ...) gleichzeitig induziert werden, und die Absorptionslinien würden bei der Messung zusammenfallen. Durch die Zentrifugalstörung sind jedoch die Linien getrennt nachweisbar, die Rotationsübergänge von $J = 3 \to 4$ und $5 \to 6$ erst bei starker Reduzierung der Linienbreite bei 0,02 Torr. Höhere Rotationsübergänge folgen in größer werdendem Abstand aufeinander. Abb. 5 zeigt OCS Linien, die im Video-Empfang erhalten wurden, nachdem die 5. Harmonische an die Kristalldioden maximal angepaßt worden war. Es sind die Rotationsübergänge $J = 3 \to 4$, $5 \to 6$, $7 \to 8$, $9 \to 10$ bei der 2., 3., 4. und 5. Harmonischen zu $\lambda \approx 12$ mm. Die Energie der 2. und 3. Harmonischen reicht aus, um bei dem verwendeten Druck von 0,02 Torr die beiden ersten Übergänge zu sättigen, so daß diese gegenüber den beiden anderen Linien zu schwach erscheinen. In Abb. 6 ist der $J = 5 \to 6$ Übergang außerhalb der Sättigung bei 0,1 Torr zu sehen. Mit einem Hohlleiterfilter wurde für diese Aufnahme die 2. Harmonische entfernt.

Mit der beschriebenen Anlage konnten am CH_3J bei 72 000 MHz die Rotationsübergänge $J = 4 \to 5$, $K = 0, 1, 2, 3, 4$ mit ihrer Hfs im Video-Betrieb beobachtet werden [3]. Der J-Kern hat einen Kersnpin $I = 5/2$ und liefert infolge einer Quadrupolwechselwirkung 30 Hfs-Komponenten. 11 von den 20 beobachteten Hfs-Komponenten sind in Abb. 7 zu sehen.

Literatur

[1] KING, GORDY, Phys. Rev. **93**, 407 (1954).
[2] OHL, BUDENSTEIN, BURRUS, Rev. Sci. Instr. **30**, 675 (1959).
[3] KISLIUK, TOWNES, Molecular Microwave Spectra Tables National Bureau of Standards. Washington 1952.

Physikalisches Institut der Friedrich-Schiller-Universität Jena
(Direktor: Prof. Dr. W. Schütz)